工程、伦理与社会

衡孝庆　编著

ZHEJIANG UNIVERSITY PRESS
浙江大学出版社

图书在版编目（CIP）数据

　　工程、伦理与社会 / 衡孝庆编著. — 杭州 ：浙江
大学出版社，2021.5
　　ISBN 978-7-308-21360-8

　　Ⅰ．①工… Ⅱ．①衡… Ⅲ．①社会学－研究 Ⅳ.
①C91

中国版本图书馆CIP数据核字(2021)第089563号

工程、伦理与社会

衡孝庆　编著

策划编辑	柯华杰（khj2019@zju.edu.cn）
责任编辑	柯华杰
责任校对	傅宏梁
封面设计	周　灵
出版发行	浙江大学出版社
	（杭州市天目山路148号　　邮政编码　310007）
	（网址：http://www.zjupress.com）
排　　版	杭州林智广告有限公司
印　　刷	杭州杭新印务有限公司
开　　本	787mm×1092mm　1/16
印　　张	15.5
字　　数	330千
版 印 次	2021年5月第1版　2021年5月第1次印刷
书　　号	ISBN 978-7-308-21360-8
定　　价	45.00元

内容简介

配套慕课视频

伴随着工业社会的崛起和工业化进程的展开，社会对工程专业人才的需求成为工程教育的出发点。最先进入工业社会的发达国家在工程教育领域占据领先地位，国际工程教育认证正是在长期工程教育的经验积累下发展起来的一套质量标准。中国早期工程教育主要学习苏联经验，适应于传统社会基础上的工业化早期阶段。改革开放之后，特别是在工业化得到长足发展的 21 世纪，学习先进工程教育经验的需求，使得国际工程教育认证的引入成为必要，而在打造卓越工程师的背景下，不断提高工程教育质量、完善工程教育体系也成为社会发展的必然要求。近年来，教育部、各工程专业教指委，以及国内众多高校都在积极行动，共同致力于打造世界水平中国特色的工程教育认证体系。扩展工程教育领域的人文社会科学教育就是其中一项重要举措，许多高校陆续开始开设工程伦理学、工程社会学、工程经济学、工程管理学、工程哲学、工程发展史等课程。

本教材综合工程领域的相关人文社会科学研究，考虑到目前国内基础教育、高等教育的实际情况，特别是理工科类教育中通识教育、博雅教育、全人教育的不足，从基本概念出发，通过哲学、伦理学、社会学等专业内涵，以跨学科的视角和方法介绍工程科学、工程哲学、工程伦理学、工程社会学的主要内容和前沿问题。从安全、责任、职业素养、生态保护等方面阐述工程活动中可能涉及的社会规范、职业道德，并选取化学工程、基因与生物工程、食品工程、网络信息与计算机工程、建筑（土木）与水利工程、环境工程、航天工程、核工程等当代工程主要领域内的典型案例进行分析，希望能够有助于读者加深对理论的理解，提升将相关理论知识运用于工程实践活动的能力。

本教材适用于高等工程专业教育，也可用于工程师的职业培训，还可供相关理论的爱好者阅读。作为浙江省普通高校"十三五"新形态教材，本教材结合网络课程使用，配有相关课程的授课视频，读者可识别书中二维码进行观看。

2021 年 2 月

内容简介

目录
CONTENTS

第一章

导言

　　毋庸讳言，工程在人类生活中的地位和作用与日俱增。人类的衣食住行、政治经济文化，人与自然、社会乃至人类自身交往的范式，思想的建构、文明的传播，一切的一切，都与工程及其发展密切相关。工程就是世界图谱中最大的现实，是生活世界的核心力量，也是宇宙中目前人类已知的最大的创造手段。但是长期以来，工程并没有进入思想的视域，而是被作为卑微甚至低贱的"劳力者"或者生活实践而放逐于田野。然而，历史和现实都一再证明，正是基于生存本能的劳动发展产生了工程活动，进而创造和发展了人类自身。进入现代阶段之后，工程的迅猛发展，创造了新的世界和秩序，同时也震惊了思想界。人们逐渐开始认识到，终结科学、技术、工程的"无思"状态，是摆脱危机的唯一选择。"工程是现代文明、社会经济运行和社会发展的重要内容和重要组成部分。……工程意识、工程理念、工程决策、工程管理、工程技术、工程伦理、工程教育等，已经越来越成为企业界、学术界，尤其是政府部门日益关注的焦点和核心问题。工程决策（特别是重大工程决策）的正确与否，不仅影响地方和地区的发展，而且会对全局发生影响，影响社会发展的进程，甚至影响人类的未来和命运。……现实的需要和形势的需要都向我们提出了把工程问题提升到哲学高度来认识的要求，要求对已有的工程进行理性的反思，要求对工程的规律和特点进行探讨，这是时代的要求，也是学者和工程师应该担负的责任，意义重大而深远。"[①] 近年来，工程的人文与社会的维度开始逐渐被越来越多的人关注，特别是在工程高等教育领域，工程师的人文社会综合素养的培育已经被越来越多的高校重视。当然，对于人们理解工程及其后果而言，这只是一个开始。因为工程改变的不仅仅是人类的生产方式、生活方式，还包括人类的认识方式、思维方式、行为方式、交往方式等，其未来的影响力还在不断地扩大，甚至现在人们都已经无法判断究竟是人在创造工程还是工程在塑造人了。

---

① 殷瑞钰．关于工程与工程哲学的若干认识 [M]// 杜澄，李伯聪．跨学科视野中的工程．北京：北京理工大学出版社，2004.

第一节　人类发展史中的工程

人要了解自己首先就要理解历史，人的一切行动和思想都离不开历史的视角。人类文明发展的根本原因是人们要满足自己的生活需要，解决自己的生活问题。马克思主义经典作家就是把人们的生活需要作为人类文明发展的原动力而展开其社会历史理论的。马克思和恩格斯曾指出："人们为了能够'创造历史'，必须能够生活，但是为了生活，首先就需要衣、食、住以及其他东西。因此第一个历史活动就是生产满足这些需要的资料，即生产物质生活本身。""已经得到满足的第一个需要本身、满足需要的活动和已经获得的为满足需要用的工具又引起新的需要。"生活是人们一切活动的出发点，人们的一切活动最终都与他们的生活有关。人们正是按照自身的生活需要而致力于改造自然界，改造人与自然、人与人的关系，规划着各种社会变化，从而推动着人类文明的不断发展。人们的生活需要是多种多样和不断变化的，一种需要的满足不断引起新的需要，这就必然不断造成需要和满足需要的现实条件之间的差距，就要求和推动着人类不断对客体系统的各方面在结构和功能上作出调整和改变，以便能使其进一步与人们的生活需要相适应，人类在改造客体系统的同时也改变着人类自身。正是人们生活需要的广泛性和无限性及其由低到高的发展趋势，成为推动人类文明不断向前发展的原动力。人们的生活需求由低到高和不断趋向多样化、全面性的发展，人们改造世界的能力的不断提高和人们生活环境的不断改善，使得人类社会文明的发展，既是一个不断从较低级的文明阶段走向更高级的文明阶段的过程，又是由较为片面不断向全面协调发展的文明推进的过程。

马克思主义认为劳动创造了人。从人类文明的发生学角度来看，古老的工程活动是伴随着人类文明的发展一同成长的。亚里士多德在《政治学》中指出，"人天生就是一个社会（政治）动物"，正是远古初民出于生存目的而聚集在一起从事的生产、劳动实践活动创造了人类的文明和文化。从人类与自然的关系上来看，工程活动具有一定的象征意味：人类的实践活动开始摆脱盲目的、受自然节律支配的自发阶段，进入有目的、有意识地认识自然、利用自然的自觉实践活动时期。正是在与大自然的自发交往中，人类开始感觉到单个个体力量的单薄，并由此转变了自身的生存状况，而人类第一次聚集起来开始进行农耕或狩猎，则是人类文明萌芽的起点。当然，在历史的画卷中，工程很长时间以来一直是作为一种技艺甚至艺术而存在的。人类文明史的开篇是传统的农业社会，"就迄今为止的人类发展史而言，农业文明占据了有文字记载的绝大部分时间，是人类生存的重要形态"。农业社会最需要的是用于生产的水利工程，以及用于保护自身的军事工程。工程活动是人类所进行的规模较大的改变自然的实践活动。虽然人类社会在很久以前就开始进行规模较大的工程活动了，可是，我们还是应该承认：工程活动在近现代才成为社会中最基本的、主导的、典型的、基础的实践方式和活动形态之一。古代社会的基本生产活动方式是个体的、家庭的、手工坊式的实践活动，而不是大规模的、工程化的活动方式。

经历工业化洗礼的现代社会是工程的兴盛时期。而我们一般日常语言中的工程本身就是一个具有强烈的"现代性"意味的词。现代性是当今时代最重要的焦点性话题之一，它在文学、哲学、政治学、社会学、法学、经济学的争论话语中，都已经成为出现频率最高的核心术语之一。不同领域的研究者已经洞察到，我们面对的许多理论和实践方面的重大问题，实际上都直接地或间接地与现代性问题构成深刻的关联。20世纪的许多著名批判性思想家，如胡塞尔、韦伯、齐美尔、卢卡奇、葛兰西、霍克海默、阿多诺、哈贝马斯、利奥塔、福柯、德里达、鲍德里亚、吉登斯、鲍曼等，都在以不同方式关注现代性问题，他们关于欧洲科学危机、启蒙理性、工具理性、技术理性、意识形态、大众文化、现代国家等问题的思考，实际上都可以概括为现代性批判。在实践层面上，20世纪西方发达国家的文化危机，以及后发展中国家在现代化进程和全球化进程中所经历的价值争论和文化冲突，在很大程度上都与现代性的本质和命运问题密切相关。正如吉登斯断言的那样，全球化在某种意义上是"现代性的全球化"，"现代性正内在地经历着全球化的进程"。现代性的基本逻辑是理性和主体性，现代社会的工程活动正是理性和主体性外在表现的典型代表：一方面是以理性为基础的科学与技术等知识系统对工程活动的渗透甚至掌控；另一方面，工程活动的范围和深度的不断扩张更加促进了人类主体性的膨胀。哈贝马斯甚至把现代社会称为"现代性工程"，认为现代社会是现代性规划的直接成果。

作为人类文明发展的一个还处在争议之中的时期，后工业社会或后现代生存状态对工程又提供了独特的理解和解释范式。美国社会学家丹尼尔·贝尔（1984年）认为西方发达国家正在经历一场巨变，即从工业社会进入后工业社会，并从五个方面进行了论述。他指出："后工业社会是一个广泛的概括。如果从五个方面，或五个组成部分来说明这个术语，它的意义就比较容易理解：①经济方面：从产品生产经济转变为服务性经济；②职业分布：专业与技术人员阶级处于主导地位；③中轴原理：理论知识处于中心地位，它是社会革新与制定政策的源泉；④未来的方向：控制技术发展，对技术进行鉴定；⑤制定决策：创造新的'智能技术'。"① 他认为现代社会正在向后工业社会过渡，这一过渡将在二三十年内完成。因此，发达国家在20世纪末21世纪初全面进入后现代社会。法国后现代思想家利奥塔和鲍德里亚认为当代西方社会已经进入了后现代社会。利奥塔在1979年写的《后现代状态》一书中提出，"我们的工作假设是：随着社会进入被称为后工业的年代以及文化进入被称为后现代的年代，知识改变了地位。这种过渡最晚从20世

---

① 贝尔. 后工业社会的来临 [M]. 王宏周，魏章玲，译. 北京：商务印书馆，1984：20.

纪 50 年代末就开始了，它对欧洲来说标志着重建的结束"①。他把后现代看作是怀疑启蒙以来的元叙事的时代。后现代知识不再依据元叙事取得自己的合法地位，而是建立自己的游戏规则。鲍德里亚在 20 世纪 80 年代提出，目前的西方社会就是后现代社会。他说："一种由类象和新的技术、文化和社会形式所构成的后现代性纪元业已降临。"现代社会已经终结，我们目前正处于一个新的类象的时代。"计算机、信息处理、媒体、自动控制系统以及按照类象符码的模型而形成的社会组织，已经取代了生产的地位，成为社会的组织原则。如果说，现代性是一个由工业资产阶级控制的生产时代的话，那么与此相对立，后现代的类象时代是一个由模型、符码和控制论所支配的信息社会。"②从目前的理论成果来看，尽管还没有形成统一的研究范式和话语体系，但是在一些最基本的价值取向和批判目标方面已经形成了一定范围的共识，其中最基本的就是对现代性和现代社会的批判。从工程与后现代社会的关系来看，一方面，后现代社会的产生是工程发展的必然结果；另一方面，不论是在工程理念、工程技术、工程设计等理论领域，还是在工程建设、工程消费等实践领域，后现代社会的来临都为工程发展提供了新的机遇和挑战。

第二节　工程时代的现代性

配套慕课视频

从物理时间的角度而言，现代作为一个历史分期，是从 16 世纪末 17 世纪初开始的，按照瑞士著名学者汉斯·昆的说法，"现代"这个术语"最初用于 17 世纪法国启蒙主义，它用以表明西方由怀旧的文艺复兴阶段进展到一个充满乐观向上精神的历史时期"③。现代社会以及现代性的出现与中世纪的宗教统治的终结密切相关：人及其理性代替了上帝成为新时代的象征以及判断一切的标准。

从社会分析的角度来看，现代性的社会现象主要有两个方面：一是以科学技术、工具理性为支撑的工业主义，即表现为在生产过程中的物质力和机械力以及它们所体现的社会关系和制度，其核心就是工程活动的迅猛发展；二是以追求最大利益为终极目标的市场经济，即包含激烈竞争性的产品市场和劳动力的商品化过程中的商品生产体系，其特征就是工程影响的扩张。工业主义的显著特征是通过工程发展对提高劳动生产率，达到最优化的效率的关注以及必然导向的对科学技术的依赖。社会规模的对科学技术理性的追求必将导致社会的机器化、自动化，从而导致科学技术通过工程对社会和个人的控制，使现代社会成为高度变迁的社会。市场经济的发展则使人们对物质利益的追求合法

① 利奥塔．后现代状态 [M]．车槿山，译．上海：上海三联书店，1997：1.
② 凯尔纳，贝斯特．后现代理论——批判性的质疑 [M]．张志斌，译．北京：中央编译出版社，2004：152–153.
③ 昆．神学：走向后现代之路 [M]// 王岳川．后现代主义文化与美学．北京：北京大学出版社，1992：159.

化，甚至采取黑色和灰色手段追求物质利益的最大化的信念和行动，也会以社会默认的方式发生。对物质欲望强烈的占有是工程进一步发展的巨大动力，而工程的高效率则是市场经济发展的可靠机制，因此，双方的相互强化构成现代社会的杠杆。从社会结构与功能的角度来看，工业主义和市场经济对现代社会的影响体现在以下几个方面：

时间和空间概念及其分离机制的形成与变化。当我们把时空与人们的意向性和社会变迁关联到一起加以审视的时候，牛顿式绝对不变的时空并不存在：时空不过是人类用以组织自身结构的经验组织形式。这一组织形式随着社会变迁和主体经验的改变而发生相应的变化。在前现代社会中，由于生产方式落后，社会变迁缓慢进行，事件的产生呈现出时间上的有序性和空间上的层次性，因而人们的时空意识具有一种自然的和谐一致性。也就是说，在人们的时空意识中，事件发生的时间必有一定的空间场域与之对应，过去的早已成为历史，现在属于正在进行的场域，未来还只是遥远的梦，身边的、较远的、遥远的事件的发生具有地理空间间距的定位限制性。但是现代性改变了社会变迁的进程：一方面，事件的花样翻新，节奏的加快，必然导致主体的旧有经验形式趋于消解，过去依次而来的事件由工业主义所导致的现代媒体传播技术的出现而变为如潮而来，现代媒体信息技术如电视、通信设备、广告、摄影、复制等手段的大量涌现，尤其是电脑技术的迅猛发展，把久远的事件像变魔术般地拉到我们的眼前，超越了时空，仿佛那久远的事件就发生在现刻或眼前；另一方面，现代媒体借助于丰富的想象不断地把未来拖入现实，以其生动形象的记号展现在人们面前。这样一来，至少产生了在下面三个方面的后果：一是时间的深度感消失了，二是空间的间距消失了，这二者的综合便产生了某种主体构造空间，因此时空的自然一致性趋向消解。三是现实感模糊了，现实被肢解成片断，因为现实已变成眼前的事和久远的事混合成的不稳定的混合物，甚至产生"现实倒置"，即真实的客体和事件，似乎比媒体的表征（记号）还缺乏具体性和现实性，很显然，历史、现在、未来的固定界限被打破，有序、层次、和谐的时空意识趋于消解，时空分离了。

现代社会关系网络的分化与重构。作为现代性内在要素的现代媒体的发展，改变了人们的时空意识，从而使得人们在日常生活中感到事件的"在场"和"缺场"纠缠在一起。远处的，甚至是全球性的事件侵入到人们的日常生活之中，使得人们固有的地方性的社会关系网络遭到切割和肢解，这就为人们重组社会关系网络提供了必然性和必要性，而现代性的专家系统则为这种重组提供了合适的手段。现代工程的支撑物是科学技术，对科学技术的依赖则是现代社会得以运行的前提和条件，这就为所谓"专家系统"的出场提供了必然性：面对日趋复杂的地方性和全球性生活场景的纠缠，"专家系统"可通过专业知识的调度对人们的经验组织形式加以分类，以指导个体重组生活经验。如精神紧张需咨询心理专家，生理疾病离不开医学专家，饮食的选择离不开饮食专家和营养专家，对关切自身安全的国际形势的了解离不开国际政治专家，地方性的市场经济转轨离不开经济专家，如此等等。更深入一步讲，个体在日常生活中与他人、社会环境的固有关系模式也随之发生改变和重组，如与他人的信任机制变成了某种对抗，因为为同一目标而存在的众多个体之间的竞争已不能通过退让或妥协来解决。现实生活中，即使个体之间的私人关系非常和谐，但在涉及对个体前途极为关键的目标时，他们也绝对不会妥协和退让，大家心照不宣地公开或暗地较劲。一旦竞争结果分晓，他们之间的信任关系便很难维系。同样地，个体与社会的关系，如个体对社会的无私奉献、绝对忠诚等关系也会因专家的反思性的再思考而对个体发生影响。例如，是个体优先，还是集体为重？过去所认定的"集体高于个体"的权威结论，在现代性社会中已逐渐动摇。个体变得更为重要了，因为个体的自由全面发展是社会集体的终极目标。这样个体与社会的关系网络必须重组。归根到底，个体对专家系统的依赖基于个体生活经验和社会关系网络的重组，以获得有序的生活秩序。但现代性的影响不会是静态的，而是动态的，因此个体生活经验和社会关系网络也会随之发生变化。

社会反思性控制机制的形成。由工业主义导致的社会影响不可预测，因而存在着对生活前景的诸多可能性的反思，结果便是：绝大多数社会活动以及人与自然的现实关系要依据新的知识信息而对之作出阶段性的修正，甚至被放弃。实现这一反思性任务的主要角色就是自然科学和社会科学，后者更充当了主要角色，这两类科学都宣称自己（事实上的确如此）是反思性调控的承担者，并提出多种自以为明确、正确可靠的方案来实施调控，但这一点却是令人怀疑的，事实是现代性社会发展表明：科学理论并不像有的科学家所宣称的那样具有越来越强的明确性、清晰性和客观性，反而削弱了知识的确定性。量子力学、远离平衡态及非线性热力学、混沌结构的创立都使我们认识到，不可逆的时间和语境嵌入是自然和社会的一个基本特征，结果是：一个特定的科学信条，一个改革方案，无论受到怎样的推崇，建构得多么完美，也无论在特定的条件下被证明多么具有现实性，早晚会被修正，或者依据新的观念或发现，被全然抛弃。现代社会和组织是由科学信条来指导和组织的，因而科学信条的更新也意味着社会组织个人生活的解构和重构。反过来，社会变迁的迅猛会导致科学信条的频繁变迁，这样一来，这种重构就会具有很大的风险性，也意味着调控的艰巨性，更重要的是使生存个体承受过大的压力，从而感到存在性的烦恼，甚至是信心的丧失。

俞吾金认为现代性指涉的是现代社会生活的价值观念层面，具体地讲，体现为以下的主导性价值："独立、自由、民主、平等、正义、个人本位、主体意识、总体性、认同感、中心主义、崇尚理性、追求真理、征服自然等。"① 其中主要的核心概念包括理性、主体性以及对进步的信仰。

理性是现代性的基本信念之一。从理论上来说，对理性的理解有广义和狭义之分，

---

① 俞吾金，等. 现代性现象学——与马克思主义者的对话 [M]. 上海：上海社会科学院出版社，2002：36.

狭义的理性就是通常与经验主义相对应的理性主义（又称为唯理论）中的理性，广义的理性则泛指人类的认识、思维、论证等能力，包括经验在内，与情感、欲望等非理性相对应，现代性的理性指的是广义的理性。伴随着文艺复兴的步伐，人们的价值观念、思维方式、生存态度等发生了很大的变化。宗教信仰和灵魂追求逐渐被世俗的物质欲望和感性享乐所代替，人性取代神性，主体意识凸现，近代科学兴起，教会的世俗势力日渐式微。至启蒙运动时期，理性的凯旋和上帝的隐退成为时代的主旋律，理性最终占据了上帝的宝座。一切现存事物必须在理性的法庭前接受审判，而不是通过上帝取得合法存在的依据。康德道出了启蒙运动的本质：“启蒙运动就是人类脱离自己所加之于自己的不成熟状态。不成熟状态就是不经别人的引导，就对运用自己的理智无能为力。”① 也就是说，启蒙的根本旨趣在于要求人不屈服于权威和传统，自由地运用自己的理性评判一切。所谓理性，早在古希腊时期就以“逻各斯”“奴斯”“理念”等术语得到了不同程度的表达。笛卡尔作为近代哲学之父，其哲学体系的逻辑出发点即为理性的自我意识。康德把理性区分为理论理性和实践理性，并认为实践理性高于理论理性。理论理性为自然科学得以可能提供前提条件，表现为“先验统觉”的综合能力；实践理性为人的道德活动得以可能提供前提条件，表现为“意志自由”的道德立法能力。在康德看来，自然科学和道德的最终根据在于主体的理性能力。理性是康德哲学的核心概念。黑格尔发展了康德的理性概念，把理性规定为人的本质，认为失去理性的人已经不再是严格意义上的人。

进步是现代性的又一基本信念。进步观念最有影响力的倡导者之一是培根，他认为古人为世界提供了一个充满青春活力的开端，但现代人将会享受到所有时代智慧的积累，并将不断引导世界走向进步。进步是对理性的乐观精神，表现在历史领域，就是认为随着人类认识自然和征服自然能力的提高，随着科技的发展和物质财富的增长，随着社会的趋于和谐和公正，人类必然会过上越来越好的生活。正如伯里（Bury）所言：“人类进步思想是总结过去和预言未来的理论。它建立在对历史的解释之上，认为认识朝着既定的、所希望的方向逐步前进并断言这种进步将继续下去。这意味着一个普遍幸福的环境将最终到来，它将证明整个文明进程是进步的。”②

现代性弘扬的理性和进步，其根源在于主体性的张扬，“主体性原则最能本质性地表达现代性有别于前现代一切的地方”③。自笛卡尔以来对主体性的强调，奠基于一种特定的形而上学思维方式。这种形而上学思维方式源于柏拉图经验世界和理念世界的区分，属于传统形而上学。传统形而上学遵循的思路是本质主义、逻各斯中心主义、泛逻辑主义，主张宏大叙事。现代性的本质就是传统形而上学。

马克思说：“主体是人，客体是自然。”④ 人称自己为主体在原初的意义上意味着人与

① 康德. 历史理性批判文集 [M]. 何兆武，译. 北京：商务印书馆，1990：22.
② BURY J.The Idea of Progress[M].New York: Dover Publications, 1960: 5.
③ 郑泰丞. 科技、理性与自由：现代与后现代状况 [M]. 台北：桂冠图书公司，2000：83.
④ 马克思，恩格斯. 马克思恩格斯选集：第 2 卷 [M]. 北京：人民出版社，1972：88.

自然的分离，人意识到自己是区别于自然的存在物。既然主体是人，主体性就可以是指人性，而不是仅仅指人性的某些方面如自主性、能动性、选择性之类，同时，主体性也不限于认识论上的主体性，主体性哲学不等于认识论哲学，因为，在近现代哲学中，对于主体的探讨不仅是认识论哲学的任务，而且是存在论哲学、美学和伦理学的主题。因此，所谓主体性的观念是指近现代西方哲学在对主体性也就是人性的哲学反思（主体性哲学）的基础上所形成的对主体性和人性的看法、认识以及相应的价值取向。换句话说，主体性的观念包含了两个层面：①客观性的认识层面（人性的客观内容）；②主观性的认同层面（对特定人性的肯定和张扬）。这两个层面往往是互相规约、紧密交织在一起的。主体性观念的形成是近代哲学认识论转向的逻辑结果。哲学家们从古希腊时期开始思考这个世界，寻求万物归一的本体性存在，并随着中世纪神学权威的崩溃、人类理性意识的觉醒，哲学家们意识到，首先需要考察的是人类的认识能力和反思思维与存在的关系问题，认识论遂取代本体论成为近代哲学的中心论题。哲学的认识论转向使得哲学的焦点转向了人本身，"人类正当的研究对象是人"，这成为"启蒙时期哲学的典型特征"[①]。以人为对象、以人为中心、以人为出发点的思维取向开启了近现代西方哲学人本主义的潮流，主体性观念的实质内涵就是人本主义。

主体性的观念是"现代性的根基"[②]，它确认了人的主体地位和人类理性的力量，发现了人的意志、情感和非理性的人性价值以及人的自为存在对于人生意义的追寻等。主体性的观念是人类运用理智能力于人自身的发现，它以人为出发点和目的，以人为中心来考虑问题，因此，可以称它为主体中心理性。由于主体性哲学与近代哲学的认识论转向的密切关系，哈贝马斯在《现代性的哲学话语》中将主体性哲学称为基于主客二分的"意识哲学"（认识论哲学），将"意识哲学"的基本概念"理性"称为"主体中心理性"——"主体中心理性在真理和成功标准中寻找准则"[③]，也即是说，"主体中心理性"以个人主体的意识和行为为出发点，以意识是否达到客观真理和行为是否成功来作为理性的标准和原则——以示与他所提出的在主体的交往实践中发展起来的、以主体间交往的一致性为准则的"交往理性"相对照。作为一种现代性思想类型，主体中心理性以探求人的主体性和现代性为己任、以追求人的自由和幸福为目标，近现代以来的经济、政治和文化理念莫不受此影响。在近现代西方哲学中，诸种主体性学说各行其道，竞相走向极端和片面，主体性观念往往是分裂的和相互冲突的，完整的合理性的主体性观念并没有被真正建立起来，同时，主体中心理性不但至今没有引导人类实现人的自由和解放，反而因为主体中心理性的工具理性之扩张，造成了诸多的社会问题（例如生态灾难和工具化的社会管理体制对人的压抑等）。20 世纪的一些西方哲学家因此致力于对工具理性的批判与解构，

---

① 文德尔班. 哲学史教程 [M]. 罗达仁，译. 北京：商务印书馆，1993：622.
② 多尔迈 R. 主体性的黄昏 [M]. 万俊人，朱国钧，吴海针，译. 上海：上海人民出版社，1992：13.
③ 哈贝马斯. 走出主体哲学的别一途径：交往理性与主体中心理性的对抗 [M]// 汪民安，陈永国，马海良. 后现代性的哲学话语. 杭州：浙江人民出版社，2000：366-381.

进而对主体性观念、主体中心理性展开反思，导致了另一种现代性哲学观念——主体际观念的产生。

第三节　工程活动与科学研究

配套慕课视频

科学与工程曾经是两个几乎没有交集的领域，科学关心的是探索自然的奥秘，工程致力于解决现实问题、改善生活条件。每当我们想到早期工程的成就时，我们会自然地想到这样一些杰出的成就，如金字塔、万里长城、罗马建设工程等。这些工程的成就，每一项都包含着基本知识卓有成效的应用。但是正如一些基本的事物一样，许多成就并不都为人所知。斜面、弯弓、车轮、螺丝起子、水车、船帆、简单杠杆和许许多多的其他设备装置等，在工程师努力设法改善人民生活事业中，都起了很大作用。几乎所有1800年以前的工程发展的结果都与物理现象有关，如克服摩擦力、起重、蓄电、牵引、制造、连接等。1800年以后的发展结果都与化学和分子现象有关，如电、材料的性能、热过程、燃烧和其他化学方法。

数学方面所取得的进展，对几乎一切工程的发展，都是十分重要的。进行准确测量距离、角度、重量和时间的方法和程序，对于几乎所有早期工程成就都是必要的。由于这些方法和程序的改进，才取得了较大的工程成就。在物理和数学领域中的相互有关的进展，已奠定了机械原理。在18世纪法国出现了工程学校，1750年"土木工程师"这个名词第一次被人使用。早期工程的原理，首先出现在军事学校的课堂，主要是关于道路桥梁的建筑和要塞工事。这一部分的学术训练当时叫作军事工程。当一些相同的原理应用于非军事领域时，那就自然而然地指那些民用工程，或简单地说，即土木工程了。物理和数学领域的有关进展，已奠定了机械原理实际应用的基础。一个重要的进展，就是研制了能够作有用功的实用蒸汽机。这样的发动机一旦使用（1700年前后），许多能用它驱动的机械装置就研制出来了。这些工作终于在十九世纪促成机械工程这一性质不同的学科的出现。

此类进展的另一范例是十八世纪后期对电学和磁学所进行基本研究工作。虽然早期科学家已经知道了磁性和静电，但是对于这些现象的了解，却是在1752年本杰明·富兰克林著名的风筝实验以后才开始的。以后的半个世纪，电学的基础主要是由德国和法国的科学家奠定的。电学第一次有效的运用是塞缪尔·莫尔斯研制出的电报术。托马斯·爱迪生发明碳丝灯，就促成了电力照明的广泛使用。这些应用促进了发电、输电和用电的迅速发展，达到了节省劳力的目的，由此也诞生了电机工程师。随着机械和电机技术的发展，也就有了对于物质及其性质的认识的发展。化学研究物质的性质，并探求促使材料产生人们所希求的变化的方法。当时已研制出的新内燃机需要燃料，迅速增长的机械设备需要润滑剂，房屋、金属制品、船舶等需要保护涂料，创造各样的消费品需要原料，稍后又需要合成材料，以完成天然材料不能完成或不能完全完成的功能。这方面的工程作业自然就成为化学工程了。

土木、机械、电气和化学这四大学科都是1900年以前发展起来的工程部门。这些发展是当时世界范围内发生的工业革命的一部分，也是现代还在进行的技术革命的开端。当工业组织涌现出来利用大批的技术革新项目时，制造单比的规模和复杂性也大幅度地增大了。大量生产成为可能是由于下列两个重要的变化：零件的可互换性，劳动的专业化。由于大量生产，消费品的单位成本大幅度地下降，为工业发达国家改变生活方式和文化生活奠定了基础。在半个世纪内，美国和其他发展中国家，就从以乡村的农业经济和农村社会为主改变成工业经济和城市社会。这种迅速的改变也许是今天许多紧迫问题的原因，例如污染和城市空间问题。第二次世界大战后的技术发展，催生了高科技工程学科，如核工程、电子工程、航空工程和电子计算机工程等。宇宙航行时代产生了航天工程。近来对环境的关切，使环境工程和生物工程成立了。

科学与工程的深度融合是以现代工业工程的诞生为标志的。工业工程的一般定义可以表述为：综合运用工业专业知识和系统工程的概念和方法，把人力、物资、装备、技术和信息组成更加有效和更富于生产力的综合系统，所从事的规划、设计、评价和创新活动，为工程活动的运行和管理提供科学依据。

19世纪末20世纪初，工业工程起源于美国。当时美国的工业快速发展，工厂由家庭小作坊向社会化大生产转化，劳动力严重不足，劳动效率低下。此时的工业生产缺乏计划性、也没有组织性，在生产线上的所谓管理人员对工人的工作也只是口头上指导，工人作业通常很少受到训练，作业方法很少得到改进提高，即使有所改进也完全是由工人各自自发、分散的个人行动，管理人员的工作方法缺乏科学性和系统性，主要是凭经验办事，很少有人注意一个工厂或一个工艺过程的总体协调和改进，因而效率低、浪费大。以泰勒（F.W.Taylor，1856—1915）和吉尔布雷斯（Frank B.Gilbreth，1868—1924）为代表的一大批工程管理先驱者为改变这种状况、提高工作效率、降低成本进行了卓有成效的工作，开创了科学管理和有效作业方法，为工业工程的产生奠定了基础，开辟了道路。泰勒是一位非常勤奋的工程师、效率专家和发明家，一生中获得过100多项专利，是自学成才的典范。他当过普通工人、技工、工长、总技师、总工程师，并通过上夜校获得史帝芬理工学院机械工程学士学位。他做金属切削试验前后持续了26年，切去80万磅材料，正式有记录的试验接近5万次，最后制定了切削用量的标准，并且发现了"高速钢"，对促进生产力的提高产生巨大作用。他也是"科学管理"的创始人，创立了"时间研究"，系统地研究了工场作业和衡量方法，改进操作方法；他科学地制定劳动定额，并使之标准化，极大地提高了效率，降低了成本。例如，1889年他对装卸工使用铁铲的效率进行了研究，通过试验和测定发现，每次铲运的重量在 10 千克（约 22 磅）左右时，劳动效率最高。因此，他便设计了许多大小不同的铁铲，以适应装卸不同的物料。在此之后，他还进行了搬运生铁块的工效研究，通过试验规定了工人每次的搬运重量、搬运速度、中间休息时间，使作业者大大地发挥了劳动潜力，搬运量由原来平均每人每天 12.5 吨增加到 48 吨，搬运效率提高近 3 倍，而工人并没有感到比原先累。他提出了一系列科学管理方法，主要著作有《计件工资》（1895 年）、《工场管理》（1903 年），以及《科学管理原理》（1911 年），这是系统阐述他的研究成果和科学管理思想的代表作，对现代管理发展作出重大贡献，并被公认为是工业工程的开端。所以，泰勒在美国管理史上被称作"科学管理之父"，也被称作"工业工程之父"。

第四节　工程活动的知识域

配套慕课视频

工程活动是一种复杂的系统活动，涉及自然、社会与人的方方面面，人类与自然、社会、他人乃至自我的交往活动都与工程活动直接或间接相关，因此，工程活动涉及的知识域也是非常宽阔，自然科学、社会科学、人文科学，几乎人类所有的知识领域都无法完全脱离工程活动的影响。从最根本的意义上，工程造就了人类与自然交往的独特形态，成就了人类的智慧类型，是人类所有的知识得以产生发展的最根本的源泉；从生存的意义上，工程创造的生产力，是人类得以从事知识生产的前提，而生产力进一步发展的需求，又成为知识生产和再生产的不竭动力。

对于工程活动而言，自然科学的关系最为密切：一方面，工程活动是人类直接与自然交往的渠道，也是人类接触自然的现实依据，正是在与自然的交往中，才诞生了自然科学；另一方面，工程活动作为物的世界的创造者，必然要探究物的体系的奥秘。从现实情况来看，工程活动的对象无外乎两种：自然存在物和人造物。而其中的人造物又是其他工程活动产生的结果，最终的工程对象还是自然存在物。而且不管是人造物还是自然存在物都是具有相应的自然属性如物理属性、化学属性、生物属性等。通过自然科学知识了解这些属性是进行工程活动必要的前提条件。工程活动的过程就是改变活动对象的自然属性，如空间形状、物理属性、化学属性、生物特质等，其依据也是与之相关的自然科学知识。同样的道理，工程活动最终结果的设定和取得也不可能离开自然科学知识的指导。在现代社会产生之前，科学与技术没有结合的情况下，工程活动的整个过程是一个黑箱，依赖的是一代又一代工匠或技艺者的经验探索，形成了波兰尼所说的"缄默知识"或"意会知识"，而自然科学的积累与发展虽然是另一个途径，但是知识范式的转化，理论与实践的双重整合，正是在一代又一代的貌似重复之中缓慢演化的。只是到了现代之后，科学和技术的结合产生了一个惊人的加速效应。物的生产的需求转化成了知识生产的动力，新的动力系统创造了新的生产模式，工程的现代转型促成了自然科学的新范式。

工程活动总是在这样或那样的社会中进行，是各种社会活动中的一种，社会科学有助于更深刻地理解工程活动的社会运行体系，优化工程内部和外部的社会效应。工程活动和传统的手工技艺的区别就在于这是一个社会活动，不是单个个体能够独自完成的。集体合作是工程活动的重要特征，共同的目标是工程交往的前提，有计划、有分工、有合作、分步骤进行是工程活动的特点，工程活动的结果也是社会系统整体运行的有机组成部分。工程设计、工程实施、工程交往、工程分工、工程管理、工程过程的消费等等，共同构成了社会自身的工程性，甚至可以说，现代社会就是一个大的工程系统。社会科学既有科学属性，又有针对社会的特点，也是理解工程活动的重要手段。社会科学知识既是工程活动发展的间接后果，也是指导工程活动高效运行的有力助手。同时，工程活动也要受到社会方方面面的规制和约束。因为工程活动的影响是双重的，特别是工程活动的范围、深度、广度、频率等，都必须是在一定的范围之内来进行，超出适当的界限，就可能会向其当初设计的反面转化，特别是工程如果单纯追求效益、效率，不在社会行为规范的框架内加以约束，就会产生难以预测的风险甚至危险，危害社会整体利益，甚至危及人类生存的基本条件。

工程活动也离不开人文科学的帮助和指导。从事工程活动的各个方面、各个领域的从业者，都是人；工程活动的最终产品的消费者也是人。所谓不管是工程活动自身，还是工程活动的最终产品，都必须以人为本，从对人性的理解出发，最终满足人类自身的需求，促进人类的进步与解放。作为人类实践活动的一种，工程离不开哲学的指导，没有哲学指导的工程是盲目的。同样的道理，哲学也必须把在人类生活中占据着越来越重要位置的工程实践活动纳入思考的范围，否则，哲学就失去了现实的依据，也失去了指导现实的能力。同样的道理，工程活动特别是发展了的工程活动也越来越离不开美学的指导。工程美学最初源自于建筑、景观的建造，后来逐渐渗透到整个工业设计、工业生产领域。因为美是人类生活世界的最高追求，也是工程活动终极价值的最好体现。

第五节　理解工程的几个维度

配套慕课视频

综合前面几节的论述，基于工程活动的社会复杂性，及其与科学、技术等相近、相邻领域的交互性特征，从任何一个单一维度来理解工程都会带来一定的局限性，而且很难把工程活动的特点、特征与其他的社会活动真正区别开来，因此必须从各个不同的维度来帮助我们更好地理解工程。

哲学的维度。工程活动作为人类活动中的一种，具有自身的特点，是要从本质上探讨工程，思考工程与人类存在之间的内在联系，以此来描绘工程活动与人类生存之间的内在价值图谱，反思工程活动的价值取向与自然、社会以及人类自身的价值之间的关系，界定工程的价值边界、工程共同体的责任范围。以哲学的批判精神质疑工程活动所带来的问题域，质疑工程活动可能产生的负面作用，以真、善、美的哲学标准考量工程，设定标尺。作为现代社会的生活核心，工程又必然会为哲学思考和哲学发展提供鲜活的生活养分和研究素材、拓展空间。只有把哲学与工程融为一体，才能构建真正的美好生活。

技术的维度。工程与技术是一枚硬币的两面：工程活动依赖于技术的进步，引领潮流、制造风尚、提升品质、创新工艺都必须以技术进步为前提；技术的前行也必须以工程为实践基础，离开工业生产实践的技术，只能静静地躺在专利局的纸上，不能转化为生产力的技术终究只是徒有其表，无法实现其真正的价值。当然，在现实中，工程不只是技术的简单应用，而是一种再创造的过程，而这个过程本身也是一种创造、创新，甚至是最为重要和关键的创新，工程活动不仅为技术的现实转化提供实践基地，同时也是孕育和孵化新技术的温床。

经济的维度。工程和经济是人类社会进行物质生产不可分割的两个方面。它们是密切联系、相互制约、相互促进的。任何新工程产品或类型的产生都是由于经济上的需要引起的，而工程技术进步反过来又会促进经济的发展。例如，各种新设备、新工艺、新产品和新能源的产生都是由于经济发展的需要引起的，而这种工程技术上的进步又必然促进经济的增长。据西方工业发达国家的统计，20世纪70年代工程技术进步所导致的经济增长占经济增长总量的60%—80%。这就是说，经济的发展在很大程度上要依赖先进工程技术的应用。但是，工程的发展又常常受到经济条件的限制，即新工程技术的采用不仅取决于经济上的需要，还取决于经济可能性。这就是人均年收入几百美元的国家与人均年收入几千乃至上万美元的国家在技术选择、应用上有所不同的原因。从工程的发展历史看，蒸汽机从发明到广泛使用相隔了80年，青霉素从发现到广泛使用也相隔了11年，其原因就在于受到了经济条件的限制。在我们的日常生产活动中，任何工程实践都不能离开经济背景。任何工程方案的选择都不仅要考虑其技术上的先进性和可行性，而且必须考虑经济上的合理性和可能性。总之，工程与经济既相互促进，又相互制约，所以我们说两者相依为命，不可分割。任何工程工作都存在着经济性问题，都有经济性要求。因此，作为一个工程师，即使是从事单纯技术工作的工程师，不仅必须精通本专业技术，而且应具有较完备的经济知识。只有这样才能在工作中处理好技术与经济的关系，使自己设计、研制的产品实现使用价值和价值的统一，获得良好的经济效果。提拔到管理岗位上的工程师，更是只有精通经济知识，才能正确制定投资与经营战略方针，做好管理工作，使自己的企业在国内外的激烈竞争中立于不败之地。

管理的维度。管理是指一定组织中的管理者，为了实现组织目标而对组织成员和有关资源的优化运用进行计划、组织、协调和控制的活动过程。管理的本质作用在于聚合组织成员的力量并进行放大，在于合理组织并优化运用各种资源。管理是将工程活动中的科学技术及其他物质资源得以结合并发挥功效的前提。因此，世界一致公认，先进的管理与先进的科学技术是推动当代各国经济高速发展的两大车轮，两者缺一不可。世界各国的实践表明，一个国家管理水平的高低，直接关系到国家命运的兴衰。中外工程实践表明，工程管理水平的高低，直接关系到企业的兴衰存亡。当今时代，科学技术迅猛发展，生产的社会化程度不断提高，管理比以往任何时期都更为重要。人们普遍认识到，管理已成为促进工程发展的最基本、最关键的因素之一。管理的维度就是要从实践上解决组织、协同、优化以达到高效的一系列现实问题。

社会的维度。经济与管理的维度同时也反映出工程实践具有广泛的社会性，一方面，工程活动需要众多不同领域的人共同参与，是一项集体行动；另一方面，工程活动也创造了一个小社会——工程共同体，在这个社会网络中形成了独具特色的社会关系类型和独特的社会交往结构、交往方式。这些不同的行为主体、不同的利益相关者都直接或间接地参与或影响到工程活动，形成各种程度不同的利益关系或利害关系。工程的社会维度还包括社会分工、社会角色等方面的内涵。工程实践的功能包括从一般的研究、开发、设计、建设延伸到生产、操作、管理、销售等各个方面，多重的任务和复杂的功能体系必然意味着工程共同体的多样化以及社会职业和社会角色的变化，投资者、工程师、管理者、产业工人等等，都分别承担着不同的角色，这种异质性的并且具有专业化特征的分工与合作，必然会产生一系列的社会影响和社会后果。

生态的维度。生态危机是用来表明人类活动与自然关系的概念，主要是指由于人类不合理的工程生产活动，导致生态系统结构与功能的破坏和生命系统的瓦解，从而危害人类存在的现象。工程活动的对象是包括人在内的自然物，工程活动都是把目标锁定在与自然的对立面，即把自然、自然规律作为客体来看待，工程活动制造了一个非自然的世界，工程活动一旦被置入自然中，就毁灭、破坏和压制自然世界。这就是现代性主客体思维模式的由来，也是现代社会一切与自然、生态、环境等有关联的负面因素的根源。事实上，对于工程活动而言，不管人类把它看作有生命的有机体，还是无生命的建构之物，都无法改变其内在的运动轨迹及其内在逻辑：理性的外化。根据达尔文的演化论，人类的理性本身就是自然演化的成果。到目前为止，在人类的认识范围之内，作为自然生态的一员，人类的演化过程是生命演化的最高形式。人类创造性地利用理性的力量寻求生存方式的变化，以知识的形式和技术的方法把理性认识固化下来，加以继承和发展，奠定了人类在自然生态中特殊的地位。从人类发展的历史现实来看，工程活动的发展改善了人类的生存条件，缩短了人类为了生存而必须付出的身体劳作的时间，为人类理性的进一步发展、宇宙生命的进一步演化拓展出了更多的时间和空间。同样的道理，理性的进一步发展才是解决理性带来的问题的关键步骤：人类之所以察觉和发现生态问题就是因为理性的洞察力。生态问题产生之前的现代工程技术原理及模式是建立在物理学、化学基础之上的，而缺乏生态学的基础，"这好像一个两条腿的凳子：在物理学和化学上发现是好的，但是由于第三条腿被丢掉而成为有缺陷的了，这丢掉的第三条腿就是环境中的生态学。"生态科学的发展使人们认识到生态环境的脆弱性，知道了维护和恢复自然生态的基本方法和原理，扩展了人类对"技术－自然"系统的把握能力，使生态学介入和干预工程活动发展成为可能。

伦理的维度。作为一种社会活动的工程必然要受到社会的制约和规制，除了法律规定的行为规范之外，伦理责任也是工程活动必须要思考的对象。相对于法律这种强制性的社会规范而言，伦理道德更加侧重于自律。这种自律不仅局限于作为工程活动主体的个人，而且也适用于相关的企业等社会组织。尽管工程活动与经济利益的关系更为密切，但是无视伦理道德的约束，会在精神方面失去自我的认同，更有可能会受到社会的谴责，从而失去本应得到的社会支持，最终也无法实现其经济价值。

基本概念

本章学习资源

第一节　工程

配套慕课视频

对基本概念的理解和解释是一切研究和探索的出发点。W.F. 奥格伯恩在谈到对技术概念的界定时说："技术像一座山峰，从不同的侧面观察，它的形象就不同。从一处看到的一小部分面貌，当换一个位置观看时，这种面貌就变得模糊起来，但另外一种印象仍然是清晰的。"[①] 这段话同样适用于对工程概念的描述。工程活动最初源自于人类的一些大型社会组织活动，如一些大型建筑（古埃及的金字塔、古代中国的万里长城）、大型水利设施（都江堰）的建设。随着科学技术的发展及其对工程活动的渗透，工程概念的含义也发生了变化，现在主要有三种理解方式。最狭义的工程概念就是指项目工程或工程项目，即一次性完成的工程活动，在某些场合甚至特指建筑工程项目；对工程的最普遍的理解方式是指各种技术、工艺在生产、建设中的实际运用，包括项目工程和一般的工业工程、专业工程；最广义的理解是把一切有组织的社会活动都包括在工程领域，除了上面两个方面外，还包括很多的社会活动，如希望工程等。在本书中对工程的理解方式是第二种。

从词源学上来看，根据米切姆的考证，西方的工程（Engineering）概念源自于拉丁文（Ingenium），最初指的是古罗马军团使用的撞城锤。到了中世纪，人们称操纵这种武器的人为"Ingeniators"，后来这个词逐渐演变为"Engineer"，是指建筑城堡、制造武器的人，这些人从事的工作和所运用的知识便被称为"Engineering"。[②]1755 年出版的《约翰逊英语词典》把工程师定义为"指挥炮兵或军队的人"，1828 年出版的《韦伯斯特英语词典》认为工程师是"有数学和机械技能的人，他形成进攻或防御的工事计划和划出防御阵地。"据考证，第一本工程手册是 18 世纪的炮兵使用的，而第一个授予正式的工程学位的学校于 1747 年在法国成立，也是属于军事的。由此不难看出，在西方语境中，早年的工程主要运用在军事领域。

《韦伯斯特新大学字典（第九版）》将工程定义为：

　　工程　名词　（1）管理机械的艺术；（2）对科学和数学的应用，通过这种应用，物质

---

① 邹珊刚. 技术与技术哲学 [M]. 北京：知识出版社，1987：227.
② 吴明泰. 工程技术方法 [M]. 沈阳：辽宁科学技术出版社，1985：1.

的特性和自然界中的能量以建筑、机械、产品、系统以及程序的形式变得对人类有用。①

美国学者小布卢姆1990年提出："对于工程的性质和范围，如果没有一种比当前工程伦理学界流行的观点要广泛得多的理解，工程伦理学的学术就不可能繁荣。"②《简明不列颠百科全书》对"工程"的定义是："应用科学知识使自然资源最佳地为人类服务的一种专门技术。"《辞海》对"工程"概念的阐释是："将自然科学的原理应用到工农业生产部门中去而形成的各学科的总称。这些学科是应用数学、物理学、化学等基础科学的原理，结合在生产实践中所积累的技术经验而发展出来的。其目的在于利用和改造自然来为人类服务。"因而可以说工程是人类将基础科学的知识和研究成果应用于自然资源的开发、利用，创造出具有使用价值的人工产品或技术服务的有组织的活动。也有人把工程定义为"以促进人类发展为目的的有组织地改造世界的活动"。③ 李伯聪教授在《工程哲学引论》中从工程与生产、实践的相互关系中对工程做了界定：工程就是包含了设计和制造运行活动在内的生产实践活动。④ 殷瑞钰院士在《关于工程与工程哲学的若干认识》一文中从"自然—科学—技术—工程—产业—经济—社会"的"知识链"和"价值链"的"网络"中来认识和把握工程的本质及其在人类实践活动中的定位。他认为，工程的实施，一方面以科学、技术的知识作为支柱群，经过集成优化成为集成的工程平台；另一方面是以一系列集成的工程平台作为推动产业、经济发展的支柱和支柱群，进而构成社会发展的平台。首先应该明确工程绝不是科学的简单"应用"和"附庸"，清晰地了解科学、技术、工程"三元论"角度所界定的工程，科学活动以发现为核心，技术活动以发明为核心，工程活动以建造、运行及集成创新为核心；科学、技术和工程是三种不同的社会活动方式，它们有不同的性质、特点和社会作用。因此，总体上可以认为工程活动就是直接利用科技力量改变人类生活的过程，这些活动给人类创造物质财富和经济利益。人类文明产生之初就有这些活动，但是工业革命兴起后生产活动有规模和组织后才产生了工程的概念。传统的工程概念主要涉及建筑工程、水利工程、交通工程、电力工程、通信工程、机械工程、能源工程等需要大规模集约化劳动的领域。随着21世纪人类生产方式的变化和许多新技术领域的涌现，出现了系统工程、管理工程、医药工程、信息工程、生物工程、遗传工程、网络工程、绿色环保工程乃至农业工程等新的概念。20世纪80年代以后，国外有人提出把工程作为一项具有社会化、综合化和整体性的生产活动加以思考的"大工程观"。

在各种各样的社会活动中，工程活动是一种非常重要的基本社会活动方式，包含技术、管理、经济、社会因素、生态环境因素、伦理因素、地域因素、心理因素和文化因

① Babcock D L，Morse L C. 工程技术管理学 [M]. 金永红，奚玉芹，译. 北京：中国人民大学出版社，2005：6-7.
② Jr Broome T H. Imagination for Engineering Ethica[M]// Durbin P T. Broad and Narrow Interpretation of Philosophy of Technology. Dordrecht:Kluwer Academic Publishers, 1990: 45.
③ 沈珠江. 论工程在人类发展中的作用 [J]. 中国工程科学，2007（1）：23-27.
④ 李伯聪. 工程哲学引论 [M]. 郑州：大象出版社，2002：8.

素等，具有集成性和建构性特点。它集成了多种要素——包括技术要素、经济要素、知识要素、管理要素、社会要素和伦理要素等——的物质建造性社会活动。[①] 从现实生活来看，工程活动有着自身的一些独特之处。对于工程活动的特征，殷瑞钰院士概括为以下五个方面：[②] ①工程是有原理的。任何一个工程的实施都有其自然科学原理的根据，是一定的科学理论的体现，特别是复杂的关键性技术、技术群的应用，更是这样。例如，阿波罗登月计划，就离不开空气动力学的理论指导和航天技术、材料技术、电子技术、自动控制技术等的综合应用。②工程是有特定目标，注重过程、注重效益的。工程项目都有其特殊对象、有明确的目标要求、有确定的步骤、阶段和资金投入。工程的质量是工程的生命所在。要把工程的目标确定好、工程项目设计好、完成好，取得好的效益，不是一件容易的事情。我们之所以要用很长的时间进行论证、要花 2000 亿的资金、17年的工夫来修建三峡工程，就在于它能带来发电、通航以及两岸人民安全的巨大效益。③工程是通过建造实现的。我们不论是建房、造船、修桥、铺路，都是要通过一步步的工序、工艺、工期来完成的。④工程是要与环境协调一致的。大型工程的实施，都会对自然生态系统产生一定的影响，工程和环境构成了一对矛盾。必须充分考虑到工程活动可能引起的环境问题。我国目前钢铁工业的发展中，有人"大干快上"，同样也是只讲经济效益而无视环境保护，已经造成了严重的环境污染。目前，我国吨钢能耗比国际先进水平高 15% 左右，一些工程项目仍然在走"先发展后治理"的老路。我国钢铁工业尚未完全摆脱粗放型发展模式。环境问题已经成为制约我国钢铁工业发展的最主要原因之一。我们必须走绿色化钢铁制造之路，使企业的经济效益、环境效益和社会效益协调优化。⑤工程是在一定边界条件下集成和优化的。工程是一个复杂的组织系统或社会化系统，有工程指挥中心，有技术攻关人员，还有大批施工建设者等。一个工程往往有多种技术、多个方案、多种路径可被选择。如何利用最小的投入获得最大回报，取得良好的经济效益和社会效益，这就要求工程努力实现在一定边界条件下的集成和优化。在工程的设计、施工过程中，努力寻求和实现"在一定边界条件下集成和优化"是一个核心性的问题。

以上各种对工程的定义和理解综合来看，都有一定的道理，各自从不同的角度和视野反映了工程及工程活动的某些特点。工程既具有自然属性，又具有社会属性；工程既包含与人有关的主体因素，又包含与物有关的客体因素；工程是经验、技能等软件要素与工具、机械等硬件要素的有机统一体。因此，本书把工程定义为：为了实现某种目的或理念而进行技术集成的复杂系统，这一复杂系统包含很多的要素，其中关键性的要素包括技术要素、目的（或理念）要素、管理要素和资源要素四个方面。工程活动从诞生之初就与技术或工艺有着密不可分的关系，从某种意义上，工程就是技术在现实生产中的应用，因此，工程中肯定不可缺少技术成分。但是相对于一般的技术或技术活动而言，

① 李伯聪. 关于工程伦理学的对象和范围的几个问题——三谈关于工程伦理学的若干问题 [J]. 伦理学研究，2006（6）：24-30.
② 殷瑞钰. 关于工程与工程哲学的若干认识 [M]// 杜澄，李伯聪. 跨学科视野中的工程. 北京：北京理工大学出版社，2004.

由于工程自身的复杂性和综合性，就需要很多不同类型的技术的共同参与。其中工程的技术集成性是指"工程表现为相关或系列技术的继承与整合，形成特定形式的技术集成体；但工程不是各种技术的简单相加，而是一种基于特定规律或规则的、面向特定目标的、各种相关技术的有序集成。"[①] 工程的目的要素指的是相对于科学与技术的探索性而言，每个工程活动都带有一定的目的或目标，比如建造一座建筑、一条生产线等等。在工程活动的设计阶段就要对所要建造的对象进行理论的规划，而其后所进行的一切工程活动都以这个规划为蓝图，也许会根据具体情况加以调节或调整，但是还是要以实现这一目标为最终的价值旨归。工程的管理要素指的是工程活动都是有组织的社会活动。工程活动总是要有许多人的参与，缔结成长期的或临时的组织，一方面，在组织内部，需要按照每个参与者的职责进行分工；另一方面，在工程活动中组织还要与外部的其他社会组织进行交往，这些都需要管理。工程的资源要素包括自然资源、人造资源、人力资源和资金等。

第二节　伦理

配套慕课视频

　　顾名思义，伦理就是人伦的道理，在现实的社会生活中，人们一般不会区分伦理与道德。但是根据黑格尔的观点，伦理是客观存在的人与人之间的关系，而道德则是人的一种内在品质，具有主观性。从道德哲学的角度来看，道德的养成就是把外在的伦理规范转化为内在的道德自律的过程。因此，在非专业化研究的领域之外，道德与伦理基本上是可以通用的。从学术的角度来分析，伦理的概念包含有伦理实体、伦理秩序、伦理关系、伦理观念（思想）等组成部分。

　　"伦"和"理"本来也是两个词语。我国古代典籍《礼记·乐记》把伦和理连用："乐者，通伦理者也。"之后，伦理一词被广泛使用。东汉时期的学者郑玄认为伦理的"伦，犹类也；理，犹分也"。从我国的词源含义上来看，"伦"本意是辈、类的意思，"理"是条理、道理的意思。伦理含有分类条理规范、道德的意思。西方伦理一词起源于希腊文的 ethos（伊索思），其最初的表达意思为惯常的住所、共同居住地，《荷马史诗》中的表达便是如此。随着历史和言语的变迁，演化出风俗、性格等意思，但还并非如今伦理一词的含义。亚里士多德首先使名词 ethos 成为一个形容词 ethikos，从而使它具有德行的含义。在日常生活中，人们一般将道德与伦理区别开来，然而，在学术研究的用语中，学者们对伦理与道德的区分却存在着众多的歧义，甚至会出现简单的连用和混用现象。

[①]　何继善，陈晓红，洪开荣. 论工程管理 [J]. 中国工程科学，2005（10）：5–10.

考察学界产生伦理与道德的歧义之原因，我以为这与 19 世纪后期西方学说大量涌入中国有关。当我们用伦理和道德来对译英语中的 ethics 和 morality 时，就已经为这种歧义埋下了种子。仔细分析，中国文化语境中的伦理与道德，和西语语境中的 ethics 与 morality 并非是可以简单对译的。① 康德将法哲学分为两个部分，一是权利学说，二是德行学说。前者涉及法权关系，大致可以归入法哲学或法的形而上学之域；后者则主要被视为伦理学的讨论对象。在这里，道德似乎具有更大的涵盖性：它将法哲学与伦理学均统摄于自身。与康德有所不同，黑格尔将个体的自我意识与观念与道德联系起来"道德的主要环节是我的识见，我的意图；在这里，主观的方面，我对于善的意见，是压倒一切的。"② "在道德中，自我规定应设想为单纯的不安宁和单纯的活动，这种不安宁和活动从来未能达到任何现实的事物。"③ 按此理解，则道德似乎仅停留于主观的领域而尚未达到现实界，当黑格尔将道德的观点理解为"应然的观点"时，他所强调的也是这一点：应然与实然之间总是存在着某种距离。

对黑格尔来说，较之道德，伦理更多地展开于现实生活，其存在形态包括家庭、市民社会、国家等。作为具体的存在形态，"伦理的东西不像善那样是抽象的，而是强烈的现实的"④。不难看出，在黑格尔那里，伦理已超越了主观之域而获得了客观、现实的意义。由此说来，在黑格尔《法哲学原理》中关于伦理与道德的区分，与中国文化语境中关于伦理与道德的区分至少不是完全吻合的，而学术界将这一区分视为研究的经典依据的并不在少数。对于道德与伦理的关系，哲学家 B. 威廉姆斯认为"道德应当被理解为伦理的特定发展，这种发展在近代西方文化中获得了独特的意义。它特别强调这种而不是那种伦理概念，尤其是发展了某种特殊的义务概念，并具有某种特殊的预设。"⑤ 因此，他以"伦理"表示广义的系统，以"道德"表示狭义的系统。上述意义上的"道德"侧重的是责任、义务，以及如何按一般的原则去做，而"伦理"则更关注品格、德性幸福，以及如何生活。在这一比较与分别中，道德多少被理解为伦理的片面化。当我们暂时搁置不同道德与伦理倾向，只针对伦理与道德的本身而言，或许会发现新的理解。宽泛地看，道德与伦理都以善为追求的目标。就其表现形式而言，善既可以取得理想的形态，又展开于现实的社会生活。善的理想往往具体化为普遍的道德规范或道德规范系统，⑥ 后者以不同的方式规定了"应该如何"：应该如何行动（应该做什么）？应该成就什么（应该具有何种德性）？应该如何生活？如此等等。善的理想通过人的实践进一步转化为善的现实，现实生活中合乎一定道德规范的道德行为、体现于具体人物之上的完美德性等等，都可以看作是善的现实。如果说，康德在"道德哲学"的形式下较多地突出了善的"应然"这

---

① 赵骏问. 东方伦理著 [M]. 长春：吉林人民出版社 .2004：2-3.
② 黑格尔. 哲学史讲演录：第 2 卷 [M]. 北京：商务印书馆，1981：42.
③ 黑格尔. 法哲学原理 [M]. 北京：商务印书馆，1982：112.
④ 黑格尔. 法哲学原理 [M]. 北京：商务印书馆，1982：173.
⑤ Bermard Williamns. Ethics and the Limits of Philosophy[M]. Fontana: Fontana Press, 1985: 6.
⑥ Emile Durkheim. Sociology and Philosophy[M]. Lodon: Cohen & West, 1965: 41.

一维度，那么，黑格尔则通过伦理与现实的沟通而首先赋予善以"实然"的内涵；二者分别侧重于善的一个方面。从理论上看，这里具有实质意义的并不是"道德"与"伦理"之辨，而是在确认善的追求的同时，扬弃其理想之维与现实之维的对峙。①

受阶级关系和血缘宗族影响成长起来的中国哲学对于"伦理"有着独特的关注，重人伦研究也是中国哲学的重要特点。早在先秦，孟子已提出了"人伦"的概念，并将理想的人伦具体规定为："父子有亲，君臣有义，夫妇有别，长幼有序，朋友有信。"（《孟子·滕文公上》人伦在此可以理解为人与人之间的关系，有亲、有义、有别、有序、有信则是人伦的"应然"形态；对孟子来说，道德既以人与人之间的现实关系为出发点，又要求达到有亲、有义、有别、有序、有信的理想之境；而通过"由仁义行"的道德实践，作为当然的人伦理想又进一步获得了现实的品格。在这里，善的理想形态与现实形态呈现为相互统一的关系。伦理是对人伦的反思，而道德是对伦理的追问。随着人类文明时代的到来，在文化百花园中终于孕育出苗壮的伦理文化之树。其中，伦理是对人伦关系的一种理性安排，它是世俗的（属于伦理文化的形而下层面）；而道德则是所以有这种理性安排的依据，它是超验的（属于伦理文化的形而上层面）。② 在世界各种不同的文明当中，对这种文化现象的表述虽然各有差异，但基本的理论大致相当，我们姑且把这种文化现象称作伦理文化。作为道德或伦理的具体内容，善的理想与善的现实总是指向人自身的存在。斯宾诺莎在其《伦理学》中曾指出："德性的基础即在于努力保持人的自我存在，而一个人的幸福即在于他能够保持他自己的存在。"③ 而所谓自我存在首先是指人的真实的存在："一个人企求幸福，企求行为正当，企求合理生活，总是同时希望活着，希望行动，希望生活——换言之，希望真正地存在（to actually exist）。""努力自我保存，是德性首要的、唯一的基础。"④ 这里值得注意之点，在于将道德与达到真实的存在联系起来。当然，以善为追求的目标，道德或伦理并非仅仅在消极的意义上"保持存在"，毋宁说，道德的更本质的特点，在于存在（人的存在）本身的提升或转换，换言之，它总是以达到真正意义上的存在为指向。当人还只是生物学上具有新陈代谢等功能的个体时，他显然无法被视为本来意义上的人；唯有让其包含多方面内容的社会实践过程，不断确证其内在的本质，个体才能走向真正的人。作为社会实践的基本形式之一，"道德地"或"伦理地"生活，从一方面构成了实现上述转换的前提。在这一意义上，也可以说，道德或伦理同时改变、影响着存在本身，并通过制约内在人格、行为方式、道德秩序等，而具体地参与了真正的人的世界的建构。⑤

现代化的发展产生了一系列的伦理问题，各国学者对伦理的探讨也越发激烈。伦理

① 杨国荣. 伦理与存在道德哲学研究 [M]. 上海：上海人民出版社，2002：4.
② 杨明. 宗教与伦理 [M]. 南京：译林出版社，2010：11.
③ Spinoza. On the Improvement of the Understanding The Ethics Correspondence[M]. Dover: Dover Publications, Inc. , 1955: 201.
④ Spinoza. On the Improvement of the Understanding The Ethics Correspondence[M]. Dover: Dover Publications, Inc. , 1955: 203−204.
⑤ 杨国荣. 伦理与存在道德哲学研究 [M]. 上海：上海人民出版社，2002：5.

道德价值系统的现代化是整个现代化运作的一项重要内容，从某种意义上说，它甚至是整个现代化过程的基础和前提。当前市场经济建设与伦理道德的矛盾冲突，或者说，一种健康、稳定、持续发展的市场经济对于新的伦理道德系统的迫切要求，使建设新的精神文明特别是新的伦理道德系统的任务更加紧迫。① 理解现代社会现代公民的概念，是确证现代社会道德合理性基础的理论前提。与传统社会不同，现代社会不再是一个建立于自然关系基础之上的生存共同体，而是一种在自由平等的个人人格基础上建立起来的理性化合作共同体。万俊人认为，中国现代伦理建设的理论论证应是三个步骤相结合的"整合性系统"。第一是运用"实践理性"或"实践推理"的方法，即通过对"普遍的社会道德经验事实"的逻辑分析或推理，来建立一套广泛可行的最起码的社会道德规范系统，它是社会道德的"最基本要求"。二是以哲学人学或道德形而上学的方法确证社会道德理想，即社会信念系统。三是在社会公共理性和共同理想的前提下，以综合性的社会科学方法确证健全、合理而有效的社会道德运行的操作系统和程序。②

肖平认为，我们的伦理学面对现实的解释力极为贫乏，就是因为伦理学界缺乏对现实的道德状况和社会道德心理的广泛而深入的调查，缺乏对公众道德经验的实证研究。在当前的现实，更为迫切的课题应是开展扎实的道德经验研究。伦理学应引入以调查、实证、统计分析等的社会学方法，为理论研究获得可靠的客观依据。③

我们必须要意识到现代世界正在经历最深刻的变革，首当其冲的物质变革必定引起文化与精神层面的革新，在这股现代化浪潮的猛烈冲击下，传统社会的经济结构、社会组织结构、政治制度以及人们的生活方式都发生了根本性的变化。不仅如此，这一社会大变动在彻底改变我们的传统道德规范与价值秩序的同时，迫切要求体现新的社会价值目标和反映新的利益关系的新伦理秩序的构建与完善，也就是说，我们的伦理文化正面临着一次新的历史性蜕变。伦理文化是一个社会文明的精神内核和民族文化的灵魂，作为社会意识形态，它在社会系统结构以及民族文化心理结构中表现出一定的稳定性特征。唯物史观认为，社会存在决定社会意识，但社会意识的发展又具有相对的独立性。伦理文化作为一种意识形态也有其相对独立性，有自身发展的趋势和逻辑，并不是随着它所依赖的传统社会的解体而立即全部消亡，它还会以各种方式在人们的生活中不同程度地发挥作用。④ 当前重要的是尽可能快地构建起适应现代化要求的现代伦理文化体系，而要构建现代伦理秩序，就必须始终把握现代化这个时代主题和历史发展趋势，确立现代化的价值目标，体现现代化的精神蕴涵，从而建设现代伦理文化。

黑格尔在谈到对于伦理的考察方法时曾指出："或者是从实体性出发，或者原子式

---

① 陈鹏．现代伦理建设研究综述 [J]．哲学动态，1997（4）：21-25．
② 万俊人．现代社会道德合理性基础论证 [J]．北京大学学报，1996（2）：4-15．
③ 肖平．道德经验研究及其方法——论社会学方法在伦理研究中的应用 [J]．哲学研究，1995（12）：37-43．
④ 曲丽涛．现代化的伦理困境与公民伦理构建 [J]．山东社会科学，2010（10）：147-149．

地进行探讨，即以单个人为基础而逐渐提高。"① 而他显然是主张前一种方法。在他看来，伦理实体经过家庭、市民社会、国家一系列发展环节，最终成为伦理精神的实现。从这个意义上也可以把伦理实体解读为"伦理性的实体，其核心就是关于具有必然性、普遍性的社会关系体系。"② 而实体本身的必然性与普遍性特征又决定了这一伦理关系体系是构成伦理实体的价值合理性的根据。因此，伦理实体的实质就是构成独特伦理范型的社会共同体。作为一个伦理实体，工程共同体有着纷繁复杂的社会现象和社会活动，包括经济、政治和文化等方面，这些社会现象和社会活动的背后隐藏着作为一种人类生产方式的工程活动的运行规律，解读工程共同体的现代状况就必须把工程共同体的生活样态、交往方式与思想观念结合起来，找出二者的契合点，破解工程共同体形成现代生活和交往方式的根本原因，从而找出工程共同体伦理生态的发生学机制。

伦理秩序是指伦理的空间构成。"秩序"是事物的一种状态，在这种状态中，各种各样的要素相互间如此相关，以致我们可以根据对整体中的某个空间或时间部分的认识，去形成对其他部分的正确的预期，或至少是有充分的机会被证明为正确的预期。社会秩序在于人类活动的有效合作，它在本质上意味着生活在这个关系结构中的行为者，可以有效地运用他们的知识，且能够既有信心地预见到他们能从其他人那里所获得的合作，他们的行动为正确的预期所引导。而伦理秩序是社会秩序中的一种，因此，伦理秩序就是伦理关系在交往活动过程中呈现出来的伦理结构体系，伦理关系则是连接伦理秩序内部结构系统的纽带。工程活动是现代社会的舞台，也是现代社会的象征，其主要的活动空间是城市。早期的芝加哥学派把城市看作是研究现代社会的理想场所。他们认为："都市使人有别于其他动物；人创造都市而重造自己；社会问题根本就是都市问题。"③ 不管他们从哪个角度看待城市，现代城市和现代社会密不可分。有人这样形象地描述城市与现代社会的关系："现代社会一旦由抽象概念变成现实，那么，它的血肉之躯就是城市。"④ 城市是现代社会的血肉之躯，是现代社会的现实表现。现代社会的变化必然反映到城市，城市也必然在变化中表征现代社会的巨大变迁。现代城市最突出的特征就是理性化，现代理性主义是建构城市的思维模式，它以理性、科学性、秩序性、确定性和功能性作为建设城市的宗旨。韦伯指出，现代城市是现代社会理性化的产物，现代城市的一切都必须符合理性原则。城市的建筑、设计均要求"视野开阔、技术合理、一丝不苟、功能齐全、效率卓著、具有国际风格"。理性化意味着城市社会及其结构有一种最佳的模式。因此，现代城市的工业化追求一种理性意义上的完美：现代城市本质上是现代性的体现。

伦理生活诸主体之间在交往活动中表现出来的意向性结构造就了关系之维，同样，诸主体只有在相互的交往活动过程中才能产生"关系"。"伦理关系作为应然的社会关系

① 黑格尔．法哲学原理 [M]．范杨，张企泰，译．北京：商务印书馆，1982：156.
② 高兆明．制度公正论 [M]．上海：上海文艺出版社，2001：43.
③ 龙冠海．都市社会学理论与应用 [M]．台北：三民书局，1985：18.
④ 日本社会学会编辑委员会．现代社会学入门 [M]．李银河，译．北京：中国社会科学出版社，1987：126.

范型，直接规定了生活于其中的人们的权利——义务关系。"[1] 因此，伦理关系是伦理实体得以成立的客观依据。每一个伦理实体在其内部成员的交往活动过程中都会形成一定的伦理关系，而正是伦理关系的网络把伦理实体中的各个成员联系在一起，使之成为一个有机、和谐的整体。根据交往活动与伦理关系的密切性，从发生学角度分析，交往结构是伦理关系得以产生的现实依据和社会背景：一方面，交往结构的核心是主体之间的交往关系；另一方面，作为伦理实体的工程共同体在其运行过程中各个成员之间的交往活动有着独具特色的交往结构，因此形成了具有现代特色的伦理关系。

第三节　社会规范

配套慕课视频

任何社会都是在一定的秩序轨迹上运行着的，各种社会形态的变迁与更替，归根结底是人们对维护秩序的社会规范所作的一种自觉的或强制的调整和创新。一切重大的社会变革，往往是社会规范转换、变更的信号或先导，同时也是一系列社会规范变动的产物。纵观人类社会发展史，各阶级、各党派乃至各种社会集团之间的矛盾、冲突和抗争，其潜藏的主线正是这些阶级、政党和社会集团为谋求能增进自身政治、经济和社会利益的社会规范系统。实际上，各种矛盾与冲突也只有在相应的社会规范系统中才能得到缓和或消解。因此，建立、维护和巩固为特定社会秩序所需要的社会规范系统，历来是各国政府或国家政权的基本职能之一。

规范（Norm）一词来源于拉丁文"norma"，本义指木匠工作的"规尺"，后哲学家和行为科学家用它来研究人的社会行为，用它作为人的行为标准，故它便作为一个特定的概念——社会规范（social norms）固定下来。然而，关于社会规范概念的定义、本质，却众说纷纭。美国哲学家爱德华兹，认为社会规范指科学共同体成员共有的一整套规定，它决定着共同体成员的共有信念和价值标准，即他们的自然观、世界观及价值观。[2] 社会学家马吉尔认为社会规范是历史形成或规定的行为与活动的标准。社会规范执行一系列的功能，调节的、选择的、系统的、评价的、稳定的与过滤的功能。社会规范限定着人与人之间的关系。[3] 行为科学家格温认为社会规范指一个社会诸成员共有的行为规则和标准。规范可以内化成个人意识，即使没有外来的奖励他也会遵从；规范也可以因外部的正面裁决或反面裁决而发生作用。规范比价值或理想更具体。诚实是一种普遍的价值，而在特定的情况下确定诚实行为的各项标准就是规范。所以，规范是针对实际行为

---

① 高兆明. 制度公正论——变革时期道德失范研究 [M]. 上海：上海文艺出版社，2001：55.

② Eduards P. The Encyclopedia of Philosophy[M]. New York: Macmilan Inc., 1967: 382−329.

③ Magill F N. International Encyclopedia of Socioloy[M]. New York: Salem Press Inc., 1995: 1328−1329.

而不是对预期行为而言。[①] 心理学家科尔辛认为社会规范是一种社会行为规则，它是组成社会群体成员可接受或不可接受行为的各项文化价值标准。[②] 社会规范作为人类社会历史长期发展的产物，社会规范的社会历史性决定了其性质的非永恒性，并随着社会历史的发展不断演变出新的形式和内容，不同的社会、不同的历史时代具有不同的社会规范。社会规范是历史性的存在，既不具有先验的性质，也不具有永恒不变的性质。

首先，社会规范是社会活动的坐标系与尺度，是个体社会行为的价值标准，是用以衡量个体行为的社会意义并作出判断的依据。所谓个体的社会行为，是指个人之间存在着相互影响的行为。这种行为是在人与人之间的交往中发生的。价值标准是个体或者群体对社会存在合理性、正确性、满意度等一系列问题的一致认识与见解。个体的社会行为对社会生活及社会秩序都有着直接的影响，因而人的社会行为就需要有一定的社会规范加以制约和规定。简而言之，社会化成员的价值观念千差万别，为了保持稳定的社会秩序，必须把大众认可的观念固定化、形式化，使大众潜移默化地遵循社会秩序，履行公民义务。

其次，社会规范是由一定的社会组织提出的，是依据社会组织自身的利益需要及价值观确定的，具有鲜明的社会制约性，是一种符合社会大众认可的行为规范。社会规范相对于规范对象来说既是一种否定与肯定，同时也是一种防范与禁止，是否定与肯定、允许与禁止的统一。当个体的社会行为符合社会规范时，便会得到社会肯定及赞许；当个体的社会行为背离社会规范时，就会受到社会否定及指责。所以，社会规范既是对社会成员行为活动的限制，也是行为自由的保证条件，社会规范的这种制约作用正是维持一个社会组织稳定、发展的前提。

最后，社会规范是各种社会关系的反映，是一种对社会关系肯定化和固定化的手段。社会关系是人们相互交往的产物，在长期的社会活动中人们把反复发生的社会性活动约定俗成地固定下来，使之模式化、程序化。社会关系是由这些相互作用的秩序的组合和模式构成的。为了使程式活动沉淀下来，在人们之间建立稳定的互动秩序，保证社会交往实践活动的正常进行，社会往往会制定某种社会规范（包括规则、纪律、法令等等）加以确认和肯定，从而赋予社会关系的合法性、稳定性和普遍性。这样，在现实生活中社会成员彼此遵循着特定的模式进行社会交往，合法地去获取自己的利益，使个人的利益与集体的利益、社会的利益与他人的利益相一致。在现实社会生活中，人们的任何社会关系的互动都是凭借对社会规范的遵从来进行的。任何人参与社会生活，首先都必须熟悉了解其中的规范，通过对规范的掌握和利用，才能进入到一定的关系中去，从而达到自己行动的目的，即获得一定的福利。

规范之所以对于人类社会的文明与发展具有无可替代的意义，首先在于，规范直接

---

① Gwin R P, Norton P B. The New Encyclopedia Britannica[M]. Chicago: Encyclopedia Britannica Inc., 1993: 765.

② Corsin R J. Encyclopedia of psycholoy[M]. London: John Wiley & Sons Inc., 1994: 287.

导源于人性需求。人天生就是社会性的动物，作为社会性存在的人在与世界打交道中发展社会关系和社会生活，社会存在与条件不仅是人的现实生活得以可能的方式，同时人的现实生活也受制于社会的规范与约束。社会是人类互动交往形成的有机体，人类之间的相互联系和交流是社会形成的纽带。然而，矛盾是普遍的，社会交流联系中势必会产生阻碍、冲突，规范之所以必须与必要，原因在于人们之间的相互关系需要人的自我协调，不同个人之间的矛盾与冲突需要得到有效的控制。其次，规范产生于人的本质需要，作为人类价值目标实现的手段，规范又以社会控制的形式融汇于社会之中，这也决定了社会规范在人类社会的文明进程中发挥着无可替代的作用。在社会控制系统中，一方面包括国家政权、法律法规、纪律、军队、警察、政策和策略等硬性控制方式，这种控制方式是维护一定社会的经济基础正常运行的重要手段。另一方面还包含思想文化、道德习俗、价值观念、社会舆论等软性控制，即主要通过灌输、教育、潜移默化、宣传鼓动等方式内化为人们的自觉言行，以实现社会控制的目的。社会控制渗透在社会规范建设的各个方面，对于实现社会结构的有序化、社会运行的良性化、社会秩序的稳定化，均具有不可或缺的重要作用。①

社会规范的表现形式是多样存在的，习俗、道德、法制、道德等均表现为社会规范的存在形式，其规范领域和方式各不相同。对于为何不能将多种形式的社会规范简化归一为一种统一性的社会规范？一个合理性的诠释应是所有的社会规范所指向的对象是个人的活动与行为，其功能是通过对人们的活动与行为进行规范使人们的社会关系得到协调，从而使人们的社会生活得以可能。而人们的社会生活本身是复杂的，人们的活动与行为对人们的社会关系与社会生活的作用方式与影响后果存在着直接与间接之分，有大与小、显性与隐性之别。② 因此，人们不同类型的活动与不同性质的行为需要不同形式的社会规范进行约束。社会规范作为社会规范存在，都表现为人为社会或为自己的立法，因此，所有类型或形式的社会规范之间在性质、功能、使命上都有着相互间的共同性或相似性，这种共同性主要表现在对人们的活动与行为的范导性与约束性。规范既以肯定的方式倡导与允许人们应当如何做与能做什么，也以否定的方式禁止人们不应做什么与不能做什么，一个规范即是一个规定，任何规定既是肯定，也是否定，既是允许，也是禁止，规范是肯定与否定、允许与禁止的统一。这是各种社会规范形式之间的一致性与相似性。但不同的社会规范类型与形式之间无疑也存在着差异，其差异不仅表现在历史的起源上，同时也表现在它们对社会生活的作用方式与约束力的不同上。

社会规范的最终基础与根据是维持社会秩序的有序进行，社会规范的价值取向所要确保的是要让社会成员过一种可能的生活，具体与确切些说，社会规范所要追求与达致的生活是一种与社会的生产方式与交换方式相适应的生活。社会规范对于人们的社会生

① 李幼斌. 社会规范的定位与重塑 [J]. 社会主义研究, 2003（2）: 106-108.
② 林剑. 论社会规范的价值取向及其合理性 [J]. 教学与研究, 2017（11）: 97-103.

活来说，它是确保人们的社会生活得以可能的基本性条件或底线条件，对于在社会中生活与活动的个人来说，遵循社会规范的要求，接受社会规范的约束，不仅仅是必须的与不可跨越的底线，而且是可能的。[①] 社会规范对于社会存在的个体行为并非一种崇高与神圣的要求，可有可无，不能作为一种规范性的要求，而是一种底线性要求。规范倡导对于个体意识的影响是潜移默化的，增强社会规范的强制性和重要性也是必要存在的，对于社会中的所有个人来说是必须遵守的，违反了就要受到惩戒与处罚。

社会规范是一种价值标准。价值是社会成员或团体在社会中存在的意义。价值观念则是社会成员或团体对这种存在意义的认识。价值标准是社会成员或团体对社会存在怎样才算好、怎样才是合理、正确和令人满意的问题上的一致认识与看法。而这些认知和看法，又是通过社会规范表达与体现出来的。例如，国家政府机关的工作规则与章程就体现着政府机关追求工作高效率的价值标准；企业的流水线生产程序的规范就体现着企业追求经济效益的价值标准。另一方面，我们认识了解一个社会或群体的文化行为，往往是先从认识社会规范开始的，评价一个事与人的行为也是从符合与不符合社会规范开始的。例如，在日本，遗产的分割实行长子继承制，在中国则实行均分制。这种遗产分割制度，有助于我们认识为什日本能够在近代积聚起相当的社会财富、发展资本主义，而中国的分散的小家庭阻碍了资本主义经济制度在中国的发育。概言之，社会每个成员的价值观念是千差万别的，为了使社会生活保持一定秩序，就必须将那些人们普遍认可的价值以一定形式固定化，使之稳定而持久地指导人们参与社会生活，并成为社会成员行为的价值导向和评价事物的一种标准。

社会规范是一种行为准则。行为准则是指人们在特定的社会情况下，应该怎样待人接物、应该做什么和不应该做什么的行为期待。如果社会成员按照社会结构中为其确定的规范行为，扮演好自己的社会角色，就可以获得社会赞许，为社会或群体所接纳。如果违背社会规范，就会受到社会的指责甚至惩罚。所以，本质上社会规范既是一种对社会成员行为限制的手段，同时也是社会成员获得行为自由的保证条件。很清楚这里所称的行为准则就是社会成员公认和遵循的行为模式，即实践标准，与它对应的是实践角色。如"为人师表，教书育人"的行为准则，就是教师的实践角色。又如，"为官清廉，为国为民"的行为准则，就是官员的实践角色。诸角色扮演的成功与否，就在于扮演者对行为准则认可与遵从的程度，社会与他人是依据该准则对其扮演者作出评价的。

社会规范是各种社会关系的反映，是一种对社会关系肯定化和固定化的手段。它使人们的行为与关系一致，使个人利益与社会整体利益和要求相一致。马克思曾指出，社会关系的含义是指许多个人的共同活动，社会关系是人们相互作用的产物。当人们彼此交互作用的社会性活动或行为经常发生、重复性发生时，就会模式化、程序化、固定化，

---

① 林剑.论社会规范的类型、功能及其历史变更 [J].湖南社会科学，2017（6）：19-24.

社会关系是由这些相互作用的秩序的组合和模式构成的。为了使程式活动沉淀下来，在人们之间建立稳定的互动秩序，保证社会交往实践活动的正常进行，社会往往会制定某种社会规范（包括规则、纪律、法令等）加以确认和肯定，从而赋予社会关系合法性、稳定性和普遍性。这样，在现实生活中社会成员彼此遵循着特定的模式进行社会交往，合法地获取自己的利益，使个人的利益与集体的利益、社会的利益与他人的利益相一致。例如，在中国封建社会里，地主与佃农的关系就是通过封建的土地所有制的法规将两者的关系固定下来，体现着封建社会的生产关系。法规规定农民必须向地主按一定的比例交租，从而也规定了地主有权向农民收取一定比例的租子。又如，我国《宪法》中明确规定父母与子女之间的关系是一种互养互抚的关系，即"父母有抚养未成年子女的义务，成年子女有赡养扶助父母的义务"。社会通过制定这样的法则将人们的血缘关系提升到伦理关系，并以法规的形式将其关系固化，要求父母与子女都履行其义务，维护家庭稳定及家庭秩序，进而达到维护社会秩序的目的。所以，在现实社会生活中，人们的任何社会关系的互动都是凭借对社会规范的遵从来进行的。任何人参与社会生活，首先都必须熟悉了解其中的规范，通过对规范的掌握和利用，才能进入到一定的关系中去，从而达到自己行动的目的，即获得一定的福利。

社会规范作为人类意识之产物，是一种文化现象，具有以下特性：

第一，普遍性与规制性。社会规范是人类社会生活历史进程的衍生物，由社会成员所创造的有形物（物质层面的）与无形物（精神层面的）构成的。它以极其普遍的形式存在于社会的每个角落，凡是有人群居住的地方，均有规范的存在。任何一个社会没有社会规范便不可能有秩序地存在。而任何社会的个体，绝不可能与其居住地区、社会的规范文化绝缘。在不同的社会里，无论规模大小和人口多少，均具有相同与不相同的各种社会规范文化存在。社会规范的各种形式的普遍存在犹如无形的力量，对社会人发生影响，并时刻左右着社会人的生活，约束着每一个体的行动，这是社会规范的作用体现。与此相适应的，任何社会总是要运用一定的社会力量来保证其效力的实施，从无形的社会舆论到有形的政府、法律行为；从积极的褒扬、激励到消极的禁令、惩罚，无不对社会成员起到强烈的规制作用。

第二，共有性与排他性。如前所述，由于社会规范是在社会成员的社会生活实践中相互作用下形成的，是所有社会人共同创造的产物。因此，它必然会为全体成员所有，并为所有社会成员普遍接受。对共创的社会规范，社会成员在行为上大多会产生认同感和遵从心理，自觉接受规范对自身行为的约束。而任何反社会规范的逆行为均有可能遭到其他人的反对，并被视作异己，受到社会群体的抵制与排斥。社会规范的共有性和排他性，既有助社会凝聚力的形成，又会使社会成员产生强烈的归宿感和认同感，从而增强社会的向心作用。

第三，历史性与相对稳定性。这是对社会规范的根源、状况和性质的分析。一方面，社会规范作为一种文化现象，表现出较强的文化积聚性。正如前面所分析的那样，社会规范作为社会群体的产物，是由社会群体中一个个人的实践创造，是经世代众人的不断选择、补充、传承、累积的结果。另一方面，不管在内容上，还是在形式上，社会规范都是随着社会生产力的发展而发展的。最初级形态的社会规范是风俗习惯，次级形态的社会规范是道德，高级形态的社会规范是制度、法律，在现代社会制度、法律则成了最主要的社会控制手段之一。这就表现了社会规范的历史变异性。永恒的，不变的社会规范是不存在的。社会规范虽然是随着社会的发展而发展，但它在一定的历史时期，一定的阶段必须具有相对的稳定性，必须具有恒常性。社会规范的本质任务、目的是保证社会需要得到有序的满足。这个任务的完成，是以社会规范自身的相对稳定性为前提的。社会规范的具体内容一旦形成，就会在一定的时期内、一定的范围内保持不变。社会规范的相对稳定性既是规范自身的内在性质决定的，也是社会存在和发展的必然需求。"朝令夕改"必然会影响到社会规范的功能发挥，使社会成员行为无所适从，从而引起社会骚乱，对社会秩序带来破坏，影响社会的正常运行。于是社会规范的双重性就表现出来了：一方面，它为社会生活带来稳定和效率；另一方面，也会为社会的进一步发展设置障碍。因为，相对稳定的社会规范容易产生固定的秩序，僵化的或不适时的规范，可能窒息社会成员本来具有的生气和活力。当然，实际上社会规范的稳定性是在一定条件下形成的，即是相对的、暂时的，随着社会生活的展开，僵化的或不适时的社会规范会被新的社会规范所取代。这是发展的必然。

第四，阶级性与民族性。社会规范是社会关系的反映，属于上层建筑。在阶级社会中，社会关系必然反映出阶级差异。社会规范作为一种表达社会关系的形式，无不打上该阶级的烙印。如在政权、制度、法律上集中体现了统治阶级的利益，同样在道德上，不同的阶级都有不同的道德标准。社会主义社会规范的方向是捍卫和发展社会主义社会的生活原则，这就表现了社会规范的阶级性倾向。另一方面，在不同的地域、不同的时代、不同的群体、不同的自然环境、不同的社会环境中，由于人们的生产力发展水平不同，自然形成了具有不同特点的社会规范。特别是在风俗习惯、道德、宗教等社会规范上民族性尤为突出。在某个民族中视为道德的行为，在另一个民族中则可能认为是不道德的，甚至是犯罪行为。例如，在很久以前的因纽特人（爱斯基摩人）中，由于气候高寒，环境恶劣，生产力低下，人们生活困苦，老人因年迈多病而丧失劳动力，为不拖累家人，儿子可弑父。这类事如果换个地方，换个民族，则是大逆不道，成了杀人犯罪的事了。

第三章

学科基础理论内涵

第一节 工程科学的基本内涵

一般意义上的工程学或工程科学具有非常复杂的理论内涵和实践场域，涉及许多学科领域。对于不同的学科而言，其理论视野所注重的范畴和领域也各不相同，这就需要我们更多地关注工程领域的一些基本概念，以便于更好地认识工程学科框架内的不同领域及其区别，了解工程活动内在逻辑的本真特点和基本架构。在工程科学理论的视野内，存在着诸多的相互具有内在关联的概念，剖析这些概念之间的关系对于理解工程和工程科学有着重要的意义，其中比较重要的是工程科学、工程技术和工程项目。

早在 1984 年，我国著名科学家钱学森就发表了题为《工程与工程科学》的论文并提出了"工程科学"的概念，论述了工程科学的思想，认为"在现代科学与工程技术之间已经形成了一个独立的学科体系，这就是现代工程科学"。[①]首先来看工程科学的含义。目前学术界对于工程科学的界定主要有两种观点，一种是狭义的工程科学，或者称为工程学，主要内涵就是面向工程活动的基本原理的研究；另一种是广义的工程科学，泛指一系列相关的学科群，包括工程学、工程技术、工程管理学、工程经济学等等。作为狭义的工程科学，主要是面向工程活动的基本过程，大体上可以分解为五个基本阶段：第一个阶段是提出问题，首先要对用户需求进行理论分析，针对工程用户的需求提出问题，将工程对象具体化；第二个阶段是工程对象的系统分析与系统定义，根据所要解决的问题建构起工程对象系统，在系统论的基础上对系统模型进行理论分析；第三个阶段是工程对象体系结构设计，通过对工程对象系统的分解和再集成，打造工程建构的内部结构框架、工程与外部环境的交互界面；第四个阶段是生产、建造或实现，这是前面几个阶段的理论化成果转换成现实的物质即工程成果的过程；第五个阶段是工程的鉴定、验收和消费（使用）。作为一门学科，工程科学具有系统性、复杂性、交叉性和综合性的特点[②]，而作为研究工程活动基本原理的工程科学主要是面向这些过程中的那些具有代表性和普遍性的理论架构和实践需求。

从目前理论界的研究现状来看，工程科学的理论内容主要包括三个方向的探讨和研

[①] 赵少奎. 从工程技术走向科学论 [J]. 西安交通大学学报（社科版），2004（3）：7-10.
[②] 汪应洛，王宏波. 工程科学与工程哲学 [J]. 自然辩证法研究，2005（9）：59-63.

究：第一个方向是工作研究（work study），就是以工程系统的微观基础——作业或操作系统为研究对象，主要包括方法研究（methods study）和作业测定（work measurement），其中方法研究着眼于现有工作方法的创新和改进，是对现有的工程实践方法进行系统地记录和严格的考察，作为开发和应用更容易、更有效的工作方法以及降低成本的一种手段，主要任务是创新和改进工程设计、工程设备、工程技术和具体的操作规范，高效地利用原材料、设备和人力资源，改善工作环境、工作条件，其实施效果要运用作业测定来测量，而作业测定的目的是努力减少生产中的无效时间，为作业制定标准，进行作业测定的基础是工作方法的合理化和标准化；第二个方向是组织管理研究。从管理的角度来看，组织是各种生产要素相结合的形式和制度，组织管理是工程管理的重要内容之一，而工程组织的设计与运作也直接关系到工程实践的实际效率。工程科学中的组织管理研究的主要内容包括组织结构与组织管理的创新与发展、组织绩效的考察与测评。其中组织结构与组织管理要根据不同的工程实践活动来具体问题具体分析，比如不同种类、不同规模的工程活动需要采取不同的组织结构和组织管理方式，而组织绩效的测评主要包括业绩测度，即工程能力的评价，财务测度，即工程活动的经济效果的评价，以及环境测度，即对周围自然环境和社会环境的影响的评价三个方面；第三个方向是制造系统研究，现代工程与传统工程的主要区别在方法论的体现就是现代制造系统的产生和应用。现代制造系统本身就是一个具有多个优化目标的复杂大系统，其基本特征包括集合性、相关性、目的性、环境适应性、动态性、反馈性和随机性等，而制造系统理论就是面向现代工程活动中的制造系统，从系统科学的角度，以解决制造系统过程技术、管理问题为目的的理论体系，它以制造全过程或制造系统的整体优化为研究目标，主要内容包括制造系统的基本特征、制造系统的基本结构、信息制造观、人机集成论、集成决策观以及制造战略等①。

工程技术工作的基本内容主要有应用研究、技术开发、产品（或工程）设计、工艺（或施工）设计、质量监控、生产调度、运行监管、设备维修、技术培训、技术服务以及相关的组织管理与经营工作。工程技术对工业生产或工程建设起引领、驾驭、组织、监控、管制、支撑与维系作用。工程技术系统是现代工业系统和现代工程系统的主体，主要涉及特定的工程建设目的，以及为实现这一目的而配置的经过专门训练的工程技术人员与工程技术工人、相关的原材料、能源动力、设备与工具、测试仪器仪表、通信与交通系统、建筑设施及有关管理机构等因素。按照客观物质在工程中的流向，工程技术大体上可以划分为三大类：第一类是资源，由材料、能量和信息构成。其中材料是所有的物质生产的基础，按其来源划分，包括天然材料和人造材料两种，从人类文明发展和工程进步的角度来看，新材料的研发和应用是其中的关键因素。能量不同于材料的特殊性

① 程灏. 工业工程导论 [M]. 北京：化学工业出版社，2004：300.

就在于，我们不是作为材料来利用能量的载体（能源），而是利用载体所产生的能量，即以电能、机械能、热能等形式表现出来的能量，目前能量的主要载体有煤、油、水、气和核能五种形式。第二类工程技术是采集加工，包括探测、采集、运输、加工等环节。工程活动的重要任务之一就是发现和开发自然界所蕴藏的资源，使之更好地为人类服务，而采集加工正是资源的工程化过程。第三类工程技术是制造或建造。所谓制造就是用多种材料，经过复杂的加工过程做成一种新的产品或装置，分为离散制造和连续制造两大类。离散制造就是单件制造，如制造家用电器，每一台家用电器都是一个单独的整体，可以独立地使用。连续制造就是连续完整的制造过程，期间不能够中断，如发电、化工等。一般来说，离散制造是开放型的，而连续制造是封闭型的。建造指的是建筑工程或其他的建设项目。

在现代工程理论体系中，关注程度最高的是工程项目或项目工程，不论在国外还是在国内，工程管理的理论和实践大部分都是面向工程项目，比如在我国工程管理专业一开始就是设置在建筑系和土木工程系。[①] 工程项目是以建筑物或构筑物为交付成果，有明确目标要求并由相互关联的活动所组成的特定过程。例如，建一栋大楼，修一座桥梁，建一个煤矿，修一条铁路等都属于工程项目。[②] 从工程活动的形式来看，一般的连续不断、周而复始的工程活动通常被称为"作业或运作"（Operations），如企业日常生产产品的活动，而称为"项目"（Projects）的都是临时性、一次性的活动，如企业的技术改造活动、一项水利工程的建造等等。工程项目的主要特点包括六个方面：首先，工程项目是一次性的过程，这个过程除了有确定的开工时间和竣工时间外，还有过程的不可逆性、生产的单件性、项目产品位置的固定性等；其次，每一个工程项目的最终产品均有特定的功能和用途，它是在概念阶段策划并决策的，在设计阶段确定下来，形成于实施阶段，并在项目结束后交付使用；第三，工程项目具有生命周期性，从概念阶段到竣工验收、工程结束，就是一个工程项目的生命周期；第四，工程项目的风险性，由于工程项目规模较大，所以需要投入的资源也比较多，从市场风险的角度来说，投资越大，风险也就越大。另外，工程项目工期长、参与者众多，涉及的利益相关者的面积也较大，整个建设过程都存在各种各样的风险，例如，业主可能面临着工程师失职、设计错误、承包商施工组织不力等人为风险，以及恶劣气候、地震、水灾等自然风险；第五，在一定的约束条件下，以形成固定资产为特定目标。其中约束条件包括：时间约束，即一个建设项目有合理的建设工期目标。资源约束，一个建设项目有一定的投资总量目标。质量约束，即每一个工程项目都有其预期的生产能力、技术水平或使用效益目标；最后，工程项目还具有综合性，工程项目是通过人、材料、机械设备、工艺方法、技术、资金、时间、环境等生产要素的有机结合和转化而形成的，工程项目既包含由工程实体所组成的

① 汪应洛，王能民. 我国工程管理学科现状及发展 [J]. 中国工程科学，2006（3）：11-17.
② 王祖和，等. 现代工程项目管理 [M]. 北京：电子工业出版社，2007：3.

有形产品，又包含为客户服务，使客户满意等无形产品。从系统论的角度看，工程项目建设是一个系统过程，工程项目系统主要由工程系统、结构系统、目标系统、关联系统等构成。

与一般意义上的工程活动相比较，工程项目最大的特点还是它的生命周期性。在生命周期理论的视野中，一个完整的工程项目活动应该包括以下六个步骤：①启动工程项目建议书的策划过程，以工程项目的策划构思的系统框架为依据，起草编写工程项目建议书，工程项目建议书经过采编者论证评估通过后，上报相关的管理机构或主管部门进行评估和审批，做出是否采纳该工程项目建议书的决定；②可行性研究阶段，工程项目建议书获得批准后，就可以进行可行性研究的立项，然后对有关工程项目建设有关的情况进行调查、分析，以此获得可靠的数据支持，然后按照一定的步骤进行研究和论证，最后根据可行性研究的结果和可行性研究报告大纲编写可行性研究报告，送交相关的决策单位进行分析和评估，得出是否可行的结论；③一旦工程项目可行性研究报告获得通过，可以得到立项，便进入工程项目的设计阶段。工程项目设计工作的第一步是要进行相关的勘察，主要包括收集已有资料、现场勘察、编制勘察纲要，出工前准备，现场调查，测绘、勘探、室内实验、分析资料等，其后的设计工作主要包括参加工程项目决策、编制各阶段设计文件、移交设计文件等，在后面的建设过程和验收阶段，相关的设计人员和设计部门还要参与工程项目的变更洽商、施工配合、验收、结算和工程项目总结等各项工作；④工程项目建设的准备阶段，就是在设计文件提出后，由工程项目建设单位进行施工招标，优化选择施工单位。除了一般的招投标过程之外，工程项目建设准备工作还包括编写建设准备工作计划，然后按计划进行调查研究，编制施工图设计，编制施工项目管理实施规划，并进行相应的场地、物资、人力资源、技术、实验、生活、作业条件等准备工作。当这一切都准备就绪、具备开工的条件以后，便可以提出开工报告或申领施工许可证，报请政府的相关主管部门批准开工；⑤在接到批准的开工报告或者领到施工许可证以后，施工单位便可以合法地开工，工程项目便进入建设实施阶段。要顺利地完成施工任务，施工单位必须编制施工项目管理实施规划以便具体工作的安排，如委派工程项目经理、签订工程项目管理目标责任书等。在正式实施的时候，既要按照施工工艺要求搞好施工作业，又要搞好项目管理，使进度、质量、安全、成本等各项指标都能够得到有效的控制，现场管理、合同管理、信息管理、生产要素管理、组织协调都能够有效地支持目标控制；⑥合同任务完成后，编写工程项目验收报告，申请竣工验收。

第二节　伦理学的基本内涵

　　伦理学作为哲学的分支，又被称作道德哲学。它是对伦理这种特殊的社会关系、道德这种重要的社会力量，从理论上进行研究和说明的科学。它对伦理的本质、起源、特点等，对道德的本质、起源、结构、功能等，进行实事求是的、深入细致的研究，揭示其中的规律性。要是离开了这些规律性，就不可能科学地说明伦理、道德，不可能建立科学的伦理学。伦理作为一种特殊的社会关系，是一种社会存在；道德作为对伦理进行调节的重要力量，则代表了一种理想，即把伦理调节到理想的、最佳的状态，使人们具有理想的道德品质，使社会具有理想的道德风尚，因而反映了"应该"，属于社会意识和社会意识形态。伦理学则从总体上、从辩证联系中，对伦理、道德进行研究。伦理学无疑是关于道德的科学，但是作为哲学的一个分支，伦理学不是关于某个社会的特殊的、具体道德的科学，而是关于一切社会的道德的普遍性的科学。这也就意味着，伦理学是关于特殊的、具体的道德所包含的那种共同的、抽象的、一般的、普遍的"道德"本性的科学。伦理学是一门关于道德的哲学，即道德哲学，当代的西方哲学家也得出了这样的结论："伦理学是关于道德的哲学研究。"[1] "伦理学是哲学的一个分支；它是道德哲学，亦即关于道德、道德问题和道德判断的哲学思想。"[2]

　　一切社会行为的实现都必须遵循某种社会规范。人类社会稳定发展除了需要权力和法制这样的强制手段，也需要像道德和伦理这样的软措施。如果抛开规范所依靠的力量而仅从规范本身来讲，道德伦理的外延显然宽泛于法制。法制不能约束助人为乐、知恩图报，而恶意伤人、偷窃抢盗不仅受法制制约，还受道德的舆论控制。法是道德伦理的一部分，道德伦理是法的上位概念，反过来说，最低限度的道德或者所谓"底线伦理"也就是法。一个社会推行优良的道德规范是社会进步的基本原意，反之亦然。伦理学是研究优良道德的科学，因此，伦理学对于人类社会发展进步便具有莫大的效用、莫大的价值。[3]

　　在伦理思想史上，受经济、政治、文化的影响以及道德伦理问题的不断深化，各时代学者对于道德伦理有着不同的解释和规定。中国两千多年的封建社会中，形成了儒家的封建地主阶级伦理思想为核心的伦理体系。中国伦理思想从一开始就与政治、哲学思想紧密结合，成为维护宗法等级制度为最终目的的具有民族特色的伦理思想传统。宋明以后，理学家们更是力图把哲学和伦理学融为一体，使哲学成为道德哲学。西方伦理思想起源于古希腊，不同于东方的伦理思想传统，纵观西方伦理思想史发展，几经变革形

---

[1]　Louis P.Pojman, Ethical Theory: Classical and Contemporary Readings, WadsworthPublishing Company, 1995: 1.

[2]　W.K.Frankena, Ethics, Prentice-Hall, Inc., 1973: 4.

[3]　王海明. 伦理学原理 [M]. 3 版. 北京：北京大学出版社，2009：10.

成了众多庞杂的理论、学说。纵观西方伦理学发展史，各种伦理学说从其体系结构上看，大致可分为三类：第一类，实践的或规范的伦理学。认为伦理学是通过研究道德现象，向人们指出应当遵循什么样的行为规范，履行什么样的义务。这种伦理学重视实际的应用，往往分离出一些具体的应用伦理学，如各种职业伦理学。第二类，理论的或纯粹的伦理学。这类伦理学说重视探讨道德理论，往往和哲学本体论交织在一起，认为伦理学就是道德哲学，就是对善恶所作的纯哲学的思辨，一旦涉及具体行为规范和准则，就会失去伦理学作为道德哲学的意义和尊严。第三类，分析的伦理学。这是 20 世纪以来在英美颇为流行的伦理学，即"元伦理学"。这类伦理学说既不以经验的、历史的方法研究伦理学，也不重视经验或历史叙述的理论概括，更不提出具体规范。它的突出特点在于，试图从逻辑和语言学方面对道德概念和判断进行分析。

一门学科不仅要有特定的研究对象，还必须有其主要问题研究，否则其科学性和合法性就会遭到质疑。伦理学作为哲学体系下的二级学科，必须要以哲学的思维和方式进行辩证思考，伦理学有自己关注的问题和研究体系，基本上还是要以哲学语言加以解释。伦理学的特有研究对象和领域决定了其不同于其他学科的研究方式和研究内容，伦理学将道德现象从实际生活中抽取出来，不仅包括道德意识现象（如个人的道德情感等），而且包括道德活动现象（如道德行为等）以及道德规范现象等。对于伦理的起源、本质、规律、特点以及道德的起源、本质、功能、结构等，进行细致、实事求是的研究，解释其中的演变规律和内在特征。伦理作为一种社会存在产物，必定有其规律性所在，系统的阐述伦理规律也是伦理学的基本问题之一。就伦理学的基本问题探讨，主要有一与多两种说法：一是指伦理学的问题有且只有一个，即道德与利益关系说、善与恶矛盾关系说、现有与应有关系说等；多是指伦理学的基本问题不是一个而是多个，而对多个是什么的认识也有不同的说法，如伦理学的基本问题就有两个，即"作为人类的我们应当做什么"和"对于人类什么是有价值的"问题。伦理学的基本问题讨论还在深入研究，在新时期，不断有学者根据社会现象对此问题作出新的阐述，这些都为伦理学的发展创造了条件。

首先，伦理学是关于道德的哲学理论学科，是伦理社会长期发展的产物，是人类哲学智慧的结晶。总结人类伦理生活的基本规律和经验，伦理学不仅要在哲学层面揭示"人为什么要有道德"以及"人应该讲什么样的道德"等伦理问题，还要揭示道德生活的矛盾，予以理论的思考与批评。一般来说，哲学遵循理论理性，伦理学遵循价值理性。是人们对善与正当的认识与把握，表征着人们认识自我和内心道德法则的智慧成果，伦理学是人们运用哲学思维对人如何才能生活得更好、更幸福的大智慧和大方法。

其次，伦理学是一门特殊的价值科学。伦理学的价值标准通过一定的社会关系和行为表现出来，从应当与不应当的角度表达对生活的理想和期望。伦理学的特殊价值视角决定了它涉及大量的价值问题，问题的特殊性和重要性显而易见。伦理学要定义美德、恶行、正义、罪恶、荣辱、耻辱等概念，还要指导人们在行为活动中追寻美德、避免恶德、追求正义、抛弃不正义、崇尚荣誉、远离耻辱，进而使人成为不断发展和日趋完善的人，使社会成为一个良序的社会。

第三，理论是实践的先驱，任何学科的研究最终都要付诸实践，伦理学是一门特殊的实践科学。伦理学所形成的理论知识应当致用于人们的道德生活和道德行为，推动道德生活的变迁和向更高水平迈进，使人们的道德行为更加坚定自觉，借以培养人们的道德情操，锻铸人们的道德品质，形成高尚的道德人格。[①] 正因为如此，古往今来许多伦理学家都十分强调伦理学的目的"不在知而在行；徒恃理论，未足以使人为善"。

伦理学的三种性质实质上是统一的，无论是哲学理论，还是价值规范，抑或是行为实践，我们不能将其孤立地割裂开来予以思考，三者都是密不可分地联系在一起的。美国著名伦理学家梯利在《伦理学概论》中指出：伦理学"既是推理的，又是实践的，既是门科学，又是门技术。就它分析、归类、解释它的现象，或寻求其原则、规律而言，它是推理的或理论的；就它采纳这些原则或规律，或把它们应用于实践而言，它是实践的"。因此，伦理学既是理论科学，又是实践科学。前者发现规律，后者应用规律；前者告诉我们已作的是什么，后者告诉我们应当作什么，实践伦理学是理论伦理学的应用。黄建中先生亦有类似的认识，他说："求知一贯之道德原理，用以周行而不殆；是为伦理学'知而后行'之实践方面。"这两个方面是不能断然分割的，就像理论源于实践，实践需要理论的指导一样。伦理学既是一门独特的哲学理论科学，同时又是一门独特的价值规范科学和行为实践科学。

第一，科学地揭示伦理、道德的本质、起源、发展及其规律。诸如，伦理是怎样起源和形成的？它的本质如何？它在历史上是如何发展变化的？其中有什么规律？又如，道德是怎样发生、发展、变化的？它和伦理是怎样相互作用的？它的本质是什么，发展规律是什么？如此等等，就构成了伦理学所要揭示和回答的问题。对此，需要在唯物史观的指导下，借鉴其他科学的理论与方法，历史地、辩证地进行研究。这是伦理学研究和教学中首先需要解决的问题。

第二，为人们的行为活动概括出科学、合理、可行的规范体系。伦理学作为一门理论学科，同时又十分重视规范的重要作用，强调规范的重要地位。对特定的社会或阶级而言，它的根本的道德原则、具体而重要的道德规范、通行的公共生活准则、人际关系中某些特殊方面的要求，构成了特有的道德规范体系。要是离开了对规范体系的探讨和概括，要建立科学的伦理学，是不可能的。特定的道德规范体系对特定社会或阶级的成员，都有一定的约束力，那么这种约束力的客观基础是什么？道德规范除了这种约束力之外，还有没有导善的作用，能不能唤起人们使自身、他人和社会不断地趋于完善的能

---

① 王泽应 . 伦理学 [M]. 北京：北京师范大学出版社，2012：15.

动精神？道德规范中，这种对既有约束又有启迪、既能去恶又能扬善的两个方面，是如何相互联系和相互作用的？在回答这些问题时，伦理学在依据社会生活中实际存在的伦理关系概括和归纳道德规范体系的同时，还必须进一步阐明规范体系中许多辩证关系和重要的理论问题。如果只局限于提出规范体系，那充其量只能是一套道德戒律，而不会成为一门学问。

伦理学的主要研究对象包括道德的起源与历史发展过程，道德的本质、道德的结构与功能，道德的基本原则与规范，道德行为与道德品质，道德认识、道德评价、道德教育（教化）、道德养成等。不同的文明、文化或族群，在伦理学的基本内涵方面大致相同，但是基本方法、基本观念、价值导向、基本规范等方面却又大相径庭。比如，中国传统道德以集体主义价值观为起点与核心、西方道德思想以个体主义价值观为基点；中国传统道德追求和谐，西方道德追求个人自由；中国传统道德强调内在的道德修养，西方道德更强调外在的规制。即便是在西方伦理学的内部，不同历史时期主流的道德理论形态也不一样，有德性论、规范论、元伦理学等，其内部还有众多的理论流派，如功利主义、义务论、情境主义、社群主义、情感主义等。当人类社会进入全球化时代之后，还产生了普世伦理、全球伦理、底线伦理等新的伦理形态和道德观念。伦理学研究还包括正义、平等、自由、责任、诚信、幸福（快乐）等诸多具体的道德条目，还包括各种应用伦理学，如工程伦理学、政治伦理学、生态伦理学、经济伦理学、科技伦理学、城市伦理学、管理伦理学、传播伦理学等。

第三节　社会学的基本内涵

社会学从反对形而上学传统出发，立志建立一门客观地、正确地认识社会现象的科学，当孔德把社会学的实证原则称为人类历史上三种思维方式中最高阶段时，他认为自己已经完成了人类思维方式的一场具有意义的革命。孔德兴奋地宣称："现代社会性使工业生活越来越占优势，因而它应有力地支持伟大的精神革命。今天，这种精神革命已将我们的才智最终从神学制度提高到了实证制度阶段。这种每日每时实际改善人类条件的积极趋势。在一神论条件下不仅总是与宗教定见（它总是和另一种截然不同的目的有关）格格不入，而且这种活动必然最终激起人们彻底地自发地普遍反对神学哲学。""社会学"一词（法语 sociologie，英语 sociology），是由两部分组成，前半部分源于拉丁语 societas（意指社会）或 socius（意指社会中的个人），后半部分源于希腊文 logos（意指科学），故依其名称之来源讲，社会学是关于社会的科学。孔德把社会学作为一门独立的学科加以探讨，并建立了初步的研究体系。孔德继承了社会主义者圣西门的思想，把关于人的科学提高到以观察为基础的科学水平上，并将实证的性质加入到研究方法之中。孔德认为社会学是对所有社会现象所固有的全部基本规律进行实证研究的科学，他把社会学分为社会静力学和社会动力学，社会静力学研究的是在社会自序发展规律，即社会各个机体及职能之间的和谐与稳定。社会动力学则综合研究人类理性以及人类社会的发展过程。孔德主张采取自然科学的研究方法来研究人类社会，如实验法、观察法、比较法等，同时还必须以历史的角度加以研究，失去历史发展的意识，社会学就很难成立。迪尔凯姆也像孔德一样，认为社会学是一门克服了哲学偏见的科学，社会学要想成为一门成熟的独立的学科，必须明确无误地同思辨的形而上学的思维方式划清界限，否则就无法完成社会学面向社会事实，达到对社会现象客观的、准确的科学研究。迪尔凯姆指出："社会学无须使用那些使形而上学者们发生意见分歧的重要假说。它既没有必要肯定自由，又没有必要肯定决定论。"在迪尔凯姆看来，不使用形而上学命题的理由在于它是包含超现实的理想或具有政治要求的价值判断，是用玄秘语言来说明社会的抽象逻辑，它不仅无助于人们认识客观的社会事实，而且会使人们远离实际存在的社会。其实，无论孔德和迪尔凯姆用何种判断来说明社会学同形而上学的对立，也无论他们用何种修辞来显示社会学的革命意义，说到底不过是把物理学的客观性原则移到了社会科学研究中。把社会现象看作外在于研究者的客观对象，用确定的方法追究社会现象的客观规定性，这是社会学初创时期据以区别形而上学以及政治学、伦理学和心理学的主要根据，也是社会学创始人为社会学规定的本质特征。

社会学作为一门科学，其意图在于对社会行动进行诠释性的理解，并从而对社会行动的过程及结果予以因果性的解释，所谓"行动"意指行动个体对其行为赋予主观的意义——不论外显或内隐，不作为或容忍默认。"社会的"行动则指行动者的主观意义关涉到他人的行为，而且指向其过程的这种行动。社会学的任务便是要将这些概念还原到"可理解"的行动，亦即还原到参与者个人的行动。

在 18 世纪末和 19 世纪时，人们就为 20 世纪的社会学发展制定了一些实质性议程和方法论的内容。社会学起源于现代性的来临——即起源于传统社会的分解和现代社会的巩固与发展过程中。确切地说，对于到底什么是"传统的"，什么是"现代的"，至今还是一个旷日持久的争论。但这种情况十分常见。随着工业主义的到来，数以百万的人从农村迁移到了城市，尤其是大众民主化的发展和其他一些重要的制度性变迁，使得新旧世界之间形成了鲜明的对比。这场始发于欧洲和北美内部的一系列变革正日益推向全球，且至今仍在全球各地风驰电掣般疾驶着。社会学就是产生于对这种变革道路的探索，且直到 21 世纪还深深地留有其初创时的痕迹。

一方面，就现代性与传统相比较而言，社会学的主要思想流派过于强调那些内在于工业社会本身的趋势和制度。其结果，无论是被历史所淹没的还是在世界其他地方继续存在的，传统社会在本质上常被视为毫无积极意义的。人们认为对于工业秩序的有效发展来说，传统只是一种陪衬而已。因此在社会学和人类学之间产生了分裂。现代与传统之间的这种分裂直接导致了学科派别的产生。而现在，人类学已不再把自己只局限在对"他者"的研究之中了，社会学也不再只知道将现代社会与其他社会形态连在一起来加以考察了。

"现代性"这个词在 20 世纪确实揭示了其本质上所具有的世界历史性。当我们意识到因现代性而建立的各种制度并非凤毛麟角时，我们会越来越清楚地看到当今的生活正受到现代性的影响力所支配，而且这种影响力是任何人无论在世界的哪个角落都是无法逃避的。然而，社会学与其他社会科学才刚刚开始联合起来，同相互依赖程度日益增长的世界体系打交道。今天，我们似乎生活在一个加速变迁的社会发展阶段，我们经历的社会变革将如同早期的现代社会中所发生的一切一样蔚为壮观。毫无疑问，如果要试图理解并巩固这种社会变革。主流社会学理论与观念就不能不进行彻底反思。在这些变革中，可能会被单独提出的至少有：伴随着计算机和机器人技术而迅速发展的技术革命；随着基础工业产品向东转移，西方老的工业经济基地明显地被侵蚀；所有的工业社会将会进一步卷入到被日益整合的全球劳动分工中去；随着选举与政治支持模式的重整，西方民主中的政治不满情绪将会更加普遍；由于科学和技术不断应用于武器系统中，核武器威胁的阴云将会进一步加重。

尽管如此，我们必须坚持社会学创始者们著作中所隐含的实践意图，必须通过实践去维护社会学在改善人类环境方面的雄心壮志。这一结论同时也使我回到了开始所提出的话题上。因为从某种意义上说，社会学使人不安的特性就来源于它在社会变迁的实践管理方面的特殊地位。社会学正处在诊断治疗和病症预测的张力地带，它使我们能最终弄清社会学能够及应该扮演怎样的角色。

在 18 世纪末和 19 世纪，大部分早期的社会学创始人，都试图从自然科学中找到他们自己研究领域的逻辑和方法。这种想法一直都受到挑战，因为它很难与我已讨论过的那些人类行动的特征相容。其结果，社会学这门学科——甚至是整个社会科学——倾向于被划分为两种主张：一种认为社会学是一门关于社会的自然科学；另一种则认为社会学本质上是人文主义的。依照前一种观点，任何缺乏一整套经过精确度量的社会生活规律都是不可取的。另一方面，在反自然主义者的眼中，那种模仿自然科学的社会学是带有欺骗性和误导性的。这种方法论上的分裂，通过对比以概念化的形式——在"理解"与"说明"之间（这两个概念来源于德国历史主义的传统）——提出来已经有许多年了。双方都承认自然科学与说明有关，所不同的只是"说明"的领域是否也可以扩展到用来解释人类的社会制度。人们普遍认为社会科学——不仅社会学——不能成功地发挥决策优化的作用。也许这甚至成为最终一条让社会科学批判者得逞的理由。毕竟，我们已认识到通过技术的运用，自然科学对人类与物质世界间的互动产生了冲击。自然科学已明显地使我们增强了对物质环境的控制能力。如此一来，难道我们就不能宣称社会科学也拥有平等的地位吗？虽然物质技术为我们提供了一种能够驾驭自然力量的方式，但还没有哪种社会技术能够使我们用同样的方式控制社会生活。

把"社会"作为社会学分析的首要对象具有很多含义。首先，它促使对社会变迁内在模式的关注，主要指的是对来自社会内部的主导力量而产生的社会变迁的说明。可以这么说，社会包含一个逻辑：它驱动社会依据其自身的结构潜力而行动。但是这种观点有严重的局限性。社会制度的各种类型，从小的口述文化到农耕国家再到现代社会秩序，都存在于社会系统的内在脉络中，这些社会系统对它们各自的社会本质和发展轨迹具有重要的影响作用。其次，认为社会学研究对象是明确可鉴的"社会"，这并不一定要求它与前现代的口述文化和农耕国家社会的特征保持连贯性，换句话说，并不一定要求它与迄今为止在人类历史长河中占据较长时间的社会保持连贯性。

社会学的诞生并不是空穴来风的，而是有着强烈的时代需要作为动力与时代提供的各种条件催化形成的。自然科学的发展和社会经验研究的积累，为社会学的产生准备了条件。社会思想家效仿自然科学以实证的方法进行研究，同为自然界一部分的社会研究也可以自然科学的方法加以探讨，由此掀起了"从自然科学奔向社会科学的潮流"。资产阶级革命和工业革命给西方带来了根本性的转型，社会巨变也产生了新的社会问题，如城市问题、周期性的经济危机、失业问题等。原有的科学体系和研究方法已经不能满足解决问题的需要，社会学就应运而生了。

每个学科都有自己研究的对象，社会学也不会例外。学术界对于社会学研究对象的争论一直存在分歧，突出的表现在社会学定义的界限说上，至今仍是众说纷纭，各持己见。纵观社会学发展史，各不同时期的社会学家对于社会学研究对象有三种不同的观点。第一种是从社会出发。有的学者从社会整体、社会现象、社会生活来界定社会学研究的对象及其定义。这是多数社会学家在确定社会学的研究对象时所持的出发点。由费孝通主编的《社会学概论》也是把社会整体作为社会学的研究对象，该书明确写道："社会学是把它的研究对象——社会，作为一个整体来进行分析的。"此外，还有的把社会学的研究对象规定为"社会良性运行和协调发展的条件和机制"[1]或"社会整体的基本构成及各部分的相互关系"[2]。第二种是从人出发。有的学者将社会学研究对象转移到人的行为、人的关系上，从而使社会学的研究对象开始注重"行为""关系"方面。马克思·韦伯认为"社会学是一门试图深入理解社会行动以便对其过程及影响作出因果解释的科学。"[3]中国台湾省社会学者龙冠海以社会关系为社会学的研究对象，他在所著的《社会学》一书中采用"社会学是研究社会关系之科学"的主张。[4]第三种是从人和社会的相互关系出发。有的学者以人和社会相互关系作为社会学的研究对象。例如，赵履宽、王子平在他们所著

① 郑杭生. 社会学对象问题新探 [M]. 北京：中国人民大学出版社，1987：20.
② 陈烽. 社会学的研究对象及其学科地位再认识 [J]. 中国社会科学，1985（5）：131—146.
③ 约翰逊. 社会学理论 [M]. 北京：国际文化出版公司，1988：266.
④ 龙冠海. 社会学 [M]. 台北：三民书局，1975：16.

的《劳动社会学概论》一书中给社会学下的定义是："社会学是对人和社会进行综合性、总体性研究的一门具体的社会科学。"[①]综上所述，几乎每个社会学家对于社会学界说都有自己的观点，我们对社会学的研究对象作这样的界定：社会学是研究人和社会双向运动的机制及其发展规律的一门综合性学科。我们应当认识到，对于社会学对象的众多分歧是成熟走向成熟过程中的必然现象。

作为一门社会科学的社会学的科学性，最根本的是能够在把握社会发展一般规律的前提下，结合不同民族和地域在文化和历史上的连续性和特殊性，用科学的方法揭示出自己所研究的对象的特殊规律性。社会学拥有其独特的学科特点，是一门研究社会构成及其运行状态的综合性社会科学，其特点有如下：①整体性，社会学从整体的角度分析个人和社会的关系，并将其的变化当作一个变动着从未停止过的整体，人与社会的各个方面则是整体系统中联系的有机成分。②综合性，社会学研究的问题十分广阔，必定要涉及其他学科的知识和方法，以社会学的知识为主，全面地研究和认识各种社会现象和规律。③现实性，社会学，顾名思义就是与社会存在接触最为紧密的学科，它关注的问题是当前社会中的形式问题，并对社会现实做出最敏感的反映，对最为针对性的问题做出合理的解释，社会学的生命力就在于反映社会问题，提出解决方案。④应用性，社会学研究的目的就是直指社会问题，促进社会的良性运作和协调发展，社会学正是由于社会产生的诸多问题，学者们企图寻找解决问题的途径产生的。⑤建设性和批判性，一个社会问题的出现必定有其背后的缺陷，指出问题的取向是带有批判的，对于弊端的建议就是建设性的取向。社会学在建立之初就有两个基本倾向，即维护改良倾向和革命批判倾向。[②]

社会学功能话题一直备受讨论，由于研究对象的特殊内容和性质，决定了社会学在人类认识世界和改变世界中的特殊功能，在社会科学体系中独树一帜。在社会学史发展史中，"干预说"和"价值中立说"关于社会学功能的主流观点。"干预说"认为社会学的功能是对社会活动和社会过程进行干预，以期社会改造和社会斗争相结合。"价值中立说"是指社会学只是一门纯粹的学科科学理论，它的功能只在于解释社会运转和社会生活过程"是什么"的问题，而不负责"如何解决社会问题"，社会学的工作者应当保持价值中立。在研究社会现象和发现社会运转规律的过程中，我们务必要坚持客观性和科学性，社会学是一门研究社会现象的科学，其功能就是向人们传授科学的社会知识，让人们了解到社会现象的产生、本质、过程、结果及其应对措施，促使人们正确地对待社会活动，把握社会运转的基本规律。从这一程度上讲，社会学是带有一定的干预色彩的，我们把社会学的功能总结如下：

1. 描述功能。社会学的描述功能是指通过客观而完整地收集、整理和记录事物发展

① 赵履宽，王子平．劳动社会学概论 [M]．上海：上海人民出版社，1984：7．
② 柴志明，冯溪屏．社会学原理 [M]．杭州：浙江大学出版社，2005：5-8．

的具体过程和现状资料，真实地再现社会生活图景的过程，是那些为了解和掌握发生了什么事、什么情况而进行的探索性研究。任何实证科学，都要求首先能够忠实地描述事物本来面貌。社会学作为一门实证科学，研究社会的起点就是借助于一定技术手段和方法收集社会生活各个领域的实际资料，探明并详细描述社会事物与现象发生、变化的具体情况，为认识社会构成及其运行规律并有效地管理社会提供准确可靠的感性经验资料。这是社会学的最基本的功能。

2. 解释功能。认识社会不能停留在"是什么"这一经验层次上，而应该把经验作为向导，深入到社会现象的背后，回答"为什么"，这就需要对社会事实作出理论上的解释。社会学的解释功能就是指社会学在研究过程中借助概念和范畴，对影响社会事实发生、变化的主客观因素，从其因果联系上或相关联系上作出明确的理论说明。它包括对社会现象进行客观的因果性考察和人的社会行动动机的意义理解。人类社会是一个复杂的有机整体，社会中各种现象和过程都是相互联系、相互依存、相互作用的，每一种社会现象的发生都必然受到各种内部条件和周围环境条件的制约，只有深入到社会现象的内部，对其发生、变化的实际情况进行因果分析和说明，才能抓住本质，认识其规律性。

3. 预测功能。社会学不仅可以描述现实社会、解释社会现象之间的联系，而且可以预测社会生活未来发展的前景。这种在调查研究基础上，根据已知因素，运用现有知识、经验和科学方法对将来可能发展的趋势作出预计和推测的过程，就是社会学的预测功能。它所揭示的是社会事件和状态将来怎样。预测包含预见和对社会未来的测量双重含义，是社会学对社会现象、问题、过程及其发展趋势、前景、可能性和后果进行研究的主要形式之一。

4. 规范性功能。对于社会的研究在回答"将会怎样"的基础上，还应进一步回答"应该怎样"，而这是社会学规范性功能所指向的。所谓规范性功能，是指社会学在帮助人们掌握科学的社会知识的基础上，进而确定社会目标及其达到目标所采取的行动与手段，以便使自己的社会行动更加合理、更加符合规律性。在社会学研究过程中，描述、解释、预测现实社会，应该保持"价值无涉"或"价值中立"，但社会学不仅是我们认识社会的工具，也是我们改造社会的工具。社会学家将研究的成果应用于现实社会，应承担起社会的责任，使其达到服务现实，积极参与并干预社会生活，促进社会良性运行与协调发展的作用。

5. 教育功能。社会学和其他社会科学一样，具有意识形态的性质和特征。作为一种意识形态，社会学的基本功能之一则表现为它的教育功能或导向功能。社会学提供的不少有关社会的基础知识实际上是现代社会中每一个公民都应具备的。现代社会不同于传统社会，传统社会的人们在生活中积累起来的生活经验足以帮助人们适应社会，而现代社会，结构复杂、规范繁多、变化迅速，人们再靠以前所具有的零星的、片面的，有时甚至是歪曲了的常识是远远不够的。因此，必须不断加紧学习、熟悉并具备现代社会的科学知识，自觉适应不断变化了的社会环境。①

随着经济全球化和政治多元化的发展，世界正处在一个巨变的时代之中，人们的社会生活与环境日新月异，现代化的社会关系成为支配人们生活的重要力量，许多社会问题接踵而至，例如：民生问题、环境问题、人口问题等。因此，现代化社会需要社会学、改革需要社会学、发展需要社会学。社会需要是社会学发展的动力，社会学的研究具有重大意义。首先，社会学能为现代化建设的规划、实施和检验作出贡献。现代化建设的一个重要特点，就是它的计划性。各项建设都要事先进行规划。任何一项建设规划，诸如城市建设规划、农村建设规划、住宅建设规划等，都是一种社会规划。其次，社会学能为改革提供理论的指导和作出科学的预测，世界处在现代化进程的热浪和伟大变革之中，社会学不仅为世界现代化变革和整个社会的发展创造了良好的社会条件，而且也提出了一系列新课题。比如，如何分析改革中的社会关系、建立新型的人际关系，如何研究改革中的社会心理，如何看待改革中的各种观念和生活方式的变革，等等。这些都迫切需要社会学工作者深入实际，调查研究，运用社会学的理论和方法给予科学的解释，提出解决这些问题的理论依据和有效对策。再次，社会学能为社会工作和社会管理提供科学知识。现代生产的社会化带来了生活的社会化，它需要由社会提供一整套的公共社会服务事业，如社会保险、社会救济、儿童福利、公共卫生和文化娱乐设施等。从事这些事业的工作和管理，通称社会工作和社会管理。不仅如此，社会学还能对行政业务和经济活动提供社会管理的知识。为了调动人的积极性，就要研究人的各种需要、动机、目的与他们行为之间的关系，研究企业里的人与人以及个人与集体的关系。而社会学是研究人的社会需要、社会行为、社会关系和组织制度的。② 它可以为社会管理工作提供科学知识，有助于提高社会管理水平。

---

① 柴志明，冯溪屏. 社会学原理 [M]. 杭州：浙江大学出版社，2005：12-16.
② 奚从清，沈赓方. 社会学原理 [M]. 4 版. 杭州：浙江大学出版社，2001：26.

第四章

工程哲学

第一节　工程哲学的兴起

尽管工程本身有着和哲学一样古老而悠久的历史，在传统的哲学理论和哲学家那里也能找到与工程相关的叙述，然而工程哲学的出现却是晚近的事。工程、工艺、技术、技艺等等词汇在西方传统的学术话语体系中都是处于所谓"工匠"传统中的概念，尽管希腊人是经历了纪元前数百年的时间才使科学、技术发展起来的民族，但一般都把实际的工程制造看作是外国人和奴隶做的工作，几乎所有的学者和思想家等知识阶层都耻于谈论。在西方哲学体系中，也都是处于边缘化的地位，甚至经常是被批判的对象。而在中国的传统思想中，对"奇技淫巧"的批评从庄子那里就已经开始了。在这样的历史背景中，显然不可能出现技术哲学和工程哲学的理论体系。在20世纪末的哲学地图上，"科学哲学"位于中心区，"技术哲学"位于边缘区，而"工程哲学"则仅勉强地在"技术哲学"的边缘占据了一个不显眼的位置，也就是说，"工程哲学"在哲学地图上位于"边缘的边缘"。在现代哲学史上，工程哲学迟迟未能创立是有其深刻的社会原因和文化传统原因的。美国学者小布鲁姆在1991年发表的一篇文章中指出：在工程和哲学之间存在着多条鸿沟，如果有人想跨越这些鸿沟，那么他们就不可避免地要遇到"植根于哲学文化和工程文化内部的抵抗"。小布鲁姆认为，可以用三种模式在哲学和工程之间架设起桥梁："哲学和工程"（philosophy and engineering）、"工程中的哲学"（philosophy in engineering）和"工程哲学"（philosophy of engineering）。在第一种模式中，哲学和工程被看作两个不同的学科、两种不同的职业实践规范和两种不同的文化，第二种模式是一个过渡类型的模式，只有在第三种模式中，才形成了一个综合性的、融贯的理论。小布鲁姆认为，当时（1991年）的状况是："哲学和工程"是一个处于青春期的领域，"工程中的哲学"是一个处于婴儿期的领域，而"工程哲学"则仅是一个处于胚胎期的领域。[①]

西方工程哲学思想的萌芽可以追溯到19世纪早期至20世纪中叶人们对于工程本质的争论。争论缘起的背景是面对现代工程活动的迅速发展而产生的种种现象和后果而使人们开始对工程本质进行的反思，其主要的参与者是从事工程活动的工程师群体。而人

---

① Durbin P T. Critical Perspectives on Nonacademic Science and Engineering[M]. Bethlehem: Lehigh University Press, 1991: 103.

文学者对工程的思考是从技术哲学转向而来的，从西方哲学史的层面来看，与现代西方哲学的"实践论"转向密切相关。在理论基础层面上，有马克思的实践唯物主义、胡塞尔的现象学、海德格尔的存在主义、美国的实用主义传统等，主要的代表人物包括米切姆、皮特、伊德、文森蒂、布西阿勒里等人。从地域上看，工程哲学研究的中心是以美国和德国为主。主要的研究内容涉及工程本体论、工程知识论、工程伦理、工程设计和工程教育等领域。①

从思想史的视角考察工程哲学的历史渊源，可以归结于以马克思为代表的"实践论转向"。在西方理性的思辨传统中，主体论的思维方式一直占据主导地位，特别是现代哲学的代表笛卡尔的名言"我思故我在"。在笛卡尔看来，我可以怀疑任何东西，但是我在怀疑、我在思索则是不能怀疑的，我怀疑、我思索，所以我存在。所以"我思故我在"，"是一个有条有理进行推理的人所体会到的首先的、最确定的知识"②，是其他一切确实可靠的知识的来源。笛卡尔是在认识论的意义上界定主体和主体性的，在他那里，"我"是主体，而"思维"或"理性"则是主体的根本特性。他说："我是一个实体，这个实体的全部本质或本性只是思想。"③ 由于"我"的唯一特性是"思"，而"思"又决定"我"，所以作为"思"之主体的"我"绝不是一个肉体的存在，"我"即"思"，"思"即"我"。在这里，笛卡尔就把主体（自我）和主体性（思维、理性、精神）等同了起来，他说："严格地说来我只是一个在思维的东西，也就是说，一个精神、一个理智，或者一个理性。"④ 在笛卡尔之后的现代哲学，无论是唯理论还是经验论，都把思维（或理性，或经验，或意识，或精神）规定为主体的唯一特性，都把思维的主体和主体的思维性当作是一回事。康德把笛卡尔的"我思"改造为"综合的先验统觉"，把理性自我提高到先验自我的地位，突出地强调了主体的理性认识功能，在哲学史上第一次系统地论证了主体的认识能动性。在康德那里，"我思"即"自我意识"，既作为执行认识功能的主体，又作为主体的认识功能。康德认为，外在世界是一个没有任何秩序的世界，只存在着"杂多"的认识材料，只有通过感性的认识形式（时间和空间）把它们整理成经验现象，然后再通过理性的认识形式（知性范畴）把经验现象整理成知识。知识的普遍必然性不是来自于外在世界，而是来自于"自我意识"的"综合统一"。黑格尔则把现代哲学的主体性思想推到了极端：在康德那里是我思或自我意识，在黑格尔这里是绝对精神；在康德那里我思主要是一种获得知识的认识功能，在黑格尔这里我思作为绝对被赋予了本体属性和现实力量。黑格尔认为，康德关于自我综合统一对象的说法已经道出了所有一切意识的本性了，"但同时还须注意，那使感觉的杂多性得到绝对统一的力量，并不是自我意识的主观活动。我们可

① 陈凡，张玲. 当代西方工程哲学述评 [J]. 科学技术与辩证法，2006（4）：62-67.
② 笛卡尔. 哲学原理 [M]. 关文运，译. 北京：商务印书馆，1958：3.
③ 笛卡尔. 方法谈 [M] // 十六——十八世纪西欧各国哲学. 北京：商务印书馆，1975：148.
④ 笛卡尔. 第一哲学沉思录 [M]. 庞景仁，译. 北京：商务印书馆，1986：25-26.

以说，这个同一性即是绝对，即是真理自身"。[①] 不管黑格尔如何强调"自我"的绝对性和至上性，但他的"自我"仍然是一种主要执行认识功能的理性精神。而马克思则是西方思想史上第一个把实践，即主体与客体的关系维度作为哲学思辨的主要对象，认为"哲学家们只是用不同的方式解释世界，而问题在于改变世界。"[②] 因此，作为以改变世界为目的的工程或工程实践活动，合乎逻辑地开始进入哲学的视野之内。

现代哲学的一个突出特点是形成了许多分支哲学或部门哲学，例如物理学哲学、法律哲学、经济哲学、教育哲学、科学哲学等，可是工程哲学却迟迟未能在现代哲学王国中被创立出来。20 世纪 80 年代及以前，只有少数的哲学家注意到了"工程中"有值得研究的哲学问题，发表了屈指可数的研究论文和著作，研究主题带有很大的局域性、发散性，罗杰斯的《工程的本性——一种技术哲学》[③] 和凯恩的《工程方法的定义》[④] 都是这个时期的重要著作。由于工程哲学在哲学领域一直没有自己的专门杂志，所以，在这个时期，涉及工程哲学主题的论文往往散见于工程教育类或其他类型的杂志或文献中。20 世纪 90 年代最重要的一本论文集是《非学术科学和工程的批判观察》。里海大学的卡特克里夫和哥德曼在主编一套技术论丛书时，邀请杜尔宾主持了这本书的编辑工作。卡特克里夫和哥德曼在该书的前言中说："这本书中的文章综合起来，确定了一个实际上还不存在的学科——即工程哲学——的一些参数（Parameters）。我们希望这些文章将促进一种能够使工程哲学成为正在发展中的技术论研究（Study of technology）的一个部分的持续的对话。"该书除杜尔宾的序言外，分为五个部分：历史背景（讨论工程方法和工程定义问题）、认识论问题、价值问题、政策问题和工程教育研究。这是一本高水平的论文集，书中的每一篇论文都有其闪光之处。著名的技术哲学家杜尔宾在该书的长篇序言中明确指出并反复论证迫切需要发展出一种"研究和开发（R&D）的哲学"，如果说这个观点就是他对工程哲学的直接解释和理解，那么他的这个理解和解释就与米切姆把工程"定义"为"生产活动"的基本观点有了明显的不同——因为"研究和开发"并不直接等于"工程本身"。杜尔宾强调需要开创一种被哲学界所忽视的研究"研发的哲学"，应该说，这个观点本身并没有什么不当之处，问题在于：当他以主编身份和序言形式把这个判断当作"工程哲学"的"导向判断"来介绍给读者和学术界的时候，他的这个观点就可能出现"误导"作用了，因为工程哲学的核心内容和基本方向应该是"研究现代社会中工程化的生产活动的哲学"，而决不能仅仅是一个研究"R&D 活动"的哲学分支。杜尔宾下大力编辑了《非学术科学和工程的批判观察》这本在工程哲学发展史上具有重要意义的论文集，这是应该赞扬的；但他又把工程哲学解释为"研发的哲学"。布西阿勒里、文森蒂和凯恩研究的重点是工程方法论问题。正像科学方法论是科学哲学的一个重要部分一样，工程方法

① 黑格尔. 小逻辑 [M]. 贺麟，译. 商务印书馆，1980：122.
② 马克思. 关于费尔巴哈的提纲 [M]// 马克思恩格斯选集：第 1 卷. 北京：人民出版社，1972：19.
③ G F C Rogers. the Nature of Engineering: A Philosophy of Technology[M]. London: The Macmillan Press Ltd, 1983.
④ B V Koen. Definition of the Engineering Method[M]. Washington, D.C.: American Society for Engineering Education, 1985.

论无疑地应该是工程哲学的一个重要组成部分。在工程方法论问题中，设计问题无疑地又是最重要、最典型、最突出的问题之一。雷彤说："从现代科学的观点看，设计是微不足道的，可是，从工程的观点看，设计是最重要的。"[①] 文森蒂于 1990 年出版了《工程师知道什么以及他们怎么知道的》，布西阿勒里于 1996 年出版了《设计工程师》一书。也许是由于几年前已经出版的《工程方法的定义》一书没有产生应有影响的缘故，凯恩又把自己的观点写成一篇长文《工程方法》，收入在《非学术科学和工程的批判观察》一书。凯恩认为工程师在工程设计中所运用的基本方法是启发法（Heuristics）。凯恩承认很难为启发法下一个定义，他认为启发法有四个特征：①启发法不能保证一定会解决问题；②一种启发法可能与另外一种启发法相冲突；③在解决问题时启发法能够减少寻找答案所需要的时间；④是否接受某种启发法要根据直接的问题脉络而定，而不是根据一个绝对的标准而定。在绝大多数工程设计中所需要运用的并不单单是某一个启发法，而是要运用一组启发法，于是，凯恩又引进了另一个既可用作名词又可用作修饰语的术语——艺术状态，用于指称那些可以被评判为代表最好的工程实践的"一套启发方法"。对于凯恩的观点，也有人不以为然，但凯恩关于工程方法论的研究成果无疑是富于启发性的。米切姆为《非学术科学和工程的批判观察》一书撰写了《作为生产活动的工程：哲学评论》，认为工程就是生产活动，该文中有对工程和工程师的词源学考察。1998 年，米切姆又发表了《哲学对工程的重要性》一文。他在这篇文章中谈到了工程和后现代的关系，他甚至说"工程师是后现代世界的未被承认的哲学家"，这大概会引起某些学者的浓厚兴趣。米切姆又说："哲学一直没有足够地重视工程，但工程不应该以此为借口轻视哲学"。他认为至少有三个理由可以用来论证哲学对工程的重要性：①因为有许多人从哲学上批判工程，工程师出于自我防御的目的应该了解哲学以对付那些人的批判（请注意米切姆提出的这个工程师应该研究工程哲学的"理由"）；②哲学，特别是伦理学可以帮助处理职业伦理问题；③由于工程有内在的哲学特性，哲学可以作为意义更加重大的"工程自我理解"（engineering self-understanding）的工具而发挥作用。米切姆强调指出："为什么说哲学对工程是重要的？最终和最深刻的原因在于：工程就是哲学，通过哲学工程将更加成为'工程自身'。"在文章的结尾，米切姆号召："全世界的工程师，用哲学武装起来！除了你们的沉默不语，你们什么也不会失去！"

在 20 世纪 90 年代，哥德曼有两篇文章（《工程的社会俘获》和《哲学、工程与西方文化》[②]）值得特别重视。哥德曼对工程哲学的许多重大问题都有精辟分析，他不赞成把工程说成是科学的应用。他认为：工程知识和科学知识是有根本区别的两类知识；对科学家来说，具体事物只是普遍性的例证，在科学家的世界中，事物的特殊性是可以忽略的，而工程师却不得不与表现特殊性的个别事物打交道；科学的中心活动是要产生一些关于

① P T Durbin (ed.), Broad and Narrow Interpretations of Philosophy of Technology[M]. Dordrecht: Kluwer Academic Publishers, 1990: 149.
② 同①125-152.

事物是什么样子的描述，而工程的中心活动是要产生从来不存在的事物。在逻辑和方法论方面，工程设计需要运用"不完全决定逻辑"，工程问题的确定以及工程问题的"解"具有非唯一性，指导工程师的是不充分理性，于是，从哲学看，这就使工程更类似于智者的修辞学传统而不是柏拉图或亚里士多德的古典哲学传统。他还认为：工程合理性不同于科学合理性，科学无论在编年史上还是在逻辑上都并不早于工程，工程有自己的知识基础。工程和工程哲学表现出了一系列与科学和科学哲学迥然不同的本性和特点，工程提出了深刻的不同于科学哲学的认识论和本体论问题，工程哲学应该是科学哲学的范式而不是相反。

国内工程哲学的研究发端于钱学森发表的一系列论述工程、特别是系统工程问题的重要论文，其中包括许多富于哲理的内容和具有启发性的哲学观点；研究技术哲学的学者陈昌曙等人也开始关注对工程技术问题的研究；李伯聪于1988年出版了《人工论提纲》①。

在20世纪90年代，中国学者在工程哲学方面的主要工作有：1992年，李伯聪向北京国际科学哲学会议提交会议论文《简论工程实在论》；次年，正式发表《我造物故我在——简论工程实在论》②，该文说"工程实在论力求开拓一个新的研究领域——工程哲学"；1995年，又发表论文《努力向工程哲学和经济哲学领域开拓——兼论21世纪的哲学转向》③。1997年，在武汉举行的全国科学哲学会议上，王宏波对工程哲学的一些问题进行了分析和论述，他认为"应认真研究由李伯聪首先提出，但还很少有人研究的工程哲学"④。1999年，陈昌曙在《技术哲学引论》⑤一书中以单独的一节讨论"技术和工程"的一些问题。

2001年1月，李伯聪在《哲学研究》发表了《"我思故我在"与"我造物故我在"——认识论与工程哲学刍议》⑥，从对象、过程、研究的范畴等方面对比了认识论和工程哲学的不同，指出大力开展工程哲学研究是当前迫切的时代要求。2002年初，陈昌曙发表《重视工程、工程技术和工程家》一文，论述了工程与技术的差异，简要地阐明了工程活动的10个特点，首次明确地提出了"工程家"这个新概念。他还指出：我们不仅需要有科学哲学和技术哲学，而且需要有工程哲学。⑦ 杨盛标、许康发表了《工程范畴演变考略》⑧。2002年，凝结了李伯聪大约20年精力的著作《工程哲学引论——我造物故我在》⑨

① 李伯聪. 人工论提纲 [M]. 西安. 陕西科技出版社，1988.
② 李伯聪. 我造物故我在——简论工程实在论 [J]. 自然辩证法研究，1993（12）：9-19.
③ 李伯聪. 努力向工程哲学和经济哲学领域开拓——兼论21世纪的哲学转向 [J]. 自然辩证法研究，1995（2）：1-7.
④ 胡新和. 第八届科学哲学会议在武汉召开 [J]. 自然辩证法通讯，1998（1）：9.
⑤ 陈昌曙. 技术哲学引论 [M]. 北京：科学出版社，1999.
⑥ 李伯聪. "我思故我在"与"我造物故我在"——认识论与工程哲学刍议 [J]. 哲学研究，2001（1）：21-24.
⑦ 陈昌曙. 重视工程、工程技术和工程家 [M]// 刘则渊，王续琨. 工程·技术·哲学——2001年技术哲学研究年鉴. 大连：大连理工大学出版社，2002.
⑧ 杨盛标，许康. 工程范畴演变考略 [M]// 刘则渊，王续琨. 工程·技术·哲学——2001年技术哲学研究年鉴. 大连：大连理工大学出版社，2002.
⑨ 李伯聪. 工程哲学引论 [M]. 郑州：大象出版社，2002.

正式出版，书中以过程分析和范畴分析相结合的方法对工程哲学的一系列重要问题进行了系统地分析和阐述。中国科学院原院长路甬祥在"序言"中称赞这本书是"现代哲学体系中具有开创性的崭新著作"，陈昌曙发表书评认为此书是"充满原创性并自成体系的奠基之作"，"它的出版为哲学研究开创了新的边疆"①。同年，徐长福出版了《理论思维与工程思维》②，我国著名哲学家高清海在"序言"中说，该书所提出的问题"具有普遍性，甚至可以说是有世界性、历史性意义的"。也许我们可以把以上著作的出版看作工程哲学这个学科在中国正式开创的标志。2003 年，美国学者布西阿勒里在欧洲出版了《工程哲学》③。布西阿勒里的《工程哲学》出版后在西方引起了一些学者的重视。2004 年，美国工程院工程教育委员会把"工程哲学"（the Philosophy of Engineering）列为当年的六个研究项目之一，认为工程哲学是一门新的学科（a new discipline），还专门成立了工程哲学指导委员会，主席为小布卢姆，其他成员有凯恩、米切姆等，美国技术哲学学会主席莱特（A.Light）和美国哲学协会主席凯利（A.Kelly）为该项目的联络人（project liaisons）。工程教育委员会提议举办学术讨论会（a workshop），以建立工程哲学的思想基础和扩大并培育围绕工程哲学这个新学科的学者共同体。这项活动的一个重要目标就是要促进对以下问题的讨论：我们怎样才能把工程实践的独特原理和性质与一般科学相区别。该项目的重点是研究四个方面的问题：形而上学、认识论、伦理学和工程教育。这项研究希望能够推动对工程的"统一的职业主题"的阐明，帮助培养出把所有工程学科连接起来的职业自我认同。可以看出，在 21 世纪之初，大致与中国同时，工程哲学在美国也开始进入了它的正式开创期。

工程哲学在中国正式开创后就迅速地开始了它在中国的"制度化"进程。2003 年，中国科学院研究生院成立了"工程与社会研究中心"，这是中国第一个对工程进行哲学研究和跨学科研究的专门研究机构。2004 年 6 月，根据中国工程院徐匡迪院长的提议，在中国工程院召开了一次工程哲学座谈会，有多位工程院和科学院院士以及自然辩证法领域的专家参加了座谈会。徐匡迪院长在座谈会上强调指出："我们应该把对工程的认识提高到哲学的高度，要提高工程师的哲学思维水平。"2004 年 12 月，中国工程院在北京举办了工程哲学论坛，中国自然辩证法研究会召开了第一次全国工程哲学会议，正式成立了工程哲学领域的全国性学术团体——"工程哲学专业委员会"，由中国自然辩证法研究会副理事长、中国工程院管理学部主任殷瑞钰任理事长，副理事长包括傅志寰等四位工程院院士、李伯聪等六位自然辩证法领域的专家和谢企华等两位企业家，这个"人员结构"鲜明地体现了工程界和哲学界（自然辩证法界）联盟的精神。在研究生培养上，中国科学院研究生院从 2004 年开始招收工程哲学方向的博士生；2005 年，在吉林大学毕业

① 陈昌曙，仲山甫. 开创哲学研究的新边疆——评《工程哲学引论》[J]. 哲学研究，2002（10）：73–74.
② 徐长福. 理论思维与工程思维 [M]. 上海：上海人民出版社，2002.
③ Louis L Buccirelli. Engineering Philosophy[M]. Delft: Delft University Press, 2003.

了我国第一位工程哲学方向的硕士生。中国工程哲学的研究队伍开始扩大，研究成果逐渐增多。《自然辩证法研究》和中国人民大学报刊复印资料《科学技术哲学》月刊开辟了"工程哲学"专栏。2005 年和 2006 年，杜澄、李伯聪主编的《工程研究——跨学科视野中的工程》第 1 卷和第 2 卷出版，该年刊试图逐步把"工程研究"（engineering studies）建设成一个跨学科和多学科的研究领域，使"工程研究"成为一个和"科学技术论"（STS，即 science and technology studies）相"平行"的新的研究领域。

综合来说，不论是在国内还是在国外工程哲学的研究都还属于刚刚起步，但是，由于工程哲学具有的理论与实践相结合的内在特征，一经产生，就得到了方方面面的重视，发展迅速。工程哲学把工程看作人作用于自然界的中介手段，在哲学的层面上研究人对自然界的能动性、受动性及其辩证关系，主要运用各种哲学分析方法。工程哲学的主要内容包括工程本质论、工程生态论、工程社会论、工程文化论、工程价值论、工程发展模式论、工程方法论等。从工程哲学研究的现状出发，不难看出，工程哲学及其研究的内在逻辑和理论思路有点类似于技术哲学的所谓"两种传统"，即科学主义与人文主义，而参与研究的学者也是来自于两个阵营：科技与工程界、哲学社会科学界。因此，对于工程哲学而言，不论是从理论深度和广度，还是学术话语的交流、沟通与统一方面，都还有很多工作要做，是一门亟待发展的新兴的部门哲学。

第二节　工程生存论

作为人的存在方式和类本性的工程，生存论构成其根本维度。在工程的运行和实现过程中，即人的工程活动与工程化生存，除了创造工程的功利性或实用性价值外，如经济价值、政治价值、军事价值等，还有非功利的社会价值、科技价值和生态价值等，更为重要的是创造人文价值或人学价值，即凸显出工程的本体论意义的工程之生存论价值，不仅突出了生存的意识性，实现了生存结构化，而且强化了生存的终极关怀，突出了生存的意识性。人的生命与动物单一的生命不同，具有两重性，不仅有自在的肉体生命，而且有区别于动物的自为生命——类生命，从而表现出人的"自为本性"、超越性，也就是人所特有的"形而上学"本性，也称类本性——人的自由自觉的活动，这就决定人的生存的意义和价值不只是满足肉体的生命需要，更重要的是通过自主的活动不断创造和丰富自身的个性和类本性。人之不同于动物的本性就表现在这点上：他作为形而下的存在，却要不断去追求并创造形而上的本质，对理想世界的追求与渴望，是蕴涵在人类本性中的永恒冲动。工程作为实现人的类本性的有效途径，凸现了生存的自由自觉和不断创造属我世界的生命价值意识，服务于生存的最高目标，是理想的现实化。任何一个工程（主要指实际存在的工程）都是为人的，为人的生存服务的，而且在它实现以前，就早已在工程师的头脑中作为目的以观念的形式存在着，如马克思所说："这个目的是他所知道的，是作为规律决定着他的活动方式和方法的，他必须使他的意志服从这个目的"就是说，工程是"知道的做"，是工程主体自我意识—类意识的对象化过程，是人的"自为本性"的自觉实现方式。

如果说人与动物的本质区别在于：动物不把自己同自己的生命活动区别开来，人则把自己的生命活动本身变成自己的意志和意识的对象，进而使自己成为类存在物，也即有意识的存在物。那么，工程活动则尤其突出了人的这一生命特性。因为，工程作为实践活动，即工程实践是主观与客观、思维与存在辩证统一的最高体现，是主观见之于客观的过程，也就是说工程是意识或观念先行的。从"自在之物"到"为我之物"，恰恰突显了工程主体的意志、目的性和意识的主观能动性，使得工程成为自觉的活动。马克思关于蜜蜂与建筑师的差异的理论："但是，最蹩脚的建筑师从一开始就比灵巧的蜜蜂高明的地方，是他在用蜂蜡修建蜂房以前，已经在自己的头脑中把它建成了。劳动过程得到的结果，在这个过程开始时就已经在劳动者的表象中存在着，即已经观念地存在着。"正是点出了人的类本性——自由自觉的活动，强调了意识的能动性和主观目的性。如同观察中渗透着理论一样，在马克思看来实践中也渗透着理论，工程中也渗透着在理论指导下的设计。这是人的主观能动性的集中体现。就其实质而言，工程不过是一种理论观念的组织实施或实践过程。在实施工程的实践活动中，其基本的程序是：工程活动的计划阶段——工程过程的实施阶段——用物和生活阶段。工程活动第一阶段主要的任务是计划，包括筹划与运思、设计方案、选择和决策等方面，而所有这一切都是在思维和观念中进行并完成的。美国学者克劳斯认为："工程设计的过程可以理解为一种解决问题的过程，在这一过程中一种功能被翻译或转换成另一种结构。这一过程通常是从收集关于所渴望的功能的知识开始的，而用一个设计作为结束，这个设计是一个关于可实现所渴求功能的物理客体、系统或过程的描绘蓝图。"离开了这种观念的建构，工程就无法进行。因此，只有立足于科学的观念和图式，才能指导工程进入实施阶段，即由形而上的构思进入形而下的操作，由应然到实然。可以说作为实践形式之一的工程活动，既是以认识活动在观念上否定世界的现存状态，并在观念中建构人所要求的可能状态，从而为实践活动提供目的性要求、理想性图景和理论性指导的过程，又是以实践活动现实地否定世界的现存状态，把观念形态的目的性要求和理想性图景变成人所要求的现实，让世界满足人的需求的过程。

实现了生存结构化工程是按一定生存目标，使生存进一步有序化的过程。工程（engineering）作为名词，指称具体的"实存的工程"，而这些"实存的工程"本身对人的生存或生活有定向作用。可以说，什么样的工程，就决定了什么样的生活方式，甚至决定了你在社会中的地位，决定了你是什么样的人。因为现实的工程是由人的生存目标所规定的。马克思指出，人是由物质生产所决定的。"人们生产它们所必需的生活资料，同时也就间接地生产着他们的物质生活本身"。"他们是什么样的，这同他们的生产是一致的一既和他们生产什么一致，又和他们怎样生产一致。因而，个人是什么样的，这取决于他们进行生产的物质条件"以及他们的生产方式。一般而言，作为实存的工程，历史地看是按照从无到有、从简单到复杂的方向发展的，这也就规定了人们的生存状况和生活质量不断改善与不断提高的基本趋向。前一代人留下的实存工程作为这一代人生存的必要的人工世界和物质、文化条件，而开始在这些客观条件基础上的新的工程实践，通过不断创新和创造又为下一代人的工程化生存提供了发展平台，正是从这个意义上说，工程就是生产力，其核心是发展，而发展就意味着秩序化、结构化，主要表现在：工程不仅把生存世界二重化为自在世界（天然自然）和属人世界（人化自然和人类社会的统一）、自然界和人工世界，一方面实现主体客体化、主体（本质力量）的对象化，进而确立人自身的主体性和人之为人的自为本性，另一方面实现了客体主体化和主体的非对象化，即"主体把握客体的规律、构成、活动的原则；消费价值客体，满足主体生存、享受和发展的需要，使客体成为主体的有机组成部分，使原先与人无关的、与人对立的自然物成为属人的对象、成为主体发展的前提和条件"。这一过程伴随着人的体能和智能乃至心理的重新结构化，进一步提升人的类本质。而且，由于工程的规模和水平，人工世界也分为不同的层次，这就是农业社会的工程、工业社会的工程和信息社会的工程，从而使得工程的发展与推进成为人类生存质量的标志。

此外，工程作为动词，有设计、筹划之意，是作为方式的工程，表明人的生存（无论是个体的生存，还是类的生存）是面向未来对当下的筹划与设计，具有本体论的意义。"设计是人的基本技能，它产生于人类发现和创造有意义的生活秩序和生活方式的需要，是人基于生活的需要而对事物在观念上和实际地加以组织和改造的过程。在观念的层面来说，设计是指人的意识和思想中指向行动的方面，包括筹划、规划和决策等活动；而就行动的过程来说，设计又是指行动过程中的理想性的方面和环节，行动并不就是'做'，一定包含对行动的价值上的，即道德和艺术上的掂量、考虑、思谋。"可以看出，设计是与人的"思"和"行"相伴随的。所以，工程使"人类的实践转化为一种'设计的实践'，它以巨大的创造性为自己的前导，以人类自身迅速爆炸着的'小宇宙'——'思维空间'进行理想化的建构，以可经验性、可操作性、可选择性作为自己的可能性证明。"

强化了生存的终极关怀工程是人的在场，工程的出现突出了人把自身当作行动和价值中心的倾向。人是工程活动中创造价值的主体，也是消费人工物而实现价值的主体。这表明工程是为人自己的，是为人的生存的，"人就是人的根本"。工程总是自为的，是从人的需要和现实目的出发的，它集中体现了工程主体的价值标准和原则。

正如前文所论述的那样，工程是合规律性与合目的性的统一，既受制于客体的规律，又受制于主体的目的和需要，这构成了工程评价的双标尺：客观尺度和主观尺度，或者说是对象尺度和主体尺度。马克思认为，"动物只是按照它所属的那个种的尺度和需要来建造，而人却懂得按照任何一个种的尺度来进行生产，并且懂得怎样处处都把内在尺度运用到对象上去；因此，人也按照美的规律来建造"。这里所说的尺度是指规定性和规律性。"任何一个种的尺度"是指任何对象、客体的规定性和规律；"内在尺度"则是指人、主体自身的规定性和规律。就是说，人能够认识对象的本性和规律，同时又能认识、掌握自身的本性与规律。人之所以高于动物，是因为能掌握这两个尺度，并在行动中自觉地把二者结合起来，做到既遵循客观真理，又兼顾主体价值。因此，工程本身就是主体人的生存需要和价值的直接体现。用李伯聪教授的话说："工程活动是价值——这里所说的价值是指广义的价值而不是狭义的经济价值——定向的活动和过程……在工程活动的主体眼中和心目中，外部世界是一个有'价值色彩'和'价值负荷'的世界，工程活动的目的是要形成一个'更有价值'的世界……人类的工程活动的过程则是一个创造和'提升'价值的过程，它是一个以价值性为进步尺度和指标的过程。"工程活动不仅创造物质价值，表现为"人化物"（人工自然）、"人造物"（人工物）和"人体物"（人体自然）对于人的生存和发展的意义与作用；而且，工程活动创造精神价值，这种精神价值不只是精神探索工程的产物，还是凝结在自然工程中的人文精神和文化底蕴，滋养人的心灵、内化为人的心理结构和价值观念、鼓舞人奋发向上追求美好的生活；更为重要的是工程活动本身就是人的价值实现与提升的过程，不但工程活动的参与者——作为价值客体的人，通过自身的努力和贡献，以提供产品或服务的形式满足他人、集体和社会的需要，实现人生价值，同时，人作为活动主体在工程活动中，通过与他者的合作与配合展示自己的才干，赢得自己的社会地位、尊严和权益，实现作为人的人格价值。人自身价值的实现与提升，是人生存意义的确证和表达，是人的终极关怀的现实途径。之所以说是现实的途径，这是相对于宗教的彼岸世界——"上帝之城"或"天堂"给予人的终极关怀方式而言的。

工程的存在表明人找到了解读世界多种可能性的综合认知模式和实践模式。人可以观念地解读，可以审美地、艺术地解读，也可以是实践地解读（通过试验、实验等来领会自然界）等，而工程地解读则是多种解读方式的整合。也就是说人对工程的需求，恰如人对艺术、认知、实践的渴求一样，它们共同构成人的生存方式，所以工程行为集中体现了人的终极关怀——不只是满足于功利价值的创造与实现，而且追求真善美的价值的创造与实现，最终寻求最高价值——人的自由。具体说来，工程作为人的"自为本性"的综合实现方式，其根本意义和最终指向则在于不断地创造人生命的生存价值和类本质，使人成为更完善的人——自由和全面发展的人，不仅从"群体本位"阶段人对人的依赖关系形态的"神化的人"，到"个体本位"阶段以物的依赖性为基础的人的独立性形态的"物化的人"，还要通过不断自我超越去实现"类本位"阶段那种人的自由个性联合体形态的"人化的人"。

工程的存在还表明，人可以在宇宙最深、最基本的层面上与世界沟通，从而揭开宇宙的真正秘密，走向宇宙的深处。工程的进展情况是与人对世界的理解、把握和建构有直接对应关系的。换句话说，人类对世界和宇宙的认知以及把握程度，是通过工程活动的水平、规模和种类体现出来的。航天工程使人类的视野从地球转向太空，并使人类谋求更大的生存空间成为可能；核能开发工程使人类从更深层次超越物理能和化学能，扩大新的能源；基因工程使人类对生命的了解和研究达到前所未有的高度，也为改善人自身的健康和延年益寿创造了条件；信息工程极大地缩小了人们交往的空间，使地球成为一个村落，尤为重要的是打破了生存的封闭状态、实现信息共享和交往的立体化；纳米技术的应用工程不仅可以优化材料的品质和性能，而且能够创造人们所需要的新物质。以上种种工程表明，人类不仅从宏观上把握世界，而且从宏观和微观上认知和操纵着世界，工程真正成为人的生存方式，成为人类世界的不断生成着的实践活动。所以，工程是人类走向自由的途径。其实工程活动的不断拓展与延伸，从根本上说，就是人类不断获得自由的过程。

综上所述，工程具有生存论价值是因为工程本身就是按照主体的需要和能力——主体尺度，去超越客体尺度的制约，创造新的存在物的主体价值取向与价值实现的过程，进而也是自由个性与类本性的丰富与提升过程以及人的成人和社会发展过程。正因如此，就要求我们在哲学的视域下考察工程时，不仅要采取"工程是什么"的知识论范式来阐释工程，而且更重要的是利用生存论范式，通过追问"为什么""应该如何"，给予工程以价值和意义的向度与考量，把对工程的认识论研究放置在生存论的基地之上，进而澄明工程的丰富内涵、意蕴和特质，标画出工程存在的本真意义。如果单纯在知识论范式下去认识、把握工程，尽管这也是必要的，但往往把工程作为持存物而仅限于空间的、静态的那种简单性的、还原性的分析思维，无法考察工程作为人的存在的历史生成，也难以适应工程自身所具有的复杂性和自组织特质，且主要是履行为工程辩护的职能。因此，只有充分理解工程的生存论价值，并自觉地把工程纳入生存论范式下，才能在时间的视野中展现工程，凸显工程的历史生成性与人文性；才能表明工程的生存论意蕴，发挥哲学对工程的价值批判功能；才能真正将现实的工程置于以生存意义追问为主的形而上学之思的观照之下，使其成为属于人且为了人生存的工程。

第三节　工程思维

配套慕课视频

人类的思维和思维方式是人类成为智慧生物的标志性特色，而对人类思维和思维方式的思考同样也是人类知识系统不可分割的一部分。从目前对人类思维的研究成果来看，对思维方式和方法的划分标准多种多样：有理性思维与感性思维的划分；有形象思维、灵感思维与抽象思维的划分①；有神话思维、常识思维、理论思维的划分②；有实体思维与虚体思维的划分③，等等。早在 20 世纪 80 年代，我国著名学者钱学森就提出建立思维科学的构想，认为探讨思维的规律和方法是人类知识发展的必经之路，并且对思维科学的基本原理、理论体系、结构框架提出了自己的设想。④ 人类的思维活动除了具有一般性的普遍原理之外，还应该有很多特殊的思维活动和特殊的思维方式，因为在千变万化的现实世界中，人类的思维方式并不是一成不变的，特别是相对于人类的各种理论和实践活动而言，其思维方式在不同的领域都各有特色，而工程思维就是其中的一种。顾名思义，工程思维就是人们在进行工程活动和工程研究过程中所形成的独特的思维方式，有人把它定义为"专业层次的筹划型实体思维"⑤。尽管提出工程思维概念，对工程思维进行研究和讨论的时间还不长，参与的学者还不多，但不论是在日常生活层面，还是在所谓的工程专业工作领域，不管我们有没有意识到，工程思维都是客观存在的。

对工程思维的界定还可以从它的内在结构和外在功能两个方面来进行。从工程思维的内在结构来看，主要包括工程设计思维、工程实施思维和工程消费思维。

工程思维的外在功能的第一个方面是创造。工程活动很大程度上就是要建造或建构自然界中不存在的东西、或者称之为具备"造物主题"⑥，因此，创造就成为工程活动的首要的外在功能。

工程思维外在功能的第二个方面是理性化，理性是现代工程活动的基本信念之一。从理论上来说，对理性的理解有广义和狭义之分，狭义的理性就是通常与经验主义相对应的理性主义（又称为唯理论）中的理性，广义的理性则泛指人类的认识、思维、论证等能力，包括经验在内，与情感、欲望等非理性相对应，工程思维中的理性指的是广义的理性。伴随着文艺复兴的步伐，人们的价值观念、思维方式、生存态度等发生了很大的变化。宗教信仰和灵魂追求逐渐被世俗的物质欲望和感性享乐所代替，人性取代神性，主体意识凸现，近代科学兴起，教会的世俗势力日渐式微。至启蒙运动时期，理性的凯旋和上帝的隐退成为时代的主旋律，理性最终占据了上帝的宝座。一切现存事物必须在理性的法庭前接受审判，而不是通过上帝取得合法存在的依据。康德道出了启蒙运动的本质："启蒙运动就是人类脱离自己所加之于自己的不成熟状态。不成熟状态就是不经别人的引导，就对运用自己的理智无能为力。"⑦ 也就是说，启蒙的根本旨趣在于要求人不屈服于权威和传统，自由地运用自己的理性评判一切。所谓理性，早在古希腊时期就以

① 钱学森. 开展思维科学的研究 [M]// 钱学森. 关于思维科学. 上海：上海人民出版社，1986.
② 孙正聿. 哲学通论 [M]. 沈阳：辽宁人民出版社，1998：86-87.
③ 徐长福. 理论思维与工程思维——两种思维方式的僭越与划界 [M]. 上海：上海人民出版社，2002：65.
④ 钱学森. 开展思维科学的研究 [M]// 钱学森. 关于思维科学. 上海：上海人民出版社，1986.
⑤ 徐长福. 理论思维与工程思维——两种思维方式的僭越与划界 [M]. 上海：上海人民出版社，2002：65.
⑥ 李伯聪. 工程哲学引论 [M]. 郑州：大象出版社，2002.
⑦ 康德. 历史理性批判文集 [M]. 何兆武，译. 北京：商务印书馆，1990：22.

"逻各斯""奴斯""理念"等术语得到了不同程度的表达。笛卡尔作为近代哲学之父，其哲学体系的逻辑出发点即为理性的自我意识。康德把理性区分为理论理性和实践理性，并认为实践理性高于理论理性。理论理性为自然科学得以可能提供前提条件，表现为"先验统觉"的综合能力。在康德看来，自然科学的最终根据在于主体的理性能力。理性是康德哲学的核心概念。黑格尔发展了康德的理性概念，把理性规定为人的本质，认为失去理性的人已经不再是严格意义上的人。

工程思维外在功能的第三个方面是标准化，现代化的分工使工程活动中的工种、产品和产业相互分离，进而可以按照理性的分析要求进行标准化。用标准化的知识培育标准化的劳动者；用标准化的规范约束标准化的工程过程；采用标准化工具和设备，实施标准化行为，生产标准化的产品。成千上万的人看着同一个电视节目，听同一个新闻广播，读同一份报纸杂志，议论同一场球赛，吃同一种类的食品，住同一样的建筑，接受同一样的教育。标准化的一个后果是专业化。科学技术知识的积累与发展使得知识种类越来越多，知识越来越专业化，劳动分工越来越细化。专家和专业工作者越来越多，无所不知的先知和大师级的思想家逐渐退出人们的视线。工程活动的科学化和知识化代替了只可意会不可言传的经验技术，正如喜剧大师卓别林在《摩登时代》中表现的那样，工人们越来越成为生产线上的一颗螺丝钉。片面化的技术劳动、单调乏味刻板的生活方式造就了"单向度的人"（马尔库塞语）。标准化和专业化造成的模式化使得权力无孔不入，渗透到了人类生活和交往的方方面面：从衣食住行到学习、工作，从建筑、交通到娱乐、信息，规则无处不在。

从思维类型学的观点来看，根据"科学—技术—工程"复合系统的内在结构，对工程思维的认识可以从其与科学思维和技术思维的区别方面来理解。与一般的科学与技术活动相比较而言，工程活动面对的不是唯一客观存在的事实或现象，不是去寻求一个唯一解或最优解，而是要面对着更多的可能性，需要根据规划与设计的目标，即目的性预期来进行选择，从众多的可能性中选择相对成本较低、更符合规划理念或设计目标的途径。因此，工程思维除了具备科学思维和技术思维的一些基本特点之外，还要具备这种综合判断和选择的能力。

工程思维具有确定性和整体性的特征。工程的特点之一就是有着明确的目的，工程活动的第一步就是要确定工程的目的或目标，因此，确定性贯穿工程活动全程，也是工程思维的基本特征。一直以来，人们都把确定性归结为科学思维的特点或者是"科学的幻想"，认为科学或者只有科学才是确定性的追求者。诚然，科学的原初目的就是确定我们生存于其中的世界的真相。然而，现代科学，特别是"后爱因斯坦"时期，更多地揭示了一个不确定的世界 [1]。于是在这个不确定的世界中寻找确定性的历史使命就唯一地落在

---

① 普利高津. 确定性的终结——时间、混沌与新自然法则 [M]. 湛敏，译. 上海：上海科技教育出版社，1998.

了工程活动身上。正是工程思维寻求确定性的特性决定了工程思维同时还具有整体性的特点。

工程思维是面向对象的思维方式。工程活动的目标是要按照规划的要求来进行的建造活动，所要建造的对象在立项之初就已经存在于规划和想象之中，因此，工程活动中的基本指导思维就是面向这个规划或想象中的对象。在工程的整个形成与发展中，人的目的性预期作为内在规范，其基本的作用就是引导或制约人的活动，而人的活动即是把这一规范运用于自然过程以求实现目的的过程。因此，它的作用又必然要从人把自己的目的性预期与自然过程能动地结合起来的方式和方法中体现出来。马克思曾在揭示人的目的性预期的规范作用时说："他不仅使自然物发生变化，同时他还在自然物中实现自己的目的，这个目的是他所知道的，是作为规律决定着他的活动的方式和方法的，他必须使他的意志服从这个目的。"[①] 这也就是说，人的目的性预期是通过"使自然物发生变化"而得到实现的；在这个过程中，它不仅使人的意志获得了以自然过程为其进取方向的能动取向，从而使自然物在实践中发生变化，而且也使自然过程的"意志"获得了指向人的目的性预期的变化取向，从而使自然物在实际变化中表现为人的目的性预期的不断实现。因此可以说，人的目的性预期的总的作用就是作为规律决定着工程的形成与发展的方式和方法。

工程思维具有复杂性和系统性。工程本身就是一个复杂系统，工程活动中既要考虑所要建造或建构的对象和目标，又必须把整个活动本身与周围的自然—社会—经济系统联系起来，把工程系统放到这个大系统的背景之中。复杂系统的首要特征是系统的层次性。多层次是复杂系统必须具有的一种组织方式，层次结构是系统复杂性的主要来源之一。研究表明，复杂系统是按照层次方式由低级到高级逐步进行整合的，首先对元素进行整合，形成众多的子系统，再对子系统进行整合，形成较高一级的子系统，一直到形成系统整体。复杂系统内一个层次与另一个层次之间有着根本的区别，一般来说，低层次隶属和支撑高层次，高层次包含和支配低层次。工程活动作为技术形态向物质形态的一种转换过程，这一过程一般可分为四个层次：即设计与决策层次、研发层次、实施层次、实现层次。决策层次包括动机产生、设想形成、项目确立、确定对象和形成规划等要素；研发层次包括研究、设计、研制、试验、形成新产品样品等要素；实施层次包括生产要素的更新与配置、组织与生产、形成商业化工程产品等要素；实现层次包括工程产品的经营销售、市场开拓、售后服务、实现商业利润等要素。上述各层次之间并不是完全割裂的，作为一个复杂系统，层次之间相互交叉、相互协同、从低层次向高层次演化，形成一个完整的系统整体。

工程思维是非线性思维。非线性来自于数学方程，它表示数学方程的解不能唯一和

---

① 马克思. 资本论：第 1 卷 [M]. 北京：人民出版社，1975：202.

确定，方程解是依赖于参变量的多元的可能。在复杂系统中，非线性表示原因和结果之间的不对称性，系统与组成要素之间的变动关系或变量关系不是一种按均匀比例变化的关系，而是不规则、浑序、不成比例的关系，充满着偶然性、随机性和不确定性。复杂性科学研究表明，客观事物是复杂的，自然界存在的大量相互作用都是非线性的，线性作用只不过是非线性作用在一定条件下的近似，非线性现象比比皆是。"'世界在本质上是非线性的'。这一基本的结论虽然是从自然现象的研究中总结出来的，但是对社会现象同样适用。因为非线性所反映的是复杂事物的规定性，而社会现象与自然现象同样也是复杂的，甚至在某种程度上比自然现象还复杂。"[①] 工程活动作为一种创造性的活动过程，必然包括众多的可变因素及事先难以估计、不可控制的因素。工程活动作为一种社会活动涉及各种复杂的自然现象和社会现象，在本质上是非线性的，用数学术语来说，工程系统这一变量是由无限多个自然变量和社会变量构成的函数。工程活动的不确定性主要来自三个方面，技术上的不确定性，市场的不确定性和一般商业上的不确定性。技术上的不确定性，主要是指技术供应的方向、数量与质量的不确定性，即技术储备的不确定性。它所表示的是技术上的不成熟或出现了新的更具有优势和竞争力的同类技术，包括企业工程活动资源利用不足以及工程活动主体与研究开发机构之间关系的不确定性。市场的不确定性，主要是指工程活动与消费者之间的关系的不确定性，由于消费者的消费偏好、消费能力、消费结构、价格承受能力以及消费规模等，工程主体很少能够完全了解，因此工程活动的产品与消费者之间存在非均匀对应性关系。同时，社会政治、国际贸易、自然灾害等方面出现的随机变化和不确定性，对工程活动也有巨大的影响。商业上的不确定关系，主要指工程活动收益分配的不确定性。除了上述各种不确定性外，还存在着制度方面的不确定性、环境方面的不确定性等。工程活动的非线性作用，决定了工程思维的非线性特征。

第四节　工程方法

配套慕课视频

从方法论的角度来看，工程活动涉及很多方面的专业领域，自然需要使用多种方法，是多种知识及其方法的综合集成，其中作为工程活动核心并成为专门的研究对象的方法体系主要包括工程控制方法和工程决策方法两大类。

---

① 欧庭高.非线性与可持续发展 [J].系统辩证学报，2000，8（3）：27-31.

一、工程控制方法

从词源学来看，控制论（Cybernetics）来自希腊语，原意为掌舵术，包含了调节、操纵、管理、指挥、监督等多方面的含义。一般认为，由美国数学家维纳创立的控制论主要包括社会控制论、生物控制论和工程控制论三大类。控制论的研究表明，无论自动机器，还是神经系统、生命系统，以至经济系统、社会系统，撇开各自的质态特点，都可以看作是一个自动控制系统。在这类系统中有专门的调节装置来控制系统的运转，维持自身的稳定和系统的目的功能。控制机构发出指令，作为控制信息传递到系统的各个部分（即控制对象）中去，由它们按指令执行之后再把执行的情况作为反馈信息输送回来，并作为决定下一步调整控制的依据。这样我们就看到，整个控制过程就是一个信息流通的过程，控制就是通过信息的传输、变换、加工、处理来实现的。反馈对系统的控制和稳定起着决定性的作用，无论是生物体保持自身的动态平稳（如温度、血压的稳定），或是机器自动保持自身功能的稳定，都是通过反馈机制实现的。反馈是控制论的核心问题。控制论就是研究如何利用控制器，通过信息的变换和反馈作用，使系统能自动按照人们预定的程序运行，最终达到最优目标的学问。

1954年钱学森所著《工程控制论》一书英文版问世，第一次用这一名词称呼在工程设计和实验中能够直接应用的关于受控工程系统的理论、概念和方法。随着该书的迅速传播（俄文版1956年，德文版1957年，中文版1958年），该书中给这一学科所赋予的含义和研究的范围很快为世界科学技术界所接受。工程控制论的目的是把工程实践中所经常运用的设计原则和试验方法加以整理和总结，取其共性，提高成科学理论，使科学技术人员获得更广阔的眼界，用更系统的方法去观察技术问题，去指导千差万别的工程实践。工程控制论的研究对象和理论范畴在不断扩大。近20年来该学科的各个方面都有了很大的发展。到目前为止，它所包含的主要理论和方法有下列几个方面：

系统辨识和信息处理：由于工程控制论中所有的概念和方法都是建立在定量研究的基础之上，为了实现对工程系统的控制，精密地定量描述它的行为和结构就具有决定性的意义。找出能够完全描述系统状态的全体变量，区分为输入量、受控量和控制量等不同类别，把表现为机械的、电的、光的、声的各种物理信号形式的变量从各种随机因素和噪声中提取出来，确定各变量在各种不同条件下的变化规律，这就是系统辨识理论的任务。用滤波、预测、相关处理、逼近等方法从噪声中分离出具有本质意义的信息以及寻求各变量之间的相互关系，这是属于信息处理理论和方法的范畴。近年来发展起来的模式识别理论和方法能够对已经提取出来的物理信号进行更精细的分析，以便用机器手段去理解它的含义，并用文字或图形显示出来，为管理和操作人员提供准确的信息，这是信息处理理论的新成就。

模型抽象：为了精细地描述受控客体的静态和动态特性，常用建立数学模型的方法。

成功的数学模型能更深刻地、集中地和准确地定量反映受控系统的本质特征。借助于数学模型，工程设计者能清楚地看到控制变量与系统状态之间的关系，以及如何改变控制变量才能使系统的参数达到预期的状态，并且保持系统稳定可靠地运行。数学模型还能帮助人们与外界的有害干扰作斗争，指出排除这种干扰所必须采取的措施。根据具体受控工程的特点，可以用代数方程式、微分方程式、积分方程式、逻辑代数式、概率论和模糊数学等数学工具去建立数学模型。对复杂的系统常要用到由几种数学工具结合起来的混合模型去实现对工程系统的完全描述。这种根据实验数据用数学工具去抽象受控工程对象本质特征的原理和方法称为建模理论。

最优控制：欲使工程系统按希望的方式运行，完成预定的任务，应该正确地选择控制方式。几乎所有的工程系统都有共同的特性：为达到同一个目标，存在着许多控制策略。不同的控制策略所付出的代价也各异，例如能量消耗，所费时间的长短，材料、人力和资金的消耗等均不相同。研究如何以最小的代价达到控制的目的的原理和方法称为"最优控制理论"。寻求以最短时间达到控制目的的理论称为"最速控制理论"。线性规划、动态规划、极大值原理、最优化理论等都是经过实践证明具有严密结构的最优控制理论。为了解决最优控制的工程实现问题，科学家们又创造了很多适用于计算机程序的算法，称为"最优化技术"。最优控制理论和最优化技术的建立是工程控制论中最突出的成就。

自我进化：受控系统的工作环境、任务和目标常发生变化。为了使工程系统能自动适应这些变化，科学家们创立了一系列设计原理和方法，赋予系统以自我进化的能力，即根据变化了的环境条件或工作任务，系统能够自动地改变自己的结构、参数和获得新的功能。最早出现的是自稳定系统，它能在环境条件发生剧烈变化时自动地改变自己的结构，始终保持稳定的工作状态而无需操作人员去干预。用自适应控制理论（适应控制系统）设计的工程系统能自动地对外界条件变化作出反应，改变自己的结构参数，保持优良的性能和高精度。计算机用于工程系统后，由于具有信息存储能力，出现了自学习系统。经过有经验的操作人员示教以后，系统把一切操作细节都记忆下来，从此就能准确地自动再现已学到的操作过程，完成指定的任务。只要存储容量足够大，同一工程系统可记忆若干种操作过程，就成为多功能系统。把专家们在某一专门领域中的知识和经验存储起来，工程系统就获得处理复杂问题的能力，这种系统称为"专家系统"。为完成不同的任务而能自动重组结构的系统称为"自组织系统"。工程控制论的研究工作还一直受着仿生学新成就的启发和鼓舞，不断引进新的概念，发明新的理论，以求工程系统部分地模仿生物的技能。能够辨识人的声音，认识和翻译文字，具有不断增长的逻辑判断和自动决策能力的智能系统已在工业生产领域和服务行业中采用，这是具有自我进化能力的工程控制论系统的最新成就。

容错系统：提高系统工作可靠性一直是工程控制论研究的中心课题之一。早期的研究集中在如何用不太可靠的元件组成可靠的系统。例如，人的大脑中每天都有成千上万个脑细胞死亡，却仍能在数十年内可靠地工作而不出现故障。用设置备份的办法去提高可靠性称为"冗余技术"，这是一项研究得最早至今仍在大量采用的技术。自诊断理论是关于自我功能检查发现故障的理论。按这种理论设计的工程系统能自动地定期诊断全系统和组成部分的功能，及时发现故障，确定故障位置，自动切换备份设备或器件，从而恢复系统的正常功能。有的系统能在全部运行过程中连续地进行自我诊断。利用纠错编码理论可以自动地发现工程系统在信息传输过程中可能发生的差错，自动地纠正错误，使系统的功能不受损害。在不可能纠正时则剔除错误信息，或让系统重复操作，以排除随机差错。对不能简单排除的故障，则选用无需故障部件参与的其他相近的功能部件代替。自诊断理论、检错纠错理论、最优备份切换理论和功能自恢复理论总称为容错理论。

仿真技术：在系统设计和制造过程中不能在尚未建成的工程系统上进行实验，或者由于代价太高而不宜于进行这种实验。用简单的装置和不同的物理过程去模拟真实系统的受控运行过程称为仿真技术。早期曾以物理仿真为主，即用不同性质但易于实现、易于观察的物理过程去模仿真实的过程。模拟计算机是专为仿真技术而发展起来的技术，它利用电信号在电路中的变化规律去模仿物理系统的运动规律。数字计算机出现以来，又有混合计算机作为仿真工具。随着数字计算机运算速度和存储容量的提高，数字计算机已成为仿真技术的主要手段。只要编制相应的软件就可以模拟各种不同性质的物理过程。仿真技术是在工程控制论中发展起来的强有力的实验技术，使设计师们能在极短时间内，用很小的代价在实验室内进行任何庞大工程系统的实验。

工程控制论发源于纯技术领域。转速、温度、压力等机械变量和物理变量的自动调节是最早期的工业应用，而自动调节理论是对这一时期技术进步的理论总结。第二次世界大战前后出现的自动化防空系统和自寻目标的导弹系统促进了伺服机构和自动控制技术的广泛应用。自动调节理论，经过发展和提高以后，上升为自动控制理论。随着第一台电子数字计算机的出现，技术界开始研制具有数字运算能力和逻辑分析功能的自动机，自动控制系统随即获得了智能控制的功能。随着廉价的微型计算机大量进入市场，自动化工程系统全面地进入了智能化阶段，自动控制理论的全部含义遂得以真正展开。从此，工程控制论的概念、理论和方法开始从纯技术领域溢出，涌进了许多非技术部门，派生出社会控制论、经济控制论、生物控制论、军事控制论、人口控制论等新的专门学科。这些新学科出世以后，便与它们的先行者并驾齐驱，并且根据各自领域的特点，又抽象出新的概念，创造新的理论和方法，产生新的内容。另一方面，它们毕竟是孪生学科，有共同的渊源，在前进过程中能彼此借鉴和相互补充。工程控制论进入社会科学领域是当代重大科学技术成就之一。由于信息科学和信息技术的巨大进步，"工程"一词的含义在不断扩展。继早期的纯技术工程（机械、电力、化工、水利、航空、航天等）之后，传统上属于社会科学范畴的问题已能用工程方法去处理，而且比纯行政管理方法能作出更好的决策，对社会事务的具体部门进行状态分析、政策评价、态势预测和决策优化时，常常得到意想不到的新发现，导致巨大的经济效益和社会效益。在社会工程中应用工程控制论所依靠的技术手段与在纯技术工程中完全不同。信息的采集要靠统计方法，状态分析依靠以计算机为中心的数据通信网络。社会事务的定量模型被存储在计算机的数据库中，成为所要研究或管理的那些社会领域的动态映像。在社会领域中进行新的政策性试验要费很长时间，还常伴有一定的风险，故数学仿真在这里起着非常重要的作用。状态分析、模型提取、系统设计和政策优化等都能在试验室内于极短的时间内完成。政策变量的设置和实施只能用政令法令的形式和通过有关政府或事业管理机构来推行，而不能像在纯技术工程中那样用机械的或其他物理信号去驱动。状态反馈也要在人的参与下经过信息网络实现。所以，以计算机为中心的信息系统是社会工程的技术基础，也是工程控制论之所以能用到社会范畴的先决条件。此外，在模型抽象和政策优化分析中，还要经常用到运筹学、对策论、规划论、排队论、库存论等历史上独立于工程控制论之外并行发展起来的数学理论，以及有关的经济学和社会学理论。

二、工程决策方法

决策的含义是指从思考到作出决定的过程。一般来说，对于任何一件事情的决定，总是先有初步设想，再经过调查、了解情况、分析思考，使最初的想法进一步明确和深化，进而通过各种可行方案的反复比较、权衡利弊，选择一个比较完善和成熟的方案，最后作出采纳这个方案或否定原有想法的决定。工程决策的含义有广义和狭义两种，广义的工程决策就是按照一定的程序、方法和标准，对工程实践的投资规模、投资方向、工程目标、建设原则、技术方法等各个方面所作出的判断和决定，狭义的工程决策仅指一种决策的程序，即以工程可行性研究结果及第三方的评估结构为依据，按照特定的程序最终作出是否开发某个工程的过程。这里要谈的是广义的工程决策，其中的基本要素包括四个方面：首先是要具备多个可供选择的方案或策略，这是构成一个决策的必要条件。如果只有一个方案或策略，就不存在决策问题。在决策科学中，把这种只有一个方案或策略而没有选择余地的"决策"称为"霍布森选择"。其次是要明确策略的条件效果，也就是在一定的客观条件下策略实施时所出现的结果。正确的决策是以正确地认识策略的条件效果为前提的，从理性的角度看，对条件效果的误判必然会导致决策的失误。第三是要清楚策略实施时的客观条件，决策是行动的先导，一般来说，决策与执行决策的行动之间往往会有一个是检查。构成一个决策问题的必不可少的前提就是，了解未来将要面对的客观条件，也就是将来策略得以实施时，行为主体将遇到的、能够影响策略效果的外部条件。最后一个要素就是要把握决策的目标，因为决策的最终目的就是为了选取达到目标的尽可能好的策略。对目标的任何含糊与漂移都会导致对策略的选择的转移，从而在最终结果上使自己感到意外。

从不同的理论视角，工程决策有不同的分类方法。从工程决策结构的角度，可以把工程决策划分为程序性决策和非程序性决策。程序决策是一种有章可循的决策，一般是可以重复的，而非程序性决策一般是无章可循的，只能凭经验知觉作出应变的决策，由于决策的结构不同，解决问题的方法也不一样。按决策对象和范围分类，可以将工程决策分为宏观决策和微观决策。按照决策过程的连续性分类，可以将工程决策分为单项决策和序贯决策。从工程决策方法的角度，可以把工程决策划分为定量决策和定性决策，描述决策对象的指标都可以量化时刻的用定量决策，否则只能用定性决策。从决策环境看，可以将决策问题分为确定性决策、风险性决策、不确定性决策。确定性决策是指决策环境是完全确定的，做出的选择的结果也是确定的。风险性决策是指决策的环境不是完全确定的，而其发生的概率是已知的。不确定性决策是指决策者对将发生的经过的概率一无所知，只能凭决策者的主观倾向进行决策。

从工程决策的实际过程来看，一般包括提出问题、搜集资料、确定目标、拟订方案、分析评价、方案确定和实施等步骤。根据西蒙的决策过程理论，可以把工程决策的具体环节划分为四个阶段：首先是信息阶段，根据信息论的观点，所谓的决策实际上就是一种信息再生过程，即由客观的状态信息产生主观的策略信息的过程，包括识别问题、对问题进行分类与分解、确定问题的所有者。其次是设计阶段，包括产生、形成和分析可能的行动，其中包括理解问题和检验解决问题方案的可行性。其中最重要的就是建模，即问题的概念化，并抽象成定量或定性的形式。对于数学模型要识别变量并建立描述变量关系的方程，可通过一系列假设进行简化。第三步是选择阶段，包括搜索、评价和为模型推荐合适的解，模型的解是某选定方案中决策变量的一组特定值。最后是实施阶段，这是决策程序的最终阶段，尽管通过前面的步骤对方案的可靠性有了较大的把握，但是在实施过程中仍然可能会发生各种各样与目标相偏离的情况，因此，要加强反馈工作，要有一整套跟踪检查的方法，包括三个方面的内容：第一，制定规章制度；第二，用规章制度来衡量执行情况；第三，随时纠正偏差。如果当主客观条件发生重大变化，以致必须重新确定目标时，那就必须进行"追踪决策"。

工程决策的核心问题是决策模式的选择，即决策的模型和方式，主要考虑的因素包括决策环境、决策行动或决策有关参数的选择确定、决策的衡量标准和期望后果、决策的约束条件等。现代决策理论中的决策模式有很多种，其中主要的有以下五种：第一种是理性决策模式，理性的决策者会取得所有可能得到的细节，权衡所选择结果的可能性，然后确定一种从统计学意义上对工程活动最具潜在价值的方案，其主要的方法是绘制决策树，其种类包括完全理性模式和有限理性模式。完全理性模式基于决策者是一个理性的、具备决策权力和能力的人，所以是一种信息完全确定性的结构化决策过程。有限理性模式基于决策者对决策目标和结果的有限了解，决策的效果受到决策者技能、知识和经验的限制和影响，故通常应用反馈去不断地改进。第二种是主观效用模式，作为一种决策的描述模型，是基于不同决策者出自不同效果的考虑。效用本身是一个主观概念，不同的人有不同的效用曲线。一个人的效用曲线可限定他所拥有的产品的数量和对他来说所具有的价值之间的关系。主观效用模式是能够获得实际应用、改善管理、产生经济效益的现实性的决策模式，往往包含有很多方面的客观因素和主观因素，很难用单一的定量模型来描述，常常用多种数学或运筹学模型描述。第三种是过程型模式，这是从不同的角度模仿实际的决策过程，弄清楚所要做的决策究竟是由哪些人，根据哪些条件和因素，采用哪些方法做出的。过程模式一般适用于具有多个属性的决策问题，解决这些问题的替代方案有几个属性加以描述，并且无法将它们同步优化。第四种是满意决策模式。在实际的决策过程中，要找出全部的替代方案常常是不可能的，而且在寻求进一步改善的过程中耗费的资源肯定是从其他一些富有成效的活动中取得的。通过让决策者把注意力集中在确实重要的事情上，按照一项决策舍弃许多次要的事情，从更广阔的意义上看可能是最理想的。第五种是组织和策略决策模式。前面的四种决策模式主要适用于单独的决策者，然而在现实中，多数的工程决策都不只涉及一个人，在多人参与的情况下，决策中的人际关系可能具有非常重要的意义。根据决策的组织描述，每一个组织都有自己的目标、优先事项、权利及其拥有的信息和标准的操作程序。各种决策和整个决策过程必须是所有这一切都协调起来。把决策当作一个组织过程可以将合理性与策略性结合起来，每一个组织单位都在按照其对自己目标的理解在内部利用理性过程。

第五节　工程创新

配套慕课视频

工程活动作为科学技术的生产应用，理所应当包含有创新的因素，是创新活动的主要对象之一。但是作为一种有组织的生产社会活动，工程创新又具有自身的规律和特点。可以从工程设计理念创新、工程组织创新和工程技术创新战略三个方面来加以分析理解。

一、工程设计理念创新

人性化设计是以人为本的设计。从设计史上看，考虑人的因素、尊重人的思想是逐渐形成的。19世纪，设计多以功能的实现为目标，产品生产出来后，让人去适应机器。这些不适合于人的操作要求而制造出来的机器，以它们的运转来决定与调节着工人的生产活动。生产的效率与节奏完全由机器所决定，操作者只能被动地跟随机器的节奏工作，以便使机器充分发挥其效率。由于机器设计没有考虑人的因素，对操纵机器的工人必须加以选拔与训练，并要尽量创造条件使他们保证机器高效率工作。20世纪初，美国学者泰罗在传统的管理基础上，首创新的管理方法和理论，并据此制定了一整套以提高工作效率为目的的操作方法，并考虑了人使用的机器、工具、材料及作业环境的标准化问题。例如，他曾研究过铲子设计的最佳形状、重量，研究过如何减少由于动作不合理而引起的疲劳等。其后，随着生产规模的扩大和科学技术的进步，科学管理的内容不断充实丰富，其中动作时间研究、工作流程与工作方法研究、工具设计、装备布置等，都涉及人和机器的关系问题，而且都与如何提高人的工作效率有关。机器设计的主要着眼点在于力学、电学热力学等工程技术方面的优选上，在人机关系上是以选择和培训操作者为主，使人适应于机器。

第二次世界大战期间，由于战争的需要，许多国家大力发展效能高、威力大的新式武器和装备。但由于片面注重新式武器和装备的功能研究，而忽视了其中"人的因素"，因而由于操作失误而导致失败的教训屡见不鲜。例如，由于战斗机中座舱及仪表位置设计不当，造成飞行员误读仪表和误用操纵器而导致意外事故等。人们逐渐认识到，在人和武器的关系中，"人的因素"在设计中是不能忽视的一个重要条件；同时还认识到，要设计好一个高效能的装备，只有工程技术知识是不够的，还必须有生理学、人体测量学、生物力学等学科的知识。军事领域中对"人的因素"的研究和应用，使科学的人类工程学应运而生。

20 世纪 60 年代至今，现代人类工程学发展起来。在工程设计和各类产品的设计中，重视"人的因素"，把人—机—环境系统作为一个统一的整体来研究，以创造适合于人的各种产品和作业环境，使人—机—环境系统和谐统一，从而获得系统的最优综合效能。

人性化设计是现代人类工程学的进一步发展。在设计中考虑"人的因素"不仅仅为了技术系统的高效与可靠，更重要的是为了关怀人，为了人的幸福、为了实现人的自由而全面的发展；在设计中考虑"人的因素"也不是仅从人的自然属性方面考虑，更重要的是要从人的社会属性方面考虑。在设计中，"这就是说，是人，而不是技术，必须成为价值的最终根源；是人的最优发展，而不是生产的最大化，成为所有计划的标准"。人性化设计最基本的是要做到以下两点。①

其一，重视使用者的心理特征与生理特征。进行创新产品的开发设计，最终是为了向用户提供特定用途的产品。为实现这个目的，在开发设计之初，就要研究使用者的操作能力以及使用者的心理特征与生理特征，使新产品符合人体各项功能的要求。据介绍，日本三泽住宅公司根据 21 世纪将出现的生活标准以及人们的心理特征，研究设计了健康住宅、宽大住宅、三代同堂住宅、以孩子为中心的住宅、安全住宅、宁静住宅、耐久住宅、适应生命每一个阶段的住宅，以及可更换性住宅、节能住宅、有保留价值的住宅等。他们还根据人类寿命将延长的特点，在住宅设计上加上了适合老人的安全设计；结合医学和心理学的研究成果，他们有设计出蓝色、灰色的房间，以便使人们居住得更加舒适。

① 远德玉，李兆友，夏保华. 企业创新论 [M]. 济南：山东教育出版社，2001：112.

正是由于其独特的人性化设计理念，三泽公司成为日本首屈一指的预制件公司，其每年生产的预制件已超过美国最大住宅公司产量的一倍还多，以致一些有远见的美国企业家向世界企业界发出如下警告："注意！在不久的将来，又有一种日本商品像日本汽车一样行销世界。"这种商品，就是日本三泽住宅公司生产的预制件住宅。

其二，重视与艺术设计的结合。与美结合起来是实现技术人性化必须采取的措施。所谓艺术设计，是一种特殊的艺术活动。它产生于艺术，但不受纯艺术创造的规律的制约，而在方法论方面同艺术保持着联系。它把技术世界作为自己作用的客体，又不完全受技术的规律的限制。对美的追求是人性的主要内容之一。随着人类的认识能力和实践能力的提高以及社会生产力的发展，人类的审美需求也随之提高，特别是在实用物品有所盈余时，人们对美的向往和追求就日趋提高，审美要求成为人的一大基本要求。因此，对产品创新来说，如果产品在色彩及比例尺度方面是美的，是符合美学原则的，它就会在作为主体的消费者的心理上产生美的愉悦，从而诱发购买欲望，创新产品自身的价值也就得以实现了。对工艺创新来说，为创造最佳宜人劳动条件，必须用艺术设计改善生产环境，包括厂房建设合理布局，美化厂区环境，车间的涂色和色彩装饰，工作地点的艺术设计，等等。色彩的运用对于形成一定的生产环境至关重要。厂房的涂色和色彩装饰，对劳动者的心理、情绪有重要影响。比如：建筑结构宜于涂浅淡而反射系数高的色彩，并且要与设备的色彩相协调；工作区的色彩应该不使视觉器官感到疲劳，但要保持良好的视觉可见性；通常，工作地点的色彩的数量不应超过 3 种或 4 种，以免分散劳动者的注意力。

设计创意的个性化。20 世纪 80 年代中期电脑的出现为我们带来了前所未有的速度：商业操作的速度和变化速度。重要的是，全球商业环境的剧变意味着从此可以通过直邮和电视广告与客户取得联系。这一切都为工程设计者创造了一种激烈的环境元素。当前，商业和设计行业出现了重叠，工程设计工作必须要在这个需求较高的新环境中能标出自己的领地。工程设计不仅要跟上美学的发展，还必须赶上科技的进步。随着周围标识语的不断增多，工程设计者要重新去适应不熟悉的新领域。在设计和制作中都占主导地位的网络领域就是其中一种。在科技带来的种种压力下，工程设计行业似乎有渐渐衰落的可能。但事实恰恰相反，商业界提出的新挑战不仅加强了工程设计的重要性，还提高了工程设计的潜在能力。当工程设计走向程式化之后，其设计创意就必须具有个性化。个性化是工程设计师对工程设计个性差异的独到见解，工程设计就成为无限超越自我，获取随心所欲的表达。工程设计行业从业人员通过对设计内容，版式等设计元素的重新组构，在演变中寻找个性，倡导设计风格。施展个人非凡的干劲和创造精神，工程设计在个性表达的道路上才更有生命力。

国际化与多元化的设计。在近乎持续变化的国际环境中工程设计者不得不与他们的客户尽量保持同步；客户所经历的最大变化之一，就是趋向更多样化劳动力对象的转变，这个变化在近十多年尤为激烈。从而，人们在工程设计方面不得不尝试面向大众，在现代工程设计作品中，把不同民族的图像通过需要进行再组合，力求把所有新的成分因素考虑在内，工程设计描绘面尽可能的宽广，以达到传达多样性文化信息的目的。20世纪90年代，电信国际化以及相应的商业国际性特征，在理解文化及国家差异这一问题上赋予了新的意义。尤其当各国在金融及贸易交往中相互依赖变得越来越重要的时候，就更是如此。同时在文化方面，尤其是时尚文化，变得越来越全球化，音乐和广告都成了特别强大的力量，伴随它们的则是那种能跟随国家变化而自我更新观念的能力。由各种不同民族不同国家文化的工程设计图像的结合，进入到各国的交流活动中，甚至于引领了更具融合性的年轻一代。在工程设计领域，图形是其视觉语言，它给人们的感受是共同的，它的最大特点是追求国际视野，使工程设计具备一流品质。而全球化与多元化的设计需求对图形的创造，思考角度，大众理解提出了合理化的认知观。在构思和表现上现代工程设计的语言表述是一致的：简练、达意、巧妙、智慧，观看世界现代工程设计的走势，研究现代社会对工程设计的影响，对保持敏锐的设计思维和使作品和现代世界工程设计接轨显得十分必要。

时空化设计。工程设计所处的地位与从前已大不相同。而在观看方式方面，无论是通过眼睛还是用鼠标去点击，深入设计空间的方式也不同了，最主要的是速度比从前快了。工程设计以往多在二维状态中进行创作。在经历二维程式化的设计之后，工程设计师在探索新的界面，力求打开新的思维空间。科技进步和全球信息化，从某种程度上缩短了时空差，人的想象随着时空概念的变化而延伸，工程设计也逐步从二维向三维到四维空间延展，设计中的时空化与科技化为我们展现出丰富的空间符号。宇宙之外的奥秘，天际星体的存在。东、西方空间想象因式，工程设计图像的叠加、透视、错位、渐变等仿佛将我们带到立体思维的大空间。符合了工程设计界较早提出的超越和突破二维平面的提法。在视觉空间上创造失控景观。

地域本土化设计，所指的实际是工程设计师在本土所处环境通过思考，而逐渐形成的设计思想。无论工程设计多么时尚，由于地域、思维、生活方式决定了他们的设计风格，本土的文化对其工程设计形成了一定的影响，所以，工程设计师所处地域成长决定了他对工程设计的认知观。工程设计师若能立足于本土文化来完成工程设计作品，其创作的图像就带有本民族的思想理念及独立的表达能力，通过这样，令人们领悟到历史发展的文脉。现代设计观念无论形态还是形式上从艺术发展的角度来看，与中国传统视觉造型元素还是有着一定的渊源的。我们知道现代工程设计的诸多流派均来源于印象主义、立体主义、构成主义等现代绘画风格，而这些西方近现代派绘画在其启蒙时或多或少地受了东方艺术的影响，特别是中国传统绘画所强调的散点透视、虚实疏密、留白等形式和形态上的处理方法，对于它们的启示是不容置疑的。通过这样的梳理，应该说找到旧有造型元素与现代设计的契合点并对前者的改良更应是顺理成章的。对于具有中国地域特色旧有造型元素其形态上的改造，则使元素不仅传递了现代设计观念，更使旧有元素能够真正传递载体的现代信息，符合现代设计的功用，从而摆脱元素在使用上的局限与语意上的偏差。对本土设计师来说，守一方水土研究自成体系的工程设计就显得非常的重要。

生态设计，又称为绿色设计（Green Design，GD）、生命周期工程设计（Life Cycle Engineering Design，LCED）、为环境而设计（Design for Environment，DFE），是指以环境和环境资源保护为核心概念的设计过程。生态设计不同于传统设计，传统设计是依据技术、经济性能、市场需求和相应的设计规范，着重追求生产效率、保证质量、自动化等以制造为中心设计思想，将使用的安全、环境影响和废弃后的回收处理留给用户和社会；而生态设计的基本思想是在设计过程中考虑到材料和产品的整个生命周期对生态环境的副作用，将其控制在最小范围之内或最终消除。它有两个突出特点：其一是设计时所考虑的时间跨度大，涉及产品整个生命周期，即从产品的概念形成、生产制造、施工使用直至报废后处置诸环节；其二是在保证产品的性能、质量、寿命、成本要求的同时，优先考虑产品的环境属性，从根本上防止污染、节约资源和能源。以材料设计为例，传统材料所追求的是优异的物化性能，在设计中几乎不考虑材料的生态环境协调性。与生态环境相适应的生态材料，要求生产所需能耗低；生产过程无污染；原材料可再资源化；不过度消耗资源；使用后或解体后可再利用；可保证原料的持续生产；废料的最终处理不污染环境。生态设计明显有利于环境保护。它设计时于产品的孕育阶段就开始自觉地运用生态学原理，使产品生产进行物质合理转换和能量合理流动，使产品生命周期的每个环节结合成有机的整体。生态设计以超前的意识构想、开发和制造产品。在产品使用寿命完结时，其部件可以翻新和重新使用或者安全地处理掉，从而大大减少了工业垃圾，节省垃圾处理的费用，缓解了对环境造成的污染。生态设计可以起到合理使用自然资源作用，使钢材之类的材料得到充分利用，因而可以减少人类对自然资源的需求量，有效防止地球上各种资源的枯竭。

二、工程组织创新

工程活动必须是多人的集体协作，是有组织的实践活动。一方面，组织是管理的一项重要职能，是各种资源要素实现有机结合的运行载体，组织的本质就是进行分工协作的人的集合体，所以组织创新是提高工程管理效能的重要途径之一。另一方面，一个工程组织要能够生存、发展、壮大，不断取得成就，就必须能够适应变化，否则就会趋于老化、衰弱乃至破产，因此，工程组织为适应内外环境及条件的变化，也需要对工程组织的目标、结构及组成要素等进行适时、有效地调整和修正，即进行组织创新或组织变革。组织创新的实质是通过对决策权利和资源的重新分配，对组织现存的权利关系、利益格局进行调整，以完善组织的机能，使组织平衡发展和持续稳定发展。

从目前工程组织的运行机制来看，主要包括总部宏观调控、项目委托管理、专业施工保障、社会力量协调等，其基本的组织结构体系包括以项目为导向的两级管理组织机制（即项目管理层与施工管理层）和以责任为导向的多级管理组织机制。目前工程组织的基本形式主要有三种类型：第一种是职能式组织形式，又称为部门控制式，通常指按照工程职能的相似性来划分组织部门，适用于规模较小、以重复性工作为主的工程活动。这种组织结构有明晰的组织等级划分，每一个雇员都有一个直接的上级，各项工作在按职能划分的部门中展开。职能式组织形式的主要优点是人员的使用具有较大的灵活性，同一部门的专业人员在一起易于沟通、交流，便于获得强大的技术和知识支持。主要的缺陷是环境适应性较差，对于各个职能部门的责任不明确、协调性差、部门之间的横向联系薄弱。第二种是项目式组织形式，这是按照工程项目来划归所有资源的模块式组织结构，主要适用于一次性的工程项目活动。项目式组织结构最突出的特点就是集中决策、分散经营，主要的优点是反应迅速，沟通途径间接高效，便于交流，能够充分发挥团队精神，协调一致。但是由于每一个相对独立的项目组织都有自己的职能部门，会产生人员、设备等重复配置的现象，资源的利用率较低，管理成本较大。第三种是矩阵式组织结构，这是综合前面两种组织形式的特点混合而成的多元化结构，在职能式组织的垂直层次结构上，叠加了项目式组织的水平结构。根据组织中职能经理或项目经理的职责权利的大小，可以分为弱矩阵式、平衡式和强矩阵式三种形式。矩阵式组织的主要优势体现在资源配置方面，一是项目组织覆盖在职能部门上，可以临时从职能部门抽调所需的人才，可以分享各个部门的技术和人才储备；二是当有多个工程项目同时进行时，管理层可以统筹安排、平衡资源分配以保证各个工程项目都可以完成各自的进度、费用以及质量要求。其主要缺陷就是由于权利均衡而产生的责权不清问题，因为矩阵式组织是双重命令链条，违反了命令单一性原则，容易在权利与责任方面造成混乱局面。

工程组织创新的根本目的就是根据工程活动的基本目标，通过对组织内部各种构成因素及其相互关系提出新的要求，并选择与之相适应的控制方式。在进行组织创新的过程中管理者总是要面对这样的悖论：一方面，为使工程活动中的各个方面能够协调一致，就要力图对各种活动进行严格控制，这就要求组织结构具有高度的稳定性；另一方面，过于严格的控制又会降低组织的灵活性和适应能力。因此，工程组织创新的基本原则就是要在稳定性与适应性之间寻找一个平衡点。根据工程组织创新的剧烈程度和深度，可以将其划分为改良式、革命式和阶段式三种类型。根据工程组织创新的变革方案形成过程和实施方式，可以划分为强制式、民主式和参与式等方式。根据组织创新的基本原理，工程组织创新的一般程序应该按照以下十个步骤进行：诊断确定问题，分析环境并决定创新的方向；明确创新力量和创新能力；创造需要创新的氛围；确定创新的组织对象；与参与或涉及组织创新的相关人员进行沟通；确定创新所引发的行动；制定创新计划方案，设计创新模式；有计划地实施创新和领导创新；监督创新，适时调整修正，使之达到预期目标，使风险与冲突最小化；评估组织创新的效果。

工程组织创新是一个复杂的系统工程，需要遵守一些基本的指导思想和基本原则，主要包括以下几个方面：一是要精心设计，工程组织创新牵涉面较广、工作量大并且涉及较为敏感而复杂的权利再分配问题，因此需要进行深入的调查研究，进行全面的规划与设计，充分论证各种可行的方案，明确创新变革的方向、方针、目标，这是保证工程组织创新取得预期成效的关键工序。管理者要尽力避免心血来潮式、朝令夕改式和"摸着石头过河"的实验式变革，一切要按照精心设计好的规划有条不紊地进行。第二点是要全面发动。工程组织创新不可避免地会遇到各种各样的阻力，因此，工程管理者必须切实做好创新的全面发动工作。一方面，要创造组织创新的舆论氛围，使每一个组织成员都能够充分认识到创新的紧迫性和重要性，了解组织创新的目的、目标、原则、程序、方法等，使他们对工程组织创新做到胸中有数；另一方面，既要讲清工程组织创新的艰巨性与复杂性，使大家对工程组织创新的困难有较为清醒的认识，做好心理准备，又要讲清工程组织创新的有利条件与时机，做好宣传鼓动工作，增强组织成员对工程组织创新成功的信心。最后一点就是要按照工程组织创新的方案要求精心组织实施，处理好组织创新变革与正常的工程活动之间的关系，不能因为组织创新而影响正常的工程运作。

三、工程技术创新战略

工程技术创新战略，泛指工程主体有关技术创新的带全局性、长远性的谋划，是工程开发和运用技术的总体思想及目标、战略重点和战略措施。确立总体目标，需要如下基本条件：明了经济社会发展的需求；把握技术演变的规律和趋势；深知工程技术发展的现状。为了确立总目标，需要进行目标分解，即把总目标分解成为不同的部分、方面、层次，必须进行技术预测，经过反复分解和协调。战略重点对实现总目标有着决定性的意义。一般来说，全局中的薄弱部位、竞争中的优势领域、带头性的领域等可以考虑作为重点。战略措施是实现战略的具体行动，即实现战略目标的具体途径、方法、手段和进程。没有具体措施，战略就会落空。工程技术创新战略是工程战略的基本组成部分，由于技术创新是工程发展的原动力，技术创新战略也就往往构成工程战略的中坚。技术创新战略作为工程战略的重要组成部分，在其制定过程中，既要保持它和工程战略的一致性，又要保持它的独特性。技术创新战略选择和工程战略选择之间的关系，不应是前者无条件服从后者的简单关系，而应是一个相互影响、相互协调的动态反馈关系。从成功的工程创新实践看，工程技术创新战略的主导思路有三个基本点[①]：

第一，在竞争中创新，靠创新竞争。市场经济是竞争经济，没有竞争就不是市场经济。工程主体要在市场经济中生存、发展，就必须在竞争中创新。这就要求工程主体的

---

① 徐荣凯. 从轻工企业创新实践谈企业创新战略 [J]. 中外科技政策与管理，1996（1）：15-23.

创新战略具有极强的竞争意识。将竞争的范围考虑的愈大，对竞争的程度考虑得愈激烈，更易于促使工程主体从最坏处着眼，往更好处努力，则工程主体的技术创新战略愈具有更广泛的适应性。在竞争的市场环境下，工程主体必须靠创新竞争，不创新就无竞争力。工程主体应将强烈的技术创新意识具体体现在制定的技术创新战略目标和措施上。

第二，不断否定自己的过去。技术创新是不断进化的过程，进化意味着否定自己的过去。否定过去，才能够想创新、敢创新、有创新。首先是否定自己在以往创新中的形而上学、教条主义的思维定势。没有这个否定，就不会有创新思路上的创新。其次是否定已经取得的成绩。没有这个否定，就会沉溺于已有的成绩，就不会有新的创新，创新的经营者就会变成保守的经营者，从而在竞争中成为落伍者、被淘汰者。第三是否定以往创新中的不适当做法，如新产品、新工艺及创新过程中的缺陷。没有这个否定，就不会有更为优化的创新举动。当然，否定过去并不意味着否定以往全部创新实践与创新成果，而是要扬弃错误的成分，在扬弃中继承有益于日后创新的成分。

第三，注重战略性技术积累。工程主体的技术创新战略是关于长期技术创新的战略性规划。工程主体技术创新战略目标的设置常常受制于工程主体技术能力的不足，因此，工程技术创新战略的制定与实施，都必须注重长期性技术积累的安排和实践，将重视长期的技术积累作为工程技术创新战略的又一条主导思路。

工程主体的技术创新战略能否实现，相当程度上取决于工程主体的技术积累。直观地看，工程主体的技术创新战略能否实现，相当程度上取决于工程主体的核心能力。在构成工程主体核心能力的诸项能力要素中，技术能力是最为重要的能力要素。而一定水平的技术能力的形成，依赖于较长期的技术积累。技术积累的速度和特征决定着一定时期工程主体的技术能力状况，从而也就决定了工程主体技术创新战略实现的程度。多数工程主体的技术能力与实现一定的技术创新战略所要求的技术能力存在着较大的差距，工程主体必须注重技术积累，使得工程主体的技术能力适应技术创新战略的要求，进而实现相应的技术创新目标。

技术积累主要表现为工程主体的技术知识积累与工艺技术积累，主要体现在工程主体生产的产品、提供的服务、拥有的员工、设备和相应的技术设施之上。一定的技术积累的实现包括三个方面：其一，获得一定的技术，并有效地使用获得的技术。只有打技术创新的"恶仗、硬仗、胜仗"，企业才可能真正掌握所获得的技术；其二，按照一定的技术范式来进行技术积累。如果企业盲目地、零碎地采用技术，就不可能形成一定的技术积累；其三，有计划、有步骤地进行技术积累。否则就不可能形成协调一致的体系化的技术能力。工程技术创新的战略行动是对获得的技术有计划、有关联、有规律地采用。在构思和实施技术创新战略时，如能有目标地进行技术积累，既有利于加快技术本身的积累，又有助于工程主体的技术积累行为与技术创新战略行为形成互动效应，促进和保障工程技术创新战略目标的实现。

第五章

工程过程（一）

本章学习资源

第一节　设定工程目标

配套慕课视频

工程是为实现某种理念而进行的技术集成的复杂性系统活动。物质自然界是一个只存在因果关系的世界，而工程过程则是包含了因果规律在内的目的性过程。工程的目标或目的即要为实现某种理念，工程的计划过程集中体现了人的主体性，即决策者的主体性、使用者的主体性、设计者的主体性、工程施工人员的主体性。在对工程进行的计划过程中，要经过目的探究、可行性论证、设计、决策等环节，从工程哲学的角度看，人的主体性、理性贯穿在了整个计划过程，然而人的主体性、合理性在人类工程活动的历史长河中却有着不可避免的局限性。

工程过程中体现出人的主体性和价值趋向。工程过程的本质是创造出原来世界上没有的存在物，因而它是人类超越现有和当下存在的活动。从思维角度来看，工程过程是对合自然规律和合人的目的性的整合和统一的过程，这一过程主要涉及规律、价值、理想等三个方面的致思路径。具体地说，工程过程的活动对象具有虚拟性，是人头脑中将要存在的事物，而不是现实存在的事物；工程过程的活动对象又具有理想性，它反映了人的意愿和主观意图，它是工程活动的实践主体根据自己的意愿，将现有的技术资源和物质资源整合和建构的过程。工程造物具有双重特征：一方面，它是物理客体，具有特定的物理性质或结构，其行为受自然规律支配；另一方面，它又是技术人工制品，具有特定功能或价值，在人类行动背景中被用作达到一定目的的手段。在这里，物理客体是功能或价值的载体，它因其功能而成为工程造物。也就是说，所谓工程造物是人类工程设计的具体体现，由其物理载体和功能或价值构成，功能或价值与工程造物的使用背景不能分离开来。

工程活动具有价值特征。工程活动的过程和结果是造物活动，所以其本质总是体现出主体自身的需要和目的，自始至终渗透着价值，具有强烈的价值意蕴，工程活动进步与发展的水平本身体现着工程主体价值的成熟与完善程度。

首先，工程活动是主体建构性活动，体现了工程主体的价值追求和价值创造能力。当今的社会实践是在大自然观、大科学观、大实践观指导下的实践，实践主体在整个实践活动中居于核心地位，起着决定性的作用。[①] 工程实践就是最能反映实践活动中主体的这种自觉能动性和创造性的具体实践活动，任何工程都是主体变革现实的建构性活动及其结果。从建构的角度分析，建构的对象就是工程活动的目标。设计一个什么样的模式与如何实施这个模式，由工程主体支配和决定，它集中体现了工程主体的价值追求与价值创造能力。在现代社会实践中，无论是大规模的三峡工程、载人航天工程，还是小规模的企业技术创新工程、质量管理工程，无一不凝结着主体的强烈价值追求和创造。

其次，工程活动是合规律性与合目的性的统一、实然与应然的统一、事实与价值的统一。工程活动既要遵循认识论思路，以事实（真理）为对象，以对象、客体为尺度，解决合规律性问题，又要遵循价值论思路和方法，以主体（人）为尺度，解决合目的性问题，实现事实维度与价值维度、科学性与价值性、实然与应然的具体历史统一。正如狄德罗所说："工程技术是实现人的意志目的的合乎规律的手段与行为，它旨在变革世界使之服从于人的既定目的。"[②] 因此，它不是纯客观的，而是使主观见之于客观的一种合理而有效的手段，它不但有科学的理论的意义，而且有行动的意义。工程技术的内在本质是在激情的推动下，人类的理智和意志在认识与改造世界的目的之上的统一。工程活动的主要矛盾是实然判断与应然判断的对立统一。实然对应物性、客观可测性，回答能不能做的问题，是工程活动的基础，体现合规律性、真理性；应然对应人性、主观目的性，回答该做不该做的问题，是工程活动的主导，体现合目的性、价值性，反映人的生存要求、目标和理想。可以说，工程范畴的主要矛盾本身昭示了人文和价值要素的主导作用。[③]

再次，工程活动的核心是意义创设，即价值创造。它表现为工程主体以其利益、需要、目的为轴心对科学、技术、资源、信息、人力等工程系统诸要素进行整合与重构，实现系统创新并赋予其工程意义。价值创造是工程活动的根本维度。单纯的科学、技术、资源、人力、信息等要素仅仅是作为工程要素而存在，并不具有工程意义或价值，但如果经过工程主体以一定的目的、要加以选择、重组并进行系统整合，就会产生系统新质，被赋予某种特定的经济、政治、军事、文化、社会意义或价值，创造出新的存在。因此可以说，工程的价值或意义是工程主体经过现实的实践活动主体建构活动象征性地命名或赋予的。例如，西电东送工程，它从东西合作、优势互补、互利共赢的主体需要与目的出发，将能源科学输电技术、西部能源资源、相关信息和人、财、物等多种要素整合为一个系统整体，满足社会需要，创造出对西部开发、东部发展、东西合作促进国民经济大发展等具有重大意义或价值的新存在、新事物、新环境。可见，工程活动决不仅仅是科学和技术的简单应用，它还是主体价值创造的展示，是人与物的新的实践关系的建

① 冯国瑞 . 系统思维与辩证思维 [J]. 高校理论战线，2004（3）：13-19.
② 狄德罗 . 百科全书 [M]. 梁有成，译 . 沈阳：辽宁人民出版社，1992：151.
③ 张秀华 . 工程的生存论意蕴 [J]. 自然辩证法研究，2004，20（4）：44-48.

构，灌注和实现着人的价值追求与目的。

最后，在一定时代和社会条件下，工程活动运作总是受到规程和制度的约束和控制，而任何工程规程、制度都与一定社会的经济、政治、文化、科技等条件密切关联，蕴涵着一种价值体系。工程规程和制度作为一种价值认同，它是人们以往工程实践的价值提炼与精神积淀，体现的是工程主体的集体价值意识和社会所倡导的核心价值观，它对工程运作具有正确的引导、示范、规范和控制作用，可以有效地将一定社会的、人文的、生态的、伦理道德的价值观赋予现实和未来的工程活动，使其运作处于一定的文化价值框架之中。

工程目标受制于理性的有限性。目的在工程设计环节具体化为一系列的目标，从工程哲学的角度看，工程目标设置的失误可能性之一缘于人的理性的种种局限。例如，由于缺乏从事经济工作的经历造成对工程决策的生态可能性后果的认识不足；或者因为技术水平的限制而不能做得更好；或者急于在某一领域取得成就而忽略了其他因素，落下顾此失彼的遗憾；或者因为责任心缺乏，对技术运用疏于严谨的考察研究，导致技术本身的失误等。人类认知能力的局限，除了表现在人类的科技理性不足外，人类自身对经济发展理解的局限，对经济规律认识的局限也会造成工程目标确立的失当。例如：传统的经济学家通常将经济流程解释为：投入、产出、效益、生产率、国民生产总值等理论化、概念化的过程，他们的经济理论经常是在理论定义、概念的推演中运行的，是不计生态成本和环境成本的，他们只以生产需求造成的资源的稀缺程度来衡量自然资源的价值，而不计自然资源自身存在的生态价值、物种价值。据中国林科院对海南天然林长达17年的观测研究，森林生态价值是木材价值的 7 倍。[①] 这样，在传统经济学家的理论中，排斥了生态、环境成本，也就回避了经济活动对生态环境的道德责任。西方工业文明兴起之初也因为占了世界生态环境的便宜而迅速发展，他们自己也为此付出了代价。生态环境的问题在全球工业化的过程中日渐显著，21 世纪出现的生态经济学开始对以往倍受人们尊敬的传统经济学发起挑战，他们要求还原生产过程的实际面目，将生产置于它的实际运行环境，考虑它产生的环境影响。对经济活动的这一新观念在西方已经得到承认，在国内不计生态成本的经济发展已经有出台的法规加以遏止，在这方面也逐渐建立起了道德批评的原则。

由于工程活动牵涉到人类社会活动的各个方面，涵盖面很广，因而复杂性就成为其显著的特点之一，任何一项工程活动，首先是根据实际需要，明确一个解决问题的实际目标，这一实际目标既是一系列技术设计的指导思想，也由一系列的技术设计所体现并实现。但技术设计只不过是可操作的纸上方案，而工程目标的实现须让纸上方案变为实际的组织、制度、人、财、物与信息有效流转、协调等管理手段，有赖于物质资料的供

---

① 郑易生，钱薏红 . 深度忧患——当代中国的可持续发展问题 [M]. 北京：今日中国出版社，1998：236.

给。也就是说，工程目标实现的过程，既是技术活动、管理活动的过程，也是经济活动、资源合理配置的过程。这么多的社会经济、政治体制、管理制度、技术运用等因素参与其中，反过来使工程活动设立的原初目标受制于其中。这样，由于众多社会因素的影响，工程目标的设置可能局限于特定的社会条件，而冲击工程的道德意义；或者，工程目标本身的合理性和道德性又可能因为某些社会因素的不支持而难以实现或产生扭曲。

第二节　可行性论证

可行性论证，即对工程项目的可实施性进行合理性、合法性、技术性、价值性等角度的证明。可行性论证具有以下特点：具有超前性。它都是在工程实施的实际行动之前进行的，尽可能把失误排除在实施之前；具有最佳性。在可行性研究中通过各方面的精确分析，最后比较出最佳方案是其他方案无法比拟或替代的。

在我们日常的工程活动中，合理性与合法性是隐藏在工程活动中的规范性规定，一个工程本身必须是合法而且合理的。技术性与价值性则更多地体现在论证中。技术性主要是从技术装备、技术人员、技术路线等纯粹技术层面给予论证，即技术上的可行性论证；而价值性论证则从实践层面和价值层面给予论证，从实践层面指出该项目的理论价值和实践价值，指出该项目具有可靠性。所谓不可行性论证，即逆向思维论证，当一项新政策、新规定，或者重点项目、重大项目出台前，在有关部门的可行性计划提出的同时，组织另外一批人员，进行该项目的反向论证，即不可行性论证。

在传统理解中，工程师共同体的主体论成为我们理解论证的基本前提。论证是一个理性的过程，是工程师、专家借助其技术理性来完成的一个过程。这主要表现在四个方面：论证过程本身、工程共同体、论证方法和审批论证报告的行为都是理性化的行为。从论证过程本身来看，论证是以技术论证为主导，其他论证作为补充的过程；从工程共同体角度看，论证是专家、工程师所主导的单向论证，专家、工程师与社会公众属于各自独立的共同体，二者互不干扰；从论证方法来看，是专家或者工程师内部的组织性行为；从审批环节看，项目被认为具有可行性是因为专家根据论证本身作出的理性判断。但在现代，工程的主体范围扩大到直接受惠或受害群体、社会公众，以至人类社会。

从内容上看，可行性论证主要是对技术方案、建设方案、生产经营方案的经济有效性、技术合理性、社会效益、生态环境影响等问题进行分析、计算和评价。目的是为设计并进而进行决策提供最佳方案，以保证工程活动的有效性。工程项目的经济可行性论证包括财务评价和国民经济评价。财务评价是在国家现行财税制度和价格体系的条件下，计算项目范围内的效益和费用，分析项目的盈利能力，以考察项目在财务上的可行性；

国民经济评价是在合理配置国家资源的前提下，从国家整体的角度分析计算项目对国民经济的净贡献，以考察项目的合理性。

由于工程是按照社会需要设计来造物、构筑并运行的，讲求经济价值，追求一定边界条件下的优化，这就需要对照现有技术的集成程度和未来对若干技术的突破，对目标进行可行性评估。评估要从以下方面进行：技术的合科学性。任何工程都需要技术的支持，特别是现代工程大量运用了关键性技术、技术群，这些技术是否具有科学理论的根据，是否符合自然科学和社会科学的原理，都要认真考虑，否则会造成工程的浪费甚至失败。工程过程的统筹性。工程项目都有其特殊对象，有明确的目标要求，有确定的步骤、阶段和资金投入，既要保证工程的质量，又要取得好的经济、社会效益，需要对整个过程包括目标、施工进度、建成后的运行和维护等环节进行运筹，兼顾各个利益主体的要求。工程过程与生态环境的协调性。工程是包括设计、建造在内的生产实践活动，在这个活动中，工程和环境构成了一对永恒的矛盾，这就要求我们不仅要注重工程的经济效益、社会效益，还要注意生态效益。

具体来说，技术论证的重点是探究工程的技术合理性，而技术合理性的要点是技术预测。技术预测是进行技术分析、技术评价的基本前提，也是投资论证中的一项基础工作。尤其是对于生产性项目的可行性研究，技术预测显得更为重要。在市场经济的条件下，项目的成功是产品的成功，而产品的成功归根结底是技术的成功。过去人们的注意力仅仅在于市场需要什么产品，而忽视了技术先于产品这一客观规律。有新技术必然有新产品。如果从技术预测开始来研制开发新产品，要远远快于从市场需求来开发新产品，而且前者开发成功的可靠性要远远大于后者。应该说这是主动适应市场需求迅速开发出新产品的最有效工作途径。当然，对于非生产性的项目，其服务的技术手段也有同等的重要程度。

正因为如此，在投资项目的可行性研究中应重视和加强技术的预测和论证工作，来弥补目前工作的不足。虽然联合国工业发展组织介绍给我们的《工业项目可行性研究手册》中也没有强调技术这一重要因素，但谁也不会否定技术在项目建设和社会发展中的决定性作用。结合经济工作的实际，从现在开始可行性研究的论证工作必须增加技术预测和技术论证这方面的内容，最好把这一内容作为可行性研究的独立一章，以确保技术这一生产要素在项目中起到主导作用，从而避免决策失误。技术预测是根据技术发展的基本原理，以翔实可靠的数据资料，运用科学的方法，对未来某项技术发展的方向、水平所进行的预计和推测。具体的预测内容，最起码应有如下方面：

项目采用的技术是属于哪些领域？所采用的技术是新技术，还是老技术？老技术的适用性在哪里？新技术的可靠性是什么？所采用的技术，在行业中处于什么地位？在国际上处于什么水平？所采用的技术，近年来的发展趋势如何？未来会有什么突破？所采用的技术成本如何与相关技术的人力、物力、财力消耗对比？所采用技术操作的可靠性，安全性怎样？所采用的技术有无负效应，对环境产生的影响如何，有无"三废"的排放？若有，怎样处理？所采用技术的经济效益、社会效益如何？所采用技术的使用期限预定多长？相关可替代技术的发展如何？未来的科技进步，对采用技术将产生什么影响？

工程可行性论证中还包括价值审视。工程可行性论证包含着对工程的技术、质量、环境保护因素、投入产出效益、社会影响等等方面的综合评价。从哲学价值论的视角来看，就是对工程活动进行价值审视。所谓价值审视，是指用价值论的眼光观察和分析工程活动及其结果，其核心是对工程活动的价值进行评判。价值论的眼光，其根本特征是关注世界对人的意义、客体对主体的意义，它强调的是以人的内在尺度为根据来审视工程活动。在工程评估中坚持进行必要的价值审视，可突出工程活动的方向性和目的性，从而强化工程活动的正面价值，批判和鞭挞其负面价值，为工程活动确立一个价值框架，起到良好的价值导向和调控作用。

评估角度与价值思维。在工程评估中，有一个评估角度的选择问题，是从技术、经济等单一维度，还是从人、自然、经济、社会复杂大系统的多向维度进行评估，反映出不同的价值思维与价值取向。例如，从纯技术角度对工程进行评估，体现了技术主义价值思维和技术至上价值观；从纯经济角度对工程进行评估，体现了唯经济主义价值思维和功利主义价值观；从人、自然、经济、社会系统统一角度对工程进行评估，反映出整体性、和谐性价值思维和生态文明价值观。评估角度不同，评估结果会截然不同。由于工程系统是一个复杂系统，所涉及的变量与关系空前庞杂。因此，在工程可行性论证中，我们应大力倡导整体性、和谐性、系统性价值思维和生态价值观，自觉地把工程活动置于人、自然、经济、社会大系统环境中，从多视角、多维度进行综合考察与评估，以力求对工程活动作出较为客观、公正合理的评估。

评估标准与价值评价尺度（标准）。在工程可行性论证中，需要确立一定的评估标准，而评估标准的确立从深层上来讲意味着评估主体对某种价值评价标准（尺度）的肯定与选择。

实际上，工程评估标准是一定的价值评价标准的具体化与操作化运用。从哲学价值论层面进行理论分析，我们发现，不论何种类型的工程评估，作为其评估标准所依据的适宜的价值评价标准应该是由最低标准（尺度）与最高标准（尺度）所组成的一个有机系统。其最低标准是效用原则与人道主义原则相统一，最高标准是真善美的和谐统一原则。首先，效用原则与人道主义原则相统一是工程评价的基本尺度与标准。工程活动的直接目的在于追求效用和效用最大化，为人类谋取现实利益，这决定了它的效用原则；工程活动以人文价值为主导的特征决定了其人道主义原则。人道主义原则要求工程活动要关怀人的生存、发展和完善，至少不危及和损害人类的生存、安全、价值和尊严。当效用原则与人道主义原则发生冲突时，工程主体的选择是坚持不伤害原则，对明显的危及人道的工程活动积极反对和制止（例如生命工程中克隆人的活动等）。因为工程是主体性活动，以人为根本尺度，以人的发展、幸福和完善为最高目标。所以，人道主义应当成为工程活动的价值基准和伦理底线。[①] 其次，真善美的和谐统一是工程活动的最高标准与追求境界。真善美的辩证统一是人类社会生活的理想境界，也是工程主体创造性的最高目标。工程作为一种创造性活动和艺术，首先必须把握客观规律性，体现真理性，实现主客体统一，即求真。工程活动又是一种价值创造，体现了人的价值性存在，不断超越自身，追求更美好、更完善的应然，即向善。同时，工程活动还有趋向美的特征，追求愉悦和美感，可见审美是人们对工程活动的内在要求。所以说，真善美的协调与统一，构成了工程评价的最高标准，它体现了工程活动不断发展与完善的内在要求与价值趋向。在工程评估中，评价标准具有价值导向作用。上述最低标准与最高标准的相互补充、辩证统一，既可以充分肯定和鼓励一般工程的价值合理性，又可以积极引导和推动工程活动向真善美统一的最高境界发展，从而对工程活动的发展作出正确的价值引导。

评估方法与价值导向。工程评估方法，就是运用评估标准解决如何进行评价的具体操作问题。在工程评估中，有定性评估、定量评估、定性与定量相结合评估等方法。任何一种方法又都需要一套严格的具体实施细则和技巧来实现。

实践中，工程评估方法存在着是否可行的问题，一套可行的评估方法可以公平地施行评价标准，从而实现价值导向。如果评估方法不可行或者不能公平地施行评价标准，则无法进行评估，或者使评估结果与价值导向不一致，不利于评判出工程活动的真正价值。可见，工程评估中评估方法的选择与合理确定也是非常重要的，它关系到工程评估中价值导向的实现问题。

第三节　工程设计

设计是工程技术活动中重要的环节，设计使技术问题转化为工程问题。通过图纸和模型表达方案则可称之为狭义的设计，是一种专门的工程技术职业活动。设计是主体意识外化为真实技术事物的媒介替代物的过程。从产品角度看，设计结果是技术产品的媒介替代物。主体意识的外化在设计阶段并未最终完成，只是产生了媒介替代物。但恰恰是这个中介物的存在，给了主体更充分发挥基本主观能动性的空间。设计是通过文字方案（如计划书）、其他抽象符号（如工艺配方、经验公式、计算机程序）、图纸、模型等形式展现设计者思考的结果，作为供修改或实施作业的依据。因此设计的结果是信息，而非物质，即使信息使用的载体是物质模型，这个物质模型也不具有产品的实际功能，

---

① 乔文娟，李建珊.当代科学研究的人文取向 [J].南开学报（哲学社会科学版），2004（2）：85-91.

只是提供产品未来将会是怎么样的信息。设计负责提供未来产品的完整信息，设计不是制造出真实的产品。在这一点上，设计活动的结果与制造活动的结果截然不同。从过程角度看，设计从立意、构思到表达，是一个技术主体的意识逐渐外化的过程，立意还只是一个概念或意图；构思则把这个概念或意图具体化，有了细节；表达则使用媒介替代物来展示技术主体的思考结果。当然这个过程具有多回路反馈的特征，开始的媒介替代物可能只是草纸上乱七八糟的数字和线条，到后来成为一个完整的技术方案、精美的图纸和模型。

陈昌曙教授在探讨技术活动的过程时，认为一项技术的产生要经历由智能技术、潜在技术到物化技术、现实技术的过渡，他对比了样品、样机技术与批量生产的现实技术的区别。[①]由潜在技术变成现实技术需要设计这一重要环节。其实，设计师心中的"设计"不仅指绘制作品的图纸，更强调作品最深处的概念。因此工程师的设计与建筑师的设计的不同在于，前者以成熟技术作为核心概念，建筑师却要依地理环境和文化环境的特殊性，创造概念。

设计的本质是技术原理变为现实性的周密预见和技术的人化。设计是技术原理变成现实性的周密预见。设计是主体意识的外化，但这种外化是技术原理呈现其现实可能性的周密过程。设计是技术创新过程的一个必要环节，其目的是生产出合格的创新产品。设计问题既具有主观特征又具有客观特征，它包括工程设计和工业设计两部分内容。为了实现技术创新的整体目标，设计必须同生产制造相结合，必须增进生产部门、设计部门、营销部门等的协同合作。设计的任务是要根据不同功能和人类需求，确定产品的结构、材料、造型、色彩、工艺等的形式，以构成物质生产领域的功能显示和审美因素，生产出既有使用价值又有审美价值的产品。设计在两个方面对企业技术创新具有决定性影响：一是获得产品通往市场的途径，二是取得了产品在价格上的优势。

设计活动包括问题的澄清和识别、参考方案框架的提出、倾向性方案的设计、详细设计等四个主要阶段。研究表明，较之后两个阶段，前两个阶段对创新性和制造成本的影响更大，只不过这种影响目前还很难精确地计算。在这种意义上可以说，设计指的是结果具有高度不确定性的一种解题方式。这种不确定性，一方面为进一步创造性地解决问题提出了挑战，另一方面也暗含着弯路与失败的风险。不确定性将对设计者形成挑战或负担，并归根到底会阻止其创造性活动的进行。

设计问题具有主观的与客观的两方面的特征。主观特征指的是个人对问题的主观表象，包括解题人在这个领域的能力、经验、知识等。客观特征则是指独立于具体解题人的任务结构的特征，包括设计目标的多样性、设计功能的复杂性、信息的透明性、情境的变动性等。搞清设计问题的主客观特征，既有利于对设计问题进行深入的理论研究，

---

① 陈昌曙. 技术哲学引论 [M]. 科学出版社，1999：120-125.

同时对设计教育的开展以及行业设计任务的组织也有所帮助。就设计的内容而言，设计包括工程设计和工业设计两部分。不过，两者的关注点有着较大的不同。工程设计关注的是产品的总功能与分功能、主要功能与辅助功能、功能部件之间的关系及其材料和加工工艺方面的工程技术问题，将问题集中在产品或机器本身，认为产品是部件和材料的组装，设计则是解决产品使用功能的合理性。

设计的价值及美学内涵。工业设计关注的是人与产品、环境、社会之间的信息交流，以人为中心，试图改正工程设计的缺陷，试图把工程硬件同用户的生理和心理需求联系起来，通过有意识地控制产品的样式、外形，使产品更舒适，更易于操作，更适合用户的个人口味。任何产品设计，既包括工程设计的内容，又包括工业设计的内容，现代设计是工程设计与工业设计的结合。在创新实践中，随着工程专业的不同，随着所要设计产品的不同，工程设计和工业设计的相对重要性自然也会有所不同，工程师和工业设计师的贡献也依据技术、美学、功效因素的相对重要性而有所不同。尽管如此，现代设计工作已经告别工匠式的设计模式，进一步发展为跨学科的团队作业，众多工程师和设计师协同合作，综合运用他们的技术知识和其他知识，从而使各种技术巧妙地统一于产品之中。

从哲学认识论的角度说，设计是构思、想象或计划一种装置、结构、工艺或系统。它在本质上是一种具有创造性的认识活动，具体体现在设计人员激发自身的想象力，把人们想到的生活方式或用户提出的非常简洁的需求描述加以分析、构思，并利用在后续创新阶段加以具体操作的设计方案体现出来。这种创造性的认识活动，由于其同企业技术创新的特殊目标以及同企业技术创新活动的具体情境密切地结合起来，从而能够在技术创新实践中物化为具有一系列特征的创新产品，既把材料与功能结合起来，又把风格、外表与功能结合起来，以便有效率地生产出创新产品，并吸引潜在的顾客。

在技术创新实践活动中，设计体现了创新主体的观念和行为的主动性和创造性，表现了人类活动与动物行为的根本区别。马克思曾经指出："动物只是按它所属的那个种的尺度和需要来建造，而人却懂得按照任何一个种的尺度来进行生产，并且懂得怎样处处都把内在的尺度运用到对象上去；因此，人也按照美的规律来建造。"[①]

工程设计中的价值导入。工程活动是人类进行自觉创造活动的重要手段。作为一种重要实践手段，工程活动一方面为人类改造自然、造福人类创造了有利和必要的条件；另一方面也增加了人类危害自身生存的可能性，并加剧了人类对自然界的消极影响。例如建筑大坝工程、基因工程、核工业工程等。这就迫切需要伦理精神和人文价值对工程活动的积极介入，以指导工程主体对其工程行为做出合理的价值选择和发展筹划，从而使工程活动朝着造福于人类的方向发展。工程活动的本质特征是建构，所以，工程设计

---

① 马克思，恩格斯．马克思恩格斯全集：第42卷 [M]．北京：人民出版社，1979：97．

是工程活动的中心环节。

任何工程活动都受到工程主体价值观的支配和影响，这种影响集中体现在设计理念上。例如，北京奥运工程所确立的设计理念：绿色奥运、科技奥运、人文奥运三大核心理念，反映出北京乃至中国人民作为工程主体所崇尚的和谐价值观的强烈影响。[①]

再如，在工程发展史上，在技术工程观指导下，工程设计思想中，更多地反映出的是技术的完善性、新颖性、先进性等设计理念；在生态工程观指导下，工程设计思想中，更多地反映出自然、人、经济、社会生态共生的整体和谐性绿色设计理念；在人文工程观指导下，工程设计思想中，更多地反映的是以人为本的人性化设计理念。纵观工程发展史，可以说，指导工程设计的价值观越科学、越合理，其工程设计理念就越先进、越文明。

工程设计与价值取向。工程设计在根本上是为解决实践中的具体问题而服务的，其特征是追求实用和效用。然而，在资源、环境、信息、目标、人力等诸多参量约束条件下，其工程效用的实现却往往受到许多因素的制约和影响，工程设计中面临着诸多价值冲突。譬如，经济利益与环境保护目标的冲突、功利性与人性化的冲突、群体利益与社会利益的冲突、当代人利益与后代人利益的冲突、技术手段与伦理道德规范的冲突，如此等等，需要对这些冲突目标进行平衡与整合。因此，工程设计本身需要一种平衡艺术，需要高超的价值权衡与整合技术，实现各种价值冲突目标的平衡与协调。在各种复杂的价值关系中，运用合理的价值尺度，作出恰当的价值选择，从而采取一定的价值取向，才能破解工程设计中错综复杂的价值冲突难题。一般来讲，在工程设计的价值选择中，越注重人文精神和人文向度，人文关怀的成分越多，其价值取向越合理，工程设计所蕴含的社会价值就越大。

工程设计与价值追求。任何工程设计总是凝结和体现着工程主体的价值理想与追求。一般说来，工程主体的价值理想越崇高、价值追求境界越高、人文底蕴越深厚，工程设计的品位就越高，其价值含量就越大。作为一种创造性活动，一切工程最根本的价值追求是造福人类，提升人的生活质量，促进人类的进步与发展。然而，受具体历史环境的影响，受工程主体自身目的、需要和利益的限制，现实社会实践中，工程设计中所表现出的价值追求在境界、水平、层次上差异很大，以至于低水平、平庸化与经济社会生态环境不协调的工程设计大量存在，这需要社会加以积极引导并进行价值干涉。

工程设计与审美追求。美是审美主体对审美客体的积极向上的内容和愉悦快慰的形式的情感性升华，通俗地说，就是客观事物对人的心理产生的一种好的感受。随着人类认识能力和实践能力的提高以及社会生产力的发展，人类的审美需求也随之提高，特别是在实用物品有所盈余时，人们对美的向往和追求就日趋提高，审美需求成为人的一大

---

① 李亚彬 . 怎样理解人文奥运 [N]. 光明日报，2004-09-01（C3）.

基本需求。因而对于一件创新产品来说，如果它在色彩、比例尺方面是美的，是符合美学原则的，它就会在作为主体的消费者的心理上产生愉悦的情感享受，从而诱发其购买欲望，创新产品自身的价值也就得以实现了。从另外一个角度来看，设计人员的创造性活动，也是展现他们的审美能力的过程。他们创造性活动的结果，既确证着他们作为主体人的智慧，又凝结着他们作为主体人的美的创造力和美的情感，因而他们也会在创造美的需求的冲动下，自觉地创造出符合美的尺度的开发设计成果。然而，由于审美规律是人们经过长期探索归纳总结出来的被人们普遍公认的规律，同时它又受人的生理规律和心理规律的限制，因而对审美规律的把握，是一件极其复杂的困难的事情。这就要求设计主体不仅懂得技术知识，还要懂得美学和技术美学的大量相关知识，用这些知识不断地充实自己的知识结构。

工程设计的特征主要包括以下五大方面：

第一，为生产制造而设计。设计工作作为技术创新过程的一个环节，是为了能使科学技术成果有效地进入创新生产过程，而不是把开发设计成果拿出来就完事大吉了。产品的设计不能同产品的开发和生产周期相分离，生产总是同产品设计密切相关的，不论批量生产过程，还是先进的柔性制造系统都是如此。设计者的创造性活动并不是没有限制的自由创造性研究活动。他不能只从个人兴趣出发，置企业的创新整体利益于不顾，其创造性活动是在企业技术创新整体目标的框架内的创造性活动，是受经济的可行性（即可制造性）制约的。设计者只有做到这种观念上的转变才能够减少设计成果的失败率，使企业和国家免受或少受不必要的损失。

美国学者罗伯特·考尔在比较日本、美国两国汽车工业创新情况时曾指出，美国负责设计的人员把自己看得很高，他们自认为拥有足以满足制造计划要求的技术而自鸣得意。他们与制造人员的关系相当紧张，"他们在判断汽车的可靠性、维修的简易性以及消费者的更新费用等方面未必受过足够的训练，但却垄断着产品设计的决定权。他们对制造人员通常只是出示设计图，指示他们正确地按图制造。"[①] 美国汽车工业的上述观点，也是一种较为典型的传统观点，即认为设计主体作用最突出，制造人员的作用充其量是中性的，因而最理想的工厂是不妨碍引入新产品并能及时适应产品设计变化的工厂。但是，这种传统看法现在看来并不适用，因为设计成果如果不能在生产阶段接受各种检查并结合生产加以改善，其价值将大大降低，甚至根本不能保证创新产品的质量。随着创新设计成果进入批量生产阶段，经济上的考虑变得更加突出，创新的重点开始由先前的技术开发部门转向生产技术部门，后者的创新将决定着后续创新的方向。为此，在设计之初，设计者就必须考虑如何在企业的特定技术和人才条件下制造出合格产品，要对产品的结构是否合乎工艺要求，技术上是否经济以便于加工制造，产品的零部件在企业现

---

① 森谷正规.日美欧技术开发之战——国际技术比较研究论 [M]. 北京.科学技术文献出版社，1984：39-40.

有的生产设备和技术条件下是否便于加工、装配、维修、运输等有关产品制造可行性和经济性等问题进行全面的思考。同时，要对与创新产品的生产工艺相关的工具装备做出合理的设计，力求做到标准化和通用化。总之，新产品设计者（包括与产品设计有关的工艺设计者）必须结合技术创新实施阶段的现实技术水平、操作人员的技术能力等做出选择，再深入地开发设计，以减少开发设计成果的失败率。

此外，为了克服设计与生产制造之间的冲突，还应促进设计部门与生产制造部门人员的交叉，甚至是更多部门的交叉。这种部门间的人员交叉，可以使创新企业在市场条件发生重大变化时仍能表现出一种动态的适应。一方面，设计者把产品和工艺设计过程中解决技术难题时的详细资料整理出来并传递给生产制造人员，增加了生产技术创新主体的技术知识，还可以使生产技术人员弄清在生产现场遇到的不易弄清的问题，从而在生产现场更有可能开展创造性活动，以保证产品达到设计的要求；另一方面，生产制造人员则可以对设计说明书、设计图等充分发表自己的意见，以便使设计成果更具有可制造性，使其产品设计更具有针对性。

国外一些研究者指出，在技术设计时，允许生产部门和营销部门人员参与，可以增进相互之间强有力的合作关系，使得研究开发人员能够设计出符合生产和营销部门要求的创新产品。创新企业提倡各部门间的长期合作，在各部门人员中培养紧密协作的团队精神，有利于缩短不同阶段创新主体之间的"物理距离"和"心理距离"，提高技术创新活动的一体化程度。[①]

日本的汽车、家用电器、照相机等批量生产的机械制造厂家，在新产品的开发工作进入设计阶段时，其设计说明书和设计图都要由生产现场员工详细地研讨，哪怕极微小的意见，也会反映在产品开发设计之中，使得产品更具针对性和可制造性。另一方面，日本企业员工的工作范围不像欧美企业那样严格确定，技术人员的职业领域很宽，而且要求他们要有生产现场经验和生产管理经验。这种流动或职业的变换，也使设计者可以学到许多在设计室里学不到的生产现场知识，从而使得设计更具针对性。这种充分尊重现场工程技术人员和技术工人的意见以及设计与生产现场的出色结合，在大量生产机械产品时发挥了巨大的威力，使得新产品开发、销售的初期阶段，无论是质量方面还是生产方面的故障都很少，在顺利实现大批量生产方面收效很大。有资料表明，由于设计者同生产技术创新人员间的协同作用，日本汽车厂商从开始生产到开始销售的平均时间为1个月，美国为4个月，欧洲为2个月；日本的创新项目达到常规质量水平平均需要4个月，而美国需要5个月才能达到正常生产能力，需要11个月达到正常质量要求；欧洲则需要12个月才能达到正常生产能力和质量要求。

日本企业推行的开发、设计、生产现场相结合，同中国在1969年曾经进行的设计革

---

① 黄擎明，蔡宁.论企业家的技术创新组织职能 [J].科学管理研究，1994，12（3）：27-32.

命有相似之处。遗憾的是，设计革命中实行的"三结合"经验并没有得到发展，由于"革命"的冲击，将其变成了改造知识分子的一种形式。"文革"结束后，由于强调发挥知识分子的作用，开发设计部门似乎又不大注意发挥现场人员的作用，在其从事开发设计活动时，很少考虑生产现场人员的意见。特别是由于中国历来就存在着忽视生产现场作用的传统，人们在观念上往往认为，开发设计部门和开发设计人员要高于生产部门和现场人员。因此，在中国，人员流动，只能是由生产现场流动到开发设计部门，而不会出现相反的流动。其结果是，不仅限制了人员素质的提高，而且影响了开发设计成果的实用化。同时，由于中国企业中的研究开发人员数量少、素质差，优秀人员往往集中于研究机构和设计院，企业较为重大的研究开发项目必须依靠外面的技术力量，这又进一步造成了企业在研究开发上的依赖性。借鉴日本企业的经验，中国企业的开发设计人员必须切实重视生产现场及其生产能力，这样才能加速研究开发成果的转化。否则，即使研究开发经费再多，也可能得不到最大的效益。

第二，工程设计是没有唯一正确答案且由多种约束条件制约的解题活动。设计是解决问题的一种特殊方式，虽然设计的解题过程也具有目标指向性，在心理操作上也具有系列性和认知性，但工程设计中的解题与物理学等学科的解题有着差别，科学解题的目标状态是唯一的，而工程技术设计的目标状态不是唯一的。科学解题追求唯一正确的答案，从这一点上看，似乎设计更无限制，设计的题解方案可以是多样的。但是从解题的复杂性来看，设计是更受限制的解题过程。如英国建筑师勃里安·劳森特意强调，建筑设计是在一系列限制（约束）下，寻求最佳解。这些约束包括经济的、社会的、人性化的、精神的、美学的、环境的，等等。工程技术设计寻求结果的优化：最适宜性，即费用最少，经济、社会、人文效益最优；最协调性，即与自然协调、与人协调、与周围环境协调。

第三，工程设计是以满足实用功能为主要目的的艺术。设计必然包含美学上的考虑，但是设计与纯艺术不一样，设计是在技术活动中，为满足技术的实用功能和使用技术的人的心理需要而进行的规划，它涉及程序、结构、细节、趋向，而艺术主要是为了满足人的精神需要，不追求实用功能。恰恰是实用功能决定了设计必须含有技术原理、技术手段，特别是现代技术设计，如机械设计更多地依赖高科技，才能实现其功能设计的目标，即使是环境设计、服装设计这样与艺术密切相关的设计也不例外。土木工程设计解决的总是特殊的、具体的问题，这特殊是指以下两点：其一，项目服务对象的特殊性，同样都是办公楼，法院的与学校的在房间配置、造型特征上必然不同；其二，项目所处环境的特殊性，同样的水库大坝，在甲地与在乙地，气候、地质、植被必然不同，土木工程也具有美学功能，但以满足实用功能为前提。除了土木工程设计之外，其他的设计，如机械设计、工业设计等都是随着大工业的出现而产生。大工业的生产方式，使珠宝设计、工艺品设计也发生了变化，尽管这类设计缺少实用功能，但它们之所以与纯艺术有所区别，就在于想象与制造的分离，大多数情况下，它们也是批量生产的，因此需要通过工艺设计确定生产程序。

第四，媒介工具在工程设计中起重要作用。设计师面对媒介替代物进行操作的特点，使媒介工具在设计过程中发挥巨大的作用，它不但是设计师设计思维的延伸，而且影响着设计师的设计思考方式。习惯用图和习惯用模型的人，在立体感觉上就不同，习惯用抽象符号的人与习惯用具象符号的人也大相径庭。当前，计算机作为媒介工具影响着设计者的思维。一方面，计算机快速存储和处理数据的能力，使工程设计的工作变得轻松；另一方面，计算机综合了图示表达与模型表达的优点并显出巨大的潜力，它使设计的结果更具理性、更准确，使二维空间与三维空间得以有机融合。设计中的媒介工具从实物的变成虚拟的，由此带来设计者思维方式更深刻的变化。

第五，工程设计中包含并体现社会伦理精神。工程设计是富有人类文化的精神活动，这是人类的目的性行为、区别于动物的关键。一般地说，动物也有表现为"计划性"的行为模式，如蜜蜂造出"六角形"的房子、蜘蛛吐丝结网等，但这些行为并非出于意识，表现为一种精神活动，而只是动物本能的展现。人类的意识现象是社会存在的产物，意识是客观事物在人的主观头脑中的影像，离开社会存在的决定和影响，人类的意识就不会产生。工程设计在表现人类的目的性和计划性的同时，它也紧密地与社会发展的文化因素相结合，它在人工建造自然的过程中既包含着社会需要和社会利益，同时也展现着人类的器物文化和精神风貌。历史上许多著名的工程如埃及的金字塔、中国的万里长城，都是世界文明和文化的辉煌成就。对人类社会的现代文明有重要意义的并不是天然自然的状况，而是自然的人工化和人工自然的创造，也可以说，文明化与人工化是成正比的关系。任何一项工程设计本身都蕴涵着社会文化和人类文明的精髓。工程设计的文化意蕴其实质是社会伦理精神的展现，这种社会伦理精神旨在通过工程的建造创造新文化的同时，对已存文化的肯定和继承。工程设计理念绝不是在创造"新文化"时意味着对"旧有文化"的破坏，这一点恰恰是人类文化和文明延续和发展的历史继承性和发展性的体现。

工程设计的伦理原则是贯穿于工程活动全过程的根本的行动指导准则。既然工程是人类利用技术人工造物的实践过程，那么，工程在客观上就必然会涉及人类对自然的改造和建造。由于人是工程实践活动的主体，由此，人与自然的关系内在于工程设计的伦理考量之中。因此，生态保护原则是工程设计伦理的基本原则。由于人与自然的关系又是人与人关系的中介，人与社会关系又以人与人关系为基础，故而，我们可以得出这样的结论，工程设计伦理评价标准是"以人为本"的人文主义精神，工程设计的社会影响是促进社会全面、协调、可持续发展。

生态保护是工程设计伦理的一个基本原则。人与自然的生态环境是唇齿相依的关系，自然的生态环境不仅给人类提供了生存来源，而且也提供了健康保障。人类利用自然的同时更要保护自然，能够为人类的长远发展服务既是工程设计伦理的根本理念，也是工程设计的最高道德目的。设定目的是人类的一种内在属性和特有能力。随着文明的进步和社会的发展，随着人越来越成为自觉和自为的人，设立目的的问题对个人、对由个人组成的集体以及人类社会都越来越重要。工程设计的生态保护伦理原则旨在具体指导人类在进行工程活动的开始就要将人与自然的关系协调考量到工程设计的视野之中。人与自然是相互依存的，人类是自然世界的改造者，也是自然世界的一部分；人对自然的依存通过人类的主观能动作用，在改造自然的同时控制自然为人类服务，正因为人类在自然面前具有主体地位及人类对自然的能动作用使得技术成为改造物质世界的决定力量，工程作为技术的应用和实践，在展示技术力量的同时，则从更高的意义上展示出人类的无穷智慧和人类的道德责任精神。

"以人为本"是工程设计伦理的主要评价标准。人类的行为从总体上来讲分为两大类：一类是伦理行为；一类是非伦理行为。伦理行为必然涉及与他者的利益关系，它包含着善恶。伦理评价是工程设计主体确认行为善恶的责任问题的出发点，工程设计主体会根据伦理评价的原则和标准对善的行为有一种满足感，而对恶的行为产生一种歉疚感，从而增强工程设计主体的责任伦理意识。工程设计主体行为的选择源于工程设计主体的需要。一般地说，一个选择行为达到了需要的满足，就又产生了新的需要，新需要又成为促进主体行为选择的内在驱动力。工程设计主体的行为选择既与其主体的物质需要相关，同时也受主体的价值目标的决定和影响。因此，工程设计主体行为选择同样具有这样的过程，在需要的构成中，工程设计主体的价值目标是行为选择的关键。工程设计伦理评价首先是对工程设计主体的行为进行评价，工程设计主体在今天已经与过去有较大不同，这是技术本身及技术的应用变化所产生的。如果说在"技术时代"工程设计主体主要是指工程师，那么，在"高技术时代"工程具有复杂性和系统性，工程设计主体应该是工程师团队及与决策相关的运筹管理者群体，而工程则成为具有深刻文化蕴涵的社会系统行动。由此可见，工程设计不仅关注技术方法设计和图样设计，还应该包括运筹决策在内的为实现目的的手段的设计，包括工程建造过程中的手段与目的统一的行为选择设计，在这样的释义中将内在地把责任融入工程设计之中。开展工程设计伦理价值评价，就是要清楚工程设计主体是否应该承担责任？应该承担什么责任及怎样承担责任？解决这样的问题，工程设计主体必须清楚工程设计要坚持"以人为本"，利用客观规律为人类的正当需要和目的服务。

在工程设计中为实现人类的目的就必须选择正当的手段，手段的正当性是行为选择的伦理意义的呈现。任何一项工程的建造从其设计开始都是人类意志的具体体现。伦理学中的目的与手段的统一是伦理评价的依据。由于今天的工程具有巨大的复杂性，因此实施工程的手段的运筹理所应当地要坚持"以人为本"的思想。三峡工程的设计是一个涉及百万人移民的社会工程。尽管我们在理解人与自然关系时最终也会将其归结为人与人的关系，归结为生态保护是为了人类的长远未来服务，但是，这种"远距离伦理"的目标的实现需要一个很长的时间跨度才能显见。而"近距离伦理"即"当下"的伦理关系，即人与人的关系则是人本主义思想和人文精神的直接展现。在中国三峡工程计划的实施过程中，三峡库区移民工程设立了专项资金管理，并坚持"开发性移民方针"，使移民在搬迁的同时又能通过调整优化库区经济结构来带动和促进库区移民发展致富。依据库区的实际，大力发展生态农业、草食畜牧业、旅游业和水产业，对环境污染严重、效益差的企业实行关闭和转产，经济发展形成了新的增长点。发展至今，"移民"不是走出库区，而是走进库区。工程的建造不仅对自然环境进行了优化，而且对人文环境及民众的生活环境和地区的经济发展起到重要的推动作用。可见，工程设计的社会影响应注重"以人为本"，实现社会的全面、协调、可持续发展。

工程设计伦理从内容上直接反映设计主体的价值理念，而且工程设计伦理由设计过程的特点决定了设计伦理具有如下三个主要特征：工程设计伦理是科学精神与人文精神的有机结合；是价值理性挑战工具理性的集中体现；是环境伦理、技术伦理与社会伦理的融合统一。工程设计伦理是科学精神与人文精神的有机结合。科学精神指人们坚持真理、探索自然、不畏困难、勇于创新的品格和风貌。人文精神指关心人、同情人、尊重人的价值和尊严、关注人类的文明进步的高尚情操。事实上，任何一项重大的工程设计都是科学精神的体现，都是科学和技术在具体人工造物过程中人类对科学规律的尊重，都是人类勇于创新的精神的具体体现。如果说工程设计的技术基础在于科学精神的鼓舞，那么，工程设计的责任体现则在于工程设计主体的人文精神的觉醒。以中国三峡工程的设计和决策过程为例。

中国三峡工程设计和决策经历了一个非常漫长的论证过程。新中国成立以后，党中央重视大江大河治理工作。

1954年，在长江流域遭遇特大洪水灾害后，党中央决定加快长江流域规划和三峡工程研究，对三峡工程进行全面的勘测、规划、设计、科研和论证工作。

1958年，中国科学院和原国家科委曾组织全国200多个单位近万名科技人员参加三峡工程重大技术问题的协作研究。

1983年，长江水利委员会提出了三峡工程可行性研究报告。

1986年，原水利电力部组织各方面专家从防洪发电、航运、移民安置，到生态环境、国防安全、区域经济发展等方面进行论证和评估。

1990年7月，国务院成立三峡工程审查委员会，审查通过了三峡工程可行性研究报告。

1992年4月3日，七届全国人大五次会议通过了《关于兴建长江三峡工程决议》。

如此漫长的设计和决策过程不仅反映了中国人民探索自然、改造自然和利用自然的科学勇气，而且深刻反映了工程设计不是"以物为本"，而是"以人为本"。三峡工程设计的出发点是为了防治水害，造福于人民，而不是单纯追求其工程的美学意义。当然，工程的美学意义也不仅在于人造物的外形美，更深刻地在于人造物展示外在美的同时表现出巨大的内在美。工程设计的伦理美是人工物美学意义的集中体现。

工程设计伦理是价值理性挑战工具理性的集中体现。工程是人类利用自然科学原理和现代技术原理建造人工物的活动，这种建造渗透和融入了人类的需要和目的。工具理性强调技术活动的有效性，人以技术进步和效率提高作为理性活动的准则，从而迫使自然为人类服务。诚然，工程设计必然在一定的科学和技术原理指导下，必然内在地将效益高和效用最优作为工程活动追求的目标。但是，工具理性所产生的负面性已经使人类与自然的关系和人与人的关系步入发展的困境和僵局。如果，人类在今天仍然执迷不悟，必将断送子孙和后代的幸福。因而，价值理性则在挑战工具理性的负面性上表现出对人类发展的终极关怀，是科学和技术原则在高尚伦理道德观指导下的"人道"设计。

三峡工程在对科学和技术原理的应用和技术手段的选择方面，展现出工程设计伦理的人文意蕴。利用国际先进技术建造的三峡大坝形成的库容为 393 亿立方米的大水库，不仅对防洪具有重要的长远意义，而且三峡工程替代火电后，每年能减少煤炭消耗 5000 万吨，少排放二氧化碳 1 亿多吨，二氧化硫 200 万吨，一氧化碳 1 万吨，氮氧化合物 37 万吨和大量工业废气、废水与废渣，对减轻环境污染和酸雨等危害起到重要作用，与此同时，可以遏制全球恐惧的"温室效应"，具有世界意义并有益于子孙后代。

工程设计伦理要求在设计的开始不仅思考人类的眼前利益，而且将自然的利益即人类的长远利益置于伦理考量的前端；不仅将功利主义作为行为选择的基础，而且将现代道义论所提倡的责任作为工程设计伦理的基础。如此，工程才能突破单纯经济效益考量，而将社会效益和生态效益综合融入其中，从而展示工程的最高价值。

工程设计伦理是环境伦理、技术伦理与社会伦理的融合统一。工程是社会发展和现代文明的重要标志，工程设计是一个必然与科学、技术、经济、社会发生千丝万缕的联系的重要而复杂的过程。因此，工程设计伦理必将融合环境伦理、技术伦理及社会伦理的原则、要求和内容，只有如此，才能使工程设计伦理显现出科学性和合理性。

环境伦理要求人类对自然界的行为给予道德调节，人类对自然环境及栖息于其中的所有动物和植物具有保护的责任和义务。三峡工程在对泥沙淤积等方面的监测和研究的同时，还开展了生物多样性保护，建立起了一批陆上和水上自然保护区。技术伦理研究技术与人的关系、技术与自然的关系和技术与社会的关系，其根本是人与人的关系。它要求技术在满足人类需要的同时，协调人与人的关系。人以自己的智慧创造了改造世界的物质手段，同时，人也理应以这种手段服务于人的正当目的，手段与目的的统一是技术伦理的基本要求和基本特征。

社会伦理将群体伦理关系提到首位，即研究国家与国家、团体与团体及团体与社会的关系。工程设计的群体行为是极其鲜明的，不仅需要机械工程技术专家，而且需要经济学家、管理学家、环境学家及掌握现代科学技术的科学家和工程师群体，由于专业和职业的特殊要求，使得他们形成自己独有的职业心理和职业品格，在设计和决断工程的不同阶段及行为选择时表现观点的差异和利益的倾向，协调不同利益群体的道德关系同样成为社会伦理的内在意蕴，而能够将不同群体关系进行有效调节的根本原则和方式就是要建构共同的伦理理念和相同的价值目标，即社会效益至上。这种社会效益包含着生态效益和以人为本的伦理目标。

第四节　工程决策

"决策"一词在现代汉语中通常有两种解释：一是作为名词，可解释为思维活动的结果，是已经作出并准备实施的决定；二是作为动宾词组，可解释为思维活动的过程，通俗地说，就是"作出决定"的意思。在这里，我们是从第二种意义上来讨论决策的。关于决策的定义，目前学术界尚未取得一致的意见，但对于决策的基本特征，许多论者的观点已渐趋一致。一般认为，决策具有这样几个特征：第一，决策都有一定的目标，没有目标就无从决策。第二，决策都要付诸实施，不付诸实施就没有必要进行决策。第三，决策都是在若干备择方案中进行选择，只有一个方案，就无所谓决策。第四，决策都力求优化，不力求优化，决策就没有意义。决策可以从不同方面划分成许多类型。例如，按决策问题的性质，可分为战略决策和策略决策；按决策的层次，可分为高层决策、中层决策和基层决策；按决策目标的性质，可分为常规性决策和非常规性决策；按决策目标的多寡，可分为单目标决策和多目标决策；按决策目标的要求，可分为最优决策和满意决策；按决策所处的条件，可分为确定型决策、风险型决策和不定型决策等。决策涉及的问题很多，这里仅从逻辑（而且仅仅是普通逻辑）的角度，研究工作决策的一般逻辑要求以及决策中常用的一些逻辑方法。

决策的关键在于从若干可供选择的方案中作出正确的选择。要做到这一点，从逻辑上说，就必须在充分占有材料的基础上，正确运用各种推理形式，通过周密的分析比较，进行严格的论证。事实上，工作决策的过程就是逻辑论证的过程。因此，工作决策一定要遵守逻辑论证的有关规则。这是决策的逻辑要求。但是，工作决策不同于一般的论证，决策的逻辑要求也有它自身的特点。工作决策的逻辑要求主要有以下几点：

第一，决策目标必须明确。这是逻辑思维的基本规律——同一律对决策的要求。其含义是：首先，在决策中要把决策目标鲜明地提出来，使人一下子就知道目标是什么；其次，决策者对同一决策目标的认识或理解要统一，并且在语言表达上要清楚明白，不能有歧义；最后，衡量目标达到与否以及达到什么程度的具体标准要明确。否则就会犯"目标含混"的逻辑错误。

第二，决策必须遵循一定的逻辑程序。这个程序是：确定决策目标—拟定备择方案—选择最优（或最满意）方案—实施决策方案。这个逻辑顺序所规定的决策的四个步骤，是任何正确决策所必须遵循的。这就是说，不得跳越任何一个步骤，并且前后顺序也不容许颠倒，否则就会犯"不合程序"的逻辑错误。例如建设某项工程，应当先明确决策目标，再制定方案，方案选定后再付诸实施。可是以往偏偏有人在目标不明确的情况下就着手制定方案，方案未选定就付诸实施，搞什么"边勘探、边设计、边施工"，这就难免给国家造成许多不应有的损失。

当然，实际决策是一个动态过程。上述决策程序虽然就其基本步骤来说是不能违反的，但各个步骤之间的关系比较复杂，并不一定要按上述顺序一步一步地单向进行。也就是说，一个决策作出后，往往在执行中未能达到预定的目标，需要修改和补充，甚至由于出现新情况需作新的决策；一个步骤完成之后也不一定接着进行下一步，很可能还要回到上一步去。这一过程称为反馈。因此，实际决策的全过程。人们正是通过这样的动态过程进行决策的。但这并不违反上述决策程序，而恰恰表明，上述程序是合乎正确决策的实际的，是不能违反的。

第三，决策推理必须遵守推理规则。这是工作决策的最重要、最基本的逻辑要求。否则，就会犯"推理不合乎规则"的逻辑错误。

从总体上说，工作决策运用的是不相容选言推理。因此，在逻辑上一定要做到以下几点：一是备选方案要具有完全性。即除已知不必要的和不可能的方案以外，可供选择的方案要尽可能地包括无遗。如果漏掉某些可供选择的方案，就有可能恰好漏掉了最佳方案，也就不可能做出最优的决策。二是各个备择方案要具有独立性。也就是说，执行某一方案就不可能同时执行其他方案，好像旅行一样，不能同时走两条路或同时坐两种车。这是不相容选言推理的前提条件。三是各方案之间要具有可比性。就是说，人们对于各方案的优劣能够按照一定的标准进行比较，而这又要求各方案的结果是可以引申和预测的。这样，人们看到可能产生的结果，才可能从中择优。此外，决策过程中运用的其他推理，如假言推理、假言选言推理、假言连锁推理、三段论、归谬法、关系推理等，同样必须遵守相应的规则。只有这样，才能保证整个决策过程一步一步地合乎逻辑地进行。

决策的基本原则包括：

信息原则。信息是决策的基础，准确及时的信息是科学决策的前提，决策的过程就是分析信息、利用信息，根据信息进行评价、判断和作出抉择的过程。信息是决策的"原料"，决策是信息加工后的"产品"。决策能力的大小，决策成功率的高低，往往取决于决策者掌握信息的数量和质量。在实际工作中常有这样的情况，许多企业或部门负责人，从报刊上看到不引人注意的某条小消息，发现别人没有发现的价值，据以利用，进行决策，竟然带来几十万、上百万元的经济收益。可见信息对于决策是何等重要。

预测原则。决策一般是面对未来，对未来起指导作用的，因此决策应有先见之明。预测之于决策具有重要意义：预测是人们作出正确决策的依据，是决策过程中的第一个步骤，离开了预测，决策可能陷入盲目；预测是帮助人们在科学技术飞速发展，生产经营激烈竞争中，防止和控制决策过程中不利后果出现的一种必不可少的手段。

满意原则。企业经营管理的复杂性，往往使得寻求决策目标的最优解成为一件困难的事。有时，尽管这个最优解存在，但可能要耗费大量的人财物。因此，在决策中就不必费力去寻求十全十美的方案，选择一个相对满意的即可。满意原则的有关理论，是由美国的经济学家西蒙首先提出的。他认为最优化的概念只有在纯数学和抽象的概念中存在，而在现实生活中是难以存在的。如果要追求十全十美的决策方案，常会是得不偿失，或是会耗费大量人、财、物，或可能时过境迁，痛失良机。

系统原则。系统原则是指在决策过程中运用系统原理、方法，对决策对象进行分析研究，达到决策效果最优化的目的。系统原理是现代科学管理最根本的一条总原理，管理中是否运用系统原理，是现代管理和小生产管理的分水岭。运用系统原理，是科学决策的重要方法和标志。系统原则要求我们在决策时，把决策对象的组成当作系统来综合考虑，把组成这个整体的各个部分之间及对象同外部环境之间的联系和作用当作系统来考虑，把整个过程当作系统来考虑，把采取的方法、手段途径当作系统来考虑，从而达到总体效果最佳和实现目标的方法、手段、途径最优化。如办一所学校，除了考虑投资、校址、设备、师资、生源外，还要考虑社会各行业对人才的需求，现有的教育基础和未来科学技术发展的趋势。

可行性原则。这是决策过程中最重要、最关键的一步。可以说，没有可行性论证，就没有科学的决策。可行性论证理论的起源可追溯到 20 世纪 30 年代，美国在开发田纳西河流域时，事先对开发的一系列问题进行论证，后来这些研究论证的方法经过发展完善，形成了一套比较完整的理论、工作程序和评价方法。

对于决策方案必须先论证后决断，这个顺序决不能颠倒，这是经过千百个决策失败换来的教训。过去我们不懂得这个程序吃了不少苦头。长期来，决策失误，有许多是不懂得科学论证方法造成的。也有许多论证，会打着科学的旗号，实质上是摆花架子，危害性极大。一些生产建设项目，领导已先拍板了，然后再找人做技术、经济等方面的可行性论证。结果论来论去，反正投资了、上马了，生米已成熟饭，即使论证通不过，也无可奈何。"秘书式论证"。有些领导人喜欢把研究部门或咨询组织当作贯彻领导意图的秘书班子，有些论证不是以事实为依据，以科学为准绳，而是看超级裁判的脸色行事，或是拼凑几条理由来论证领导的英明。"违心型的论证"。在过去极左年代里，常要科学服从政治，"一切为政治斗争服务"，一些知识分子也说违心的话。结果论来论去，越论越歪，造成不少人为的决策失误。"人情型论证"。这种论证是建立在个人情感上的，只要碰到同乡、同事、老部下、凡是个人感情上说得过去都高抬贵手，不管它实际是否需求，是否有效益，是否符合决策的科学化。如有个亚麻厂项目技术缺乏，市场渺茫、资金困难，不适合上马。本来不该通过，但几顿酒席宴过却顺利通过，最后又花20万元打通关节得到上级批准。有的参与论证者说："领导辛苦争来的项目，能让咱给吹了吗？""权力型决策"。这种决策是盲目服从上级，生搬硬套，削足适履，或是在决策集团内单靠最高决策者拍板。给一项决策进行论证，是件非常严肃的事，要坚决排除决策中的非科学化、非民主化倾向，坚持正确的决策原则，把风险降低到最低限度，避免因决策失误造成巨大损失。

集团决策原则。集团决策，即利用智囊团进行决策。随着社会的发展和科学的进步，许多问题的复杂程度与日俱增，不少决策已非个人或少数人所能胜任。因为再高明的领导，也不可能是无所不知、无所不能的圣人，智慧和才能都是有限的，所以要充分利用"外脑""思想库"，把大家的智慧集中起来。利用智囊团进行决策，有利于收集各种所需要的情报资料，有利于贯彻决策的整体性原则。现在各种智囊团已遍及世界。据不完全统计，20世纪80年代初美国就有18000多个智囊团，英国有2000余个，法国有1000多个，西德有600多个。在经济发达的国家，利用智囊团协助政府、企业制定政策、处理重大问题，已成为一种惯用的做法。

第六章

工程过程（二）

　　任何工程的计划和方案都必须依据一定的资源，并通过科学的组织、领导和控制加以实施，最终才能实现组织的目标。这是因为，第一，虽然在社会中也存在着可以由一个人来完成某项生产任务的情况，但在一般情况下，为了完成一项工程任务，往往是需要由许多人结合为一个集体、形成一个"组织"。第二，为完成一个工程任务，一般都需要依据包括人力资源、自然资源、资金资源、时间资源、信息资源等在内的各种资源。第三，有了人的有意识的、有组织的群体活动，就有了管理的存在。管理就是通过一系列职能（如组织、领导）的发挥来分配、协调包括人力资源在内的一切可以调用的资源，协调个体的行为，使工程有序进行，以发挥整体的效应。第四，为了保证实际工作与计划的要求相一致，就必须按照既定的标准，对工程的各项工作进行检查、监督和调节，只有通过控制，才能保证计划的正确实施。因此，在工程的实施过程中，必须发挥资源、组织、领导和控制的作用才能完成工程目标。

第一节　工程资源

　　资源是一个经济学术语。经济学通常把为了创造物质财富而投入生产过程中的一切要素称为资源。为了更清楚地认识资源，我们可从多个角度对资源进行划分：从资源产生的渊源，将其分为天然资源和再生资源；从资源的形态，将其分为物质资源和非物质资源；从资源的生物特性，将其分为人力资源和非人力资源。当代西方经济学把资源分为人力资源、物质资源、资本资源和信息资源，这些划分方式已得到了人们的普遍认同。这里我们主要讨论人力资源、物质资源对工程实施的影响问题。

一、人力资源

　　马克思认为生产要素包括生产资料和劳动者二要素。法国庸俗经济学家萨伊认为土地（物质资源或自然资源）、资本和劳动（人力资源）是生产的三要素。而当代西方经济学把资源分为人力资源、物力（自然）资源、财力（资本）资源和信息资源四要素。无论是"二要素""三要素""四要素"还是后来的"五要素""六要素"，在劳动者身上体现的"人力"始终是社会财富创造过程中的一项重要资源。人——作为心和身的统一体的人——是工程实施活动的主体。

人力资源是指投入和将要投入工程实施过程的具有劳动能力的人员总和。它是蕴藏在人体内的一种生产能力，是体现在劳动者身上的、并以劳动者的数量和质量来表示的一种经济资源或资本。人力资源包括三方面内容：劳动者体力（体质），是人力资源的自然基础；劳动者智力（脑力、知识和技能），是人力资源的核心部分；劳动者德力（思想觉悟、道德水平），决定着人力资源的发挥方向与程度。人力资源就是由劳动者的体力、智力和德力相互整合所形成的一种经济资源，而且是一种战略性的经济资源。因此，我们可以认为人力资源既是一种天然资源，又是一种再生资源；既是一种物质资源，又是一种非物质资源。

在影响工程实施的诸要素中，设备、技术、资金等物质因素固然重要，但人力资源更为根本。可以说，谁拥有了一流的人力资源，谁就能够使用先进的生产技术和管理技术，操作现代化的设备与工具，就能够发明新技术、创造新方法、优化生产要素配置，从而保证工程的顺利实施。因此，必须充分认识人力资源在工程实施中的地位和作用，牢固树立"人力资源是第一资源、人力资源的开发与管理战略是工程实施的第一战略"的理念。

人力资源管理，是指对人力这一资源进行有效开发、合理利用和科学管理的过程。所谓有效开发，不仅包括人力的智力开发，也包括人力的思想文化素质和道德觉悟的提高；不仅包括人力的现有能力的充分发挥，也包括人力潜在能力的有效挖掘。所谓合理利用，包括对人才的发现、鉴别、选拔、分配和合理使用。所谓科学管理，既包括人力资源的预测与规划，也包括人力的组织和培训。

工程实施过程中的人力资源管理的主要内容包括：人力资源规划，即按工程目标对人力资源给出数量上、质量和结构上的明确需求，并付诸实施的一系列程序、措施、政策和时间顺序；人力资源获取，即从组织内外招募、甄别、选拔和录用合格工程人员，包括人力资源的使用、测评等；人力资源培训与开发，即通过有计划的培训、教育和开发活动，提高工程人员的知识、技能和能力水平，改善员工的态度，以提高其工作效率，促进工程的实施和员工的成长；人力资源绩效考核，即按照一定的原则和标准，定期或不定期地对工程人员在工作中的政治素质、业务表现、行为能力和工作成果等情况，进行系统、全面的考查与评价，并以此作为其奖惩、职务升降、工资增减、培训和辞退等客观依据的管理活动；人力资源薪酬管理，即通过薪酬结构的设计，有效地吸引、保留和激励员工；人力资源的维持管理，即通过劳动合同的订立和管理，维系融洽的劳动关系等。

二、物质资源

工程实施的过程是一种物质性的活动过程。物质资源是工程实施过程中的必备要素。

自然资源是物质资源中的重要部分。所谓自然资源，可以是生活方面的资源，也可以是生产方面的资源，在工程实施过程中主要涉及生产方面的自然资源。在生产过程中，自然资源成为人的劳动对象。从整个人类历史的角度来看，最初的劳动对象都是"天然的"自然资源，虽然在现代社会中人类仍然在某些情况下以"天然的"自然资源作为生产过程中的劳动对象。但现代社会中的人类在更多的情况下（尤其是在工程实施过程中）却是以"人工的"物质作为生产过程中的直接的劳动对象了。

原材料（原料和材料）也是物质资源的重要内容。人们常常把物质生产过程中作为"物质起点"的劳动对象称为原料、材料，或者通称为原材料。生产过程的原料或材料可能是天然资源，也可能是通过原材料生产过程而生产出来的"人工的"原材料。

原材料自身的特殊性中最根本的一点是目的导向下的"可改造性"，或者说是其具有在一定的目的导向下可展开的潜能。原材料是对产品而言的。在生产过程中，原材料经过一系列的加工和变化而变成了产品，这正是一个从潜能变成现实的过程。原材料之所以是原材料，乃是因为它具有通过生产过程而变成产品，从而使目的实现的"潜能"。虽然一般地说，所谓原材料指的是那些有可能经过加工而变成多种不同产品的物质，即"潜能"比较丰富的质料，但是我们也要承认即使对于那些"非批量生产"的产品甚至是"单件生产"的产品来说，该产品也是必须有其相应的、有时是稀有的、有时甚至是唯一具有与该目的相应的"潜能"的原材料的。

工具（物质工具和机器）也是重要的物质资源之一。人类不是赤手空拳来"对付"原材料的；在工程活动中，人是利用工具来"对付"原材料的。什么是工具呢？工具有广狭两个含义，狭义的工具仅指手工工具，广义的工具则指人们加工、改造对象的一切手段，自然也包括机器在内。

第二节　工程组织

工程过程的实施离不开对工程的管理。所谓工程管理是以工程为管理对象，在既定的约束条件下，为最优地实现工程目标，根据工程内在规律，对工程寿命周期全过程进行有效的计划、组织、领导和控制的系统管理活动。我们知道，计划活动在一定意义上是一种思考活动，但仅仅有这些思考活动，再美好的理想也是停留在大脑中、图纸上，要使理想化为宏图，还必须动员起组织中的人、财、物资源，去实现理想，这就涉及管理中的组织职能。这里我们主要讨论工程实施的组织活动问题。

一、组织概念

为什么需要组织？如果一个人有了目标，有了实现目标的途径，就可以按照自己的思路去做。但是管理是在一个由许多人构成的群体的前提下进行的，群体要实现目标，就必然存在着一个分工和协作的问题。不仅如此，即使由同样的一班人来做同样的事情，但由于他们之间的分工和协作关系的不同，而产生的效能也会发生巨大的差别。这说明了管理的组织有十分重要的作用。

在汉语中，"组织"这个词既可以作名词使用，也可以作动词使用。作为名词的"组织"，其含义是指作为"组织"行动的结果的那个集体，即已经联合起来的具有一定的组织结构的"集体"。在人类社会中，所有工程活动一般都是由集体来完成的。一个比较稳定的集体也就是一个"组织"。作为动词的"组织"，其含义是指把一些个人联合起来的行为、动作和过程，即根据一定的组织原则把一些个人联合成一个集体的行动和过程。在管理学里，这时的"组织"表现出来的就是管理的组织设计职能。

管理的组织职能或者组织活动是一个具有内在逻辑过程的活动。正如大厦是由钢筋、水泥、各种硬件构成的一样，组织是由职位构成，组织结构就是一种职位结构，也就是说组织是由职位盖成的一座大厦。

组织的过程与现实中建造大厦非常类似。建造大厦首先是确定建造构件，然后把这些构件垒成一定的形状，在此基础上通水通电，使大楼具备一定的功能，还要进行内部装修，使它表现出一定的美学特点，最后要把相应的住户分到各个房间去。住了许多年之后，随着人们需要的变化，或许还要对大楼进行改造。

管理的组织职能恰如这样一个过程。建造构件在组织职能中意味着对组织中的职位设计。把这些职位按照一定的逻辑顺序摆放成一定的形状，这在组织中叫作部门化；在部门化的基础上要使各个部门各个职位能够运作起来，必须像盖大楼通水通电一样，给之以动力，使组织运动起来的动力是权力，把权力分配到各个部门、各个层次以及各个职位上，叫作组织的职权配置；在此基础上，对组织结构进行上下左右的协调，叫作组织结构的整合；通过整合后的组织结构，就形成了一个基本上完善的结构，这个结构是由职位构成的，有了职位还需要由人来占据，这就涉及人员的配备问题，也就是人力资源管理问题；一个组织运行若干年之后会随着环境的变化而出现种种不适，所以组织必须主动地适应环境的要求，这就需要进行组织的改造，也就是组织变革。

二、组织设计

组织设计是指为了有效地实现工程目的而实际探索应该如何设计组织结构的一种方

法。即一种由管理机制决定的、用以帮助达到组织目标的有关信息、权力、责任和利益的正规体制。赫尔雷格尔认为，组织设计最根本的含义就在于，它必须决定该组织将采取的劳动分工的程度和性质，以及为达到期望的目标将如何协调员工的努力。正确的设计是提高组织提供产品或服务的相对效率及有效性的关键因素。概括国内外学者的基本观点，组织设计就是对组织的结构和活动进行创构、变革和再设计。组织设计的目的就是要通过创构柔性灵活的组织，动态地反映外在环境变化的要求，并且能够在组织演化成长过程中，有效积聚新的组织资源，同时协调好组织中部门与部门之间、人员与人员之间的关系，使员工明确自己在组织中应有的权力和应担负的责任，保证组织活动的开展，最终保障组织目标的实现。组织设计的任务有：①职能设计；②部门设计；③层级设计；④职权设计；⑤横向联系设计；⑥管理规范设计等。前三项最终体现为组织结构，后三项主要表现为组织的制度和规则。

三、组织结构

所谓组织结构是指组织的基本架构，是对完成组织目标的人员、工作、技术和信息工作的制度性安排。组织结构就是一个组织的框架体系。组织结构可以用复杂性、规范性和集权性三种特性来描述。工程组织包含合理组织工程的物质结构和社会结构两个方面的内容，这里主要是指社会结构的组织职能。所谓社会结构的组织，是指人们在工作中的分工协作及其相互关系。物质结构的组织是指合理配备和使用工程的物力和财力。物质结构常常是通过社会结构的组织来实现的。

工程组织职能一般包括：确立目标、工作划分、确定机构及职责、确定人员及职权、检查与反馈，以及未来的机构运行等环节。其具体内容包括：①按照工程计划任务和目标的要求，建立合理的组织机构，包括各管理层次和各职能部门的建立；②按照业务性质进行分工，确定各个部门的职责范围；③按照所负的责任给予各部门、各管理人员相应的权力；④明确沟通的渠道和联系的方式；⑤配备和使用适合工作要求的人员；⑥对人员进行考核和培训；⑦对人员进行奖励，实行合理的工资奖励制度等。

组织设计原则是指为了实现有效管理职能，提高管理效率，实现一定的目标而建立管理机构共同遵循的一些基本原则。组织设计原则是从长期实践中概括出来的。管理学家厄威克曾比较系统地归纳了古典管理学派泰勒、法约尔、韦伯等人的观点，提出八条指导原则，即：目标原则、相等原则、职责原则、组织阶层原则、管理幅度原则、专业化原则、协调原则、明确性原则。后来，美国管理学家孔茨等，又在继承古典管理学派的基础上，提出了健全组织工作的十五条基本原则。即：目标一致原则、效率原则、管理幅度原则、分级原则、授权原则、职责的绝对性原则、职权和职责对等的原则、统一指挥的原则、职权等级的原则、分工原则、职能明确性原则、检查职务与业务部门分设的原则、平衡的原则、灵活性原则、便于领导的原则。

在工程组织结构的设计过程中，应遵循下列一些最基本的原则（这些原则都是在长期的工程管理实践中的经验积累，应该为组织设计者所重视）：①目的性原则，即根据工程的规模、特点及要求，明确工程管理的最终目标；②精干高效原则，即尽量简化机构，因事设人、以责定权；③管理跨度适中原则，即一个主管直接领导的下属人员数量应当适中；④分工协作原则，即根据员工的素质及项目的特点，做到分工合理、协作明确；⑤分层统一原则，即建立一条连续的等级链，实现命令统一；⑥责、权、利相结合原则，即有职有责、责任明确、权力恰当、利益合理；⑦相对稳定原则，即按照弹性、流动性的要求适时调整工程管理的组织机构；⑧执行与监督分设原则，即工程管理机构除接受工程的监督外，其内部的质量监督、安全监督等应与施工部门分开设置。

工程一般可分为建设工程和施工工程两种。针对两种不同的工程，其组织形式也各不相同。

建设工程可能采用的组织形式主要有以下五种：①建设单位自管。②工程指挥部。工程指挥部形式可以较好地发挥参建各方的积极作用，但其机构松散、缺乏层次，责任不清、信息渠道不畅。③工程监理（咨询）。建设单位分别与施工单位、监理（咨询）单位签订合同，由监理单位代表建设单位对工程建设实施管理。它是国际工程中流行的工程管理方式之一。④项目总承包。建设单位将工程的勘察设计、设备采购、工程施工等全部建设活动委托给一家具有相应资质的总承包单位负责组织实施，工程竣工验收合格后建设单位可以直接使用。它是国内外建设工程中较为普遍的项目管理方式。⑤工程托管。建设单位将整个工程项目的全部工作委托给专门的项目管理公司去做。项目管理公司主要负责项目管理，而且，工程设计、施工单位也可以把他们承担任务范围内的组织管理工作委托给专门的项目管理公司去做。它是国际上通行的项目管理方式之一。

施工单位在实施工程项目管理过程中，可能采用的组织形式主要有以下五种：①直线式组织形式。项目管理组织中的各种职能均按直线排列，任何一个下级只接受唯一上级的指令。直线式组织形式的组织机构简单、隶属关系明确，权力集中、命令统一、职责分明、决策迅速，但对于项目经理的综合素质要求较高。因此，比较适合于中小型项目。②职能式组织形式。职能式组织形式加强了项目管理目标控制的职能分工，充分发挥了职能机构的专业管理作用。但容易产生矛盾的指令。因此，在项目管理中的应用较少。③直线职能式组织形式。项目管理组织呈直线状，既保持了直线式的统一指挥、职责明确等优点，又体现了职能式的目标管理专业化等优点。但职能部门可能与指挥部门产生矛盾、信息传递线路较长。主要适用于中小型项目。④矩阵式组织形式。项目管理组织由公司职能、项目两套系统组成，并呈矩阵状。矩阵式组织形式加强了各职能部门的横向联系，体现了职能原则与对象原则的有机结合，组织具有弹性、应变能力强。但纵向、横向的协调工作量大，可能产生矛盾指令，对于管理人员的素质要求较高。因此，主要适用于大型复杂项目或多个同时进行的项目。⑤事业部式组织形式。在工程内部按地区或工程类型而设立事业部，事业部式组织形式有利于延伸的经营职能，提高了工程应变能力。但要求工程具有较强的约束机制和综合管理能力。因此，主要适用于大型施工工程，并在一个地区有长期的市场或拥有多种专业施工能力。

一般来说，施工工程管理组织通常具有以下特点：责任、目标的明确性；系统性；弹性和可变性；内外部关系的复杂性；组织形式的多样性等。因此，施工工程可以按照下列思路选择项目管理组织形式：①人员素质高、管理基础强，可以承担复杂工程的大型综合工程，宜采用矩阵式、事业部式组织形式。②简单工程、小型工程、承包内容单一的工程，宜采用直线职能式或直线式组织形式。③在同一工程内部，可以根据具体情况将几种不同的组织形式结合使用，如事业部式与矩阵式、直线职能式与事业部式，但不能将职能式与矩阵式混用，以免造成混乱。

四、组织制度

在社会学中，处于一定的社会人际关系之中并发挥一定的社会作用的个人常被称为社会"角色"。实际上，不但个人可以作为社会"角色"，而且集体也可以作为社会"角色"。那么，怎样才能把一些个人组合成为一个"组织"或一个集体呢？我们认为，要把一些个人结合起来成为一个"组织"或一个集体，必须有一定的"黏合剂"。维纳在《控制论》一书中指出："任何组织所以能够保持自身的内稳定性，是由于它具有取得、使用、保持和传递信息的方法。"[1]"社会通讯是社会这个建筑物得以黏合在一起的混凝土。"[2] 这就是说，在维纳看来，社会通讯就是社会组织的"黏合剂"。那么，什么才是工程组织的"黏合剂"呢？李伯聪在其著作《工程哲学导论》中提出："制度"是工程组织或集体的"黏合剂"。李伯聪认为，如果没有一定的制度作"纽带"或"维系"，那就只有一盘散沙的许多个人，而没有任何组织或集体可言，于是组织或集体也就与制度有了"不解之缘"。[3]

制度问题是一个具有特殊重要性的问题。无论是在经济学的研究中，还是在工程哲学的研究中，我们都必须把制度问题当作一个具有重要意义的问题来进行研究。因此，在定义、理解和解释制度时，搞清楚制度和组织或机构、制度和规则、规则和规律、规则的制定和守规或违规的关系具有首要的意义。

有人认为制度和组织或机构在指称和语义上有重叠关系，有人甚至更直接地把制度定义为一种组织或机构。如"老"制度主义经济学的重要代表人物康芒斯就认为：人类经济活动的单位是交易。交易有三种类型：买卖的交易、管理的交易和限额的交易。"这三种类型的交易合在一起成为经济研究上的一个较大的单位，根据英美的惯例，这叫作'运行中的机构'。这种运行中的机构，有业务规则使得它们运转不停；这种组织，从家

① 维纳. 控制论 [M]. 北京：科学出版社，1961：160.
② 维纳. 人有人的用处 [M]. 北京：商务印书馆，1989：17.
③ 李伯聪. 工程哲学引论 [M]. 郑州. 大象出版社，2002：224.

庭、公司、工会、同业协会直到国家本身，我们称为'制度'。消极的不活动的概念是一种'团体'；积极的活动的概念是一个'运行中的机构'。"① 布罗姆利也认为："制度这个词没有仔细、严密地定义过"，虽然他认为应当把制度定义为"确定个人、工程、家庭和其他决策单位作出行动路线选择的选择集的规则和行为准则"，但他承认"学校、医院、教堂经常被称作制度"。②

也有人认为应该把制度和组织或机构明确地区分开来。诺贝尔经济学奖获得者、新制度经济学派的重要代表人物诺斯在其《制度、制度变迁与经济绩效》一书中指出："本研究的一个重要特点是将制度与组织区分开来。""制度是一个社会的游戏规则""组织是一种有目的的实体，创新者用它来使由社会制度结构赋予的机会所确定的财富、收入或其他目标最大化。"③ 卢现祥也认为："制度和组织是不相同的。制度是社会游戏的规则，是人们创造的、用以约束人们相互交流行为的框架。如果说制度是社会游戏的规则，组织就是玩游戏的角色。组织是由一定目标所组成，用以解决一定问题的人群。经济组织是工程、商店等，政治组织是政党、议会和国家的规制机构等。"④

根据上述分析，对于制度和组织或机构的关系，我们认为既应该把制度和组织或机构加以区分，同时，也需要注意它们之间又有着密切的联系。

许多西方学者都是用规则（规则可以有各种不同的形式，习俗和习惯都是规则）来定义制度的。"老"制度主义经济学的创始人凡勃伦认为："制度必须随着环境的变化而变化，因为就其性质而言它就是对这类环境引起的刺激发生反应时的一种习惯方式。""制度实质上就是个人或社会对有关的某些关系或某些作用的一般思想习惯"。⑤ 诺斯指出："制度是一个社会的游戏规则，更规范地说，它们是为决定人们的相互关系而人为设定的一些制约。"⑥ 埃格特森在《新制度经济学》一书中说，制度是由正式和非正式的规则构成的。马尔科姆·卢瑟福在他的一本研究老制度主义和新制度主义的学术著作中说："制度是行为的规律性或规则。它一般为社会群体的成员所接受，它详细规定具体环境中的行为，它要么自我实施，要么由外部权威来实施。"⑦ 斯坦福大学的青木昌彦等学者说："'制度'可以定义为，在该经济社会中被广泛认可的一定的规则。"⑧ 由此，我们可以得出两个结论：一是，许多西方学者在可以而且应该用规则来定义制度这个"大原则"上已经有了比较一致的看法；二是，在赞成用规则来定义制度这个"大原则"一致的前提下，不同的学者对制度的具体定义又是各有特色和各有侧重的，他们在对于"制度"这个概念的具体定义和解释上还没有取得完全的共识。

① 康芒斯.制度经济学：上册 [M].北京：商务印书馆，1983：86.
② 布罗姆利.经济利益与经济制度 [M].上海：上海三联书店、上海人民出版社，1989：46、49.
③ 诺斯.制度、制度变迁与经济绩效 [M].上海：上海三联书店，1994：3-100.
④ 卢现祥.西方制度经济学 [M].北京：中国发展出版社，1996：19.
⑤ 凡勃伦.有闲阶级论 [M].北京：商务印书馆，1997：139.
⑥ 诺斯.制度、制度变迁与经济绩效 [M].上海：上海三联书店，1994：3.
⑦ 卢瑟福.经济学中的制度 [M].北京：中国社会科学出版社，1999：1.
⑧ 青木昌彦，奥野正宽.经济体制的比较制度分析 [M].北京：中国发展出版社，1999：22.

制度和规则这两个概念在定义和解释上又是应该加以区别的。马凯在研究和分析了许多学者对"制度"的不同"定义"后说：既然看来并没有一个是所有的新制度主义者的共识的制度概念。大概我们也就不得不接受几个不同的制度概念了。马尔科姆·卢瑟福也有类似的看法，他说："有必要对一般社会规则（有时称作制度环境）与特定组织形式（有时称作制度安排）加以区别。尽管组织也可以视为一套一套的规则，但规则只在内部适用。组织有章程，组织是集团行为者，同样也受社会规则的约束。"[①]

规则是工程哲学的一个基本范畴。规则的具体类型是多种多样的：有成文的规则，也有不成文的规则；有正式的规则，也有非正式的规则；有强制性较强的规则，也有强制性较弱的规则。各种法律、规章、章程、规程、规定、守则、习俗、习惯等都是"规则"的具体表现。关于规则与规律的关系，李伯聪教授认为，其区别主要表现在以下几个方面：[②]

规律具有客观"自在性"，而规则具有"人为性"，这就是规律和规则在其内在的基本性质上的不同。规律是被人发现出来的，而规则是由人制定出来的。

自然规律是对自然界而言的，自然规律是无需借助于人力就可以自然而然地发挥作用的；而规则是对人而言的，规则是要求有关人员遵守的，规则是只在有人执行它的时候才发挥作用。我们必须承认存在着还没有被发现的客观规律，并且那些还没有被发现的规律也在客观地发挥着它们的作用，那些还没有被发现的客观规律不会由于它们还没有被发现而不起作用；另一方面没有什么人会荒唐地说还没有被制定出来的规则也在发挥它的作用，规则在没有被制定出来的时候它是不存在的。

从逻辑学的角度看，规律是关于存在的普遍性的陈述（或曰判断），规则是对于行动者在所指定的环境条件下应该如何行动的"规范""律令"或"命令"；从语法的角度来看，规律是用陈述句表达的，规则是用祈使句表达的；规律回答的是关于外部世界"是什么"的问题，而规则回答的是关于人在某种条件下应该怎样行动的问题。西方哲学家所提出的关于"是"和"应该"之间的分野的观点与这里论述的规律和规则相区分的观点是互相支持、互为表里的。科学是一个规律系统，科学家以发现和研究规律为己任；工程、技术和经济活动都是规则系统，管理者、工程师和工作者以制定、改进和执行规则为己任。对于规则才有遵守它还是违反它的问题，严格地说，对于规律是不存在遵守它还是违反它的问题的。

从认识和评价的角度来看，对规律认识上的不同观点和意见分歧是"真理论"方面的问题，是真或假的问题，或者更确切地说是更接近真或更接近假的问题；而对于制定和遵守规则方面的不同观点和意见分歧是"功效论"方面的问题，是功利或效用的问题，是对或错、好或坏的问题，是广义的价值评价的问题。关于规律的真或假的问题与关于

① 卢瑟福. 经济学中的制度 [M]. 北京：中国社会科学出版社，1999：1.
② 李伯聪. 工程哲学引论 [M]. 郑州：大象出版社，2002：235—236.

规则的对或错的问题显然是不同的，例如我们不能说被制定出来的一个错误的规则是一个假的规则，在许多情况下我们也不能说被新技术规则取代的旧技术规则是错误的规则。

自然界是一个只有规律而没有规则的世界。任何人都只能对人制定规则而不能对自然界制定规则。我们只能说地震活动是有规律的，说它是依照一定的规律而发生的；而不能说地震活动是有规则的，没有人说地震是按照一定的规则而发生的。规律是客观自在的，它的存在与否是不以人的认识为转移的。人只能发现规律而不能"制定"规律。自然规律在人没有发现它的时候它也是存在的。例如万有引力定律早在人类认识它之前多少亿年就已经存在于自然界中了，并不是到了人类发现它的时候它才存在的。正因为规律是客观自在的，是不以人的认识为转移的，所以我们才必须承认有些客观规律还没有被我们发现，我们才可以说存在着"没有被发现的客观规律"，这些规律没有被发现"无损"于它的客观存在。这些"没有被发现的客观规律"不但客观存在着而且还在"不折不扣"地发挥着它的作用。客观规律不会因为它没有被人发现，它就不起作用了。正因为规律是客观自在的，客观规律才能够自然而然地发挥作用，也就是说，客观规律是在"没有人下命令，没有人去执行"的情况下发挥作用的。而规则是不可能自然而然地发挥作用的，规则即使在它被制定出来之后，也是需要由人去执行它才可能发挥作用的。规律是"不令自行"的，而规则却是存在着"执行情况如何"的问题的。

规则不是客观自在的，它是人有意识地制定出来的，而不是人"发现"出来的。规则在没有被制定出来的时候它是不存在的。例如，靠右行走的交通规则是在被人制定出来之后它才存在的，在被制定出来之前这条交通规则是不存在的。有时我们当然也可以说"没有制定出来的规则"，但"没有制定出来的规则"同"没有被发现的规律"在语义上是有着根本性的区别的。"没有制定出来的规则"在没有制定出来的时候它是不存在、不起作用的；而"没有被发现的规律"在没有被发现的时候它不但是存在的而且是已经在发挥它的作用和影响了。"没有制定出来的规则"只有在它被制定出来之后才可能作为规则而发挥作用。

在这里我们特别需要强调指出的是，我们必须认真区分"规律"这个术语的两个不同的指称和两个不同的含义。规律的第一个指称和含义是指存在于外部世界的"客观规律"，它是不依赖于人的认识的；规律的第二个指称和含义是指在人认识外部世界的"客观规律"过程中作为认识结果的规律，这第二个含义的规律是打上了人的主观性的烙印的，它有可能是包含着某些错误甚至是完全错误的。这两个指称和含义的规律是有密切联系的，但又是有着根本区别的。

李伯聪教授认为，规律与规则既是相互区别的，同时又是相互联系的。在古代，制定规则的主要根据是经验；而在现代社会中，在许多情况下，制定规则的主要根据已经不再是经验而是那些已经被人们所认识的客观规律了。可是，我们还是应该承认，即使是在科学已经相当发达的现代社会中，人们在制定规则时仍然不可避免地要在一定程度上依据经验，在某些情况下，还要在颇大的程度上依靠经验，有时甚至仍然需要把经验作为制定规则的主要根据。

规律的作用是不令自行、自然而然地发挥出来的，而规则的作用却是必须通过人的力量才能发挥出来的。从生活现实的角度来看，人们是"按规则办事"的。人们对客观规律的认识与人们的实践行动是有密切联系的，人们是可以把对客观规律的认识通过一定的中介——规则——转变为人们办事的直接根据的。如果某些规则主要是依据人们对客观规律的认识而制定出来的，那么在这种情况下我们也有理由说人们是在间接地——即"通过规则的中介"——而按照客观规律办事的。规律是发现出来的。科学家在进行科学研究、试图发现规律时，他应该尽可能地避免"掺入"自己的"主观性"，他应该在表述所发现的规律时努力把他自己的"主观色彩"和"个人好恶"的因素和成分尽可能地"剔除"出去。从认识论的角度来看，对于作为认识过程的结果的"规律"，我们应该问的问题是它的真与伪的问题，或者是它的接近真理的程度的问题。规律自身与它的用处和人的行为之间是没有直接关系的。

规则是制定出来的。管理者和工程师在制定规则时。他不但不可能避免自己的"主观目的"，而且他必然是为了达到一定的目的或目标而去制定规则的。规则都是为了功利或效用的目的而制定出来的。正像在规律领域没有"有目的的规律"一样，在规则领域中，没有"无目的的规则"。人们不能像问规律的真假那样去问规则的真或假的问题。规则没有真假问题。对于规则，我们应该问的问题是它的功用或效用的问题，是它的"效用性""公正性""正义性"的问题，总而言之，是价值方面的问题。人们常常改变规则，改变规则的目的有时是为了取得更大、更明显的功效，是为了更加公正；但也常有为了相反的目的而改变规则的情况。此外，也有因为环境条件改变而不得不随之改变规则以适应新的环境条件的情况。

许多规则——特别是古代的许多技术规则——都是在经验的基础上制定出来的。古代技术的许多工艺规则虽然在现代人看来是"符合"科学规律的，但古人当初在制定它的时候却并不是根据科学规律制定它的，而是根据实践经验来制定它的。随着科学的进步，人类对规律的认识不但愈来愈多，而且对规律的认识愈来愈深刻了。在这种情况和条件下，人们就有了可能在愈来愈多的情况下根据对科学规律的认识来制定规则了。特别是对于现代的高科技工程来说。如果没有对现代科学规律的认识作基础，其生产规程（生产规程正是一种具体的规则形式）的制定简直可以说是无从谈起的。

如何制定规则的问题是一个十分复杂、十分重要的问题。一方面，我们必须看到随着历史的进步，人类在制定规则的时候必然愈来愈多地依靠人类对规律的认识；另一方面，我们又不可能设想人类在制定规则的时候能够百分之百地完全依据人类对规律的认识，所以人类在制定规则的时候也就必然地还要在一定程度上依靠经验性的知识，这就是说，在制定规则的时候，经验知识永远都是重要的。

人对于规则是既可以遵守它又可以违反它的。在现实生活和生产实践中，"实践家"没有人不把守规（遵守规则）和违规（违反规则）的问题当成一个头等重要问题看待的。

对于规则来说，不但规则的制定是重要的，而且规则的执行的问题也是非常重要的。规则的本性决定了任何规则都是可执行性与可违反性的统一。任何规则都应该是可执行的规则，也就是说，规则必须是执行者能够做到的事情，执行者做不到的事情不应作为规则制定出来，否则，即使把它写在纸面上那它也无异于一纸空文；另一方面，任何规则都应该是可违反的规则，也就是说，规则又应该是执行者有可能不执行而加以违反的事情，因为如果不是执行者能够违反的事情，规则制定者也就不必把它们作为规则制定出来了，这样的规则将是纯粹多余的规则，是完全可以删除的规则。有许多规则是禁止性的规则，但制定一条禁止性的规则绝对不意味着执行者不可能办到被禁止的事情。有许多规则是命令性、鼓励性的规则，但制定一条命令性、鼓励性的规则也绝对不意味着执行者在实际行动中一定就会按照规则的规定去办事了。于是，这就出现了规则执行中的守规和违规的问题以及对于守规的鼓励和对于违规的惩罚的问题。

在一条规律被发现之后，科学家不会去讨论怎样"执行"这条规律的问题，因为规律是自然而然地发挥作用的；与规律的发现不同，一条规则在被制定出来之后接踵而来的问题就是它的执行问题，也就是守规或违规的问题。守规或违规的问题是一个与规则制定的问题有同样重要性，甚至有更大重要性的问题。不同性质的规则在执行上往往会有不同的要求，有些规则在执行上有很强的激励性、约束性和强制性，也有一些规则在执行上有较大的"弹性"，其激励性和强制性都较弱。为了解决规则在执行中出现的问题，人们往往又需要制定关于规则执行中的关于奖和惩的规则，以具体体现规则的激励程度和约束程度。因此，关于守规和违规的问题不但是一个重大的实用性问题而且是一个重大的理论问题。

第三节　工程领导

工程过程的实施离不开对工程的领导。管理和领导这两个概念是密切联系的，没有领导的管理和没有管理的领导都是不可想象的。管理和领导的共同之处在于：从行为方式看，两者都是一种在组织内部通过影响他人的协调活动、实现工程目标的过程；从权力构成看，两者都是组织层级的岗位设置的结果。管理和领导这两个概念又是有一定区别的。两者的区别在于：从本质上说，管理是建立在合法的、有报酬的和强制性权力基础上的对下属命令的行为，而领导则既是可能建立在合法的、有报酬的和强制性的权力基础上，也可能更多的是建立在个人影响权和专长权以及模范作用的基础上。

领导就是领导者指挥、带领、引导和鼓励被领导者在一定条件下为实现工程目标而努力的过程。领导的作用主要表现在以下几个方面：决策作用——这是领导的基本作用，贯穿于领导活动的全过程。领导也就是一个不断地制定决策—实施决策—再制定决策—再实施决策的基本过程。指挥作用（或称组织作用）——帮助组织成员认清所处的环境和形势，指明活动的目标和达到目标的路径。协调作用——协调组织成员之间的关系和活动，使组织成员朝着共同的目标前进。激励作用——为组织成员主动创造能力发展空间和职业发展生涯的行为，调动员工的积极性。

领导的本质就是通过影响他人的能力，激发他们为组织提供有益贡献的工作热情，去实现自己为组织制定的目标。在管理的领导职能中，领导者方面描述的是管理者向员工提供有助于他们提高工作态度和工作质量的内容。对领导的对象——组织成员或下属来说，响应管理者领导行为的出发点，是他们内在的个体需求差异。因此，要实现工程的活动目标，必须设法让组织成员提供他们有效的工作贡献。这意味着管理者不仅要根据工程活动的需要和个人素质与能力的差异，将不同的人安排在不同的工作岗位上，为他们规定不同的职责和任务，还要分析他们的行为特点和影响因素，创造并维持一种良好的工作环境，以调动他们的工作积极性，改变和引导他们的行为。成功的管理者必须知道用什么样的方式有效调动下属的工作积极性。

何谓激励？激励（motivation），在管理学的一般教科书中，通常是和动机连在一起的。主要指人类活动的一种内心状态。美国管理学家罗宾斯把动机定义为个体通过高水平的努力而实现组织目标的愿望，而这种努力又能满足个体的某些需要。因此，无论是激励还是动机，都包含三个关键要素：努力、组织目标和需要。一般而言，动机指的是为达到任何目标而付出的努力。所以，激励是由动机推动的一种精神状态。激励指影响人们的内在需求或动机，从而加强、引导和维持行为的活动或过程。激励具有三个方面的作用：提高人们工作的自觉性、主动性和创造性；激发人们工作的热情和兴趣；使人保持长久的干劲，提高工作绩效。

从激励的定义看出，激励是针对人的行为动机而进行的工作。因而，激励的对象主要是人，或者准确地说，是组织范围中的员工或领导对象。正确认识激励的对象，有助于体现领导的管理学职能。从激励的内涵看，意味着组织中的领导者应该从行为科学和心理学的基础出发，认识员工的组织贡献行为。即认识到人的行为是由动机决定的，而动机则是由需要引起的。动机产生以后，人们就会寻找能够满足需要的目标，而目标一旦确定，就会进行满足需要的活动。从需要到目标，人的行为过程是一个周而复始、不断进行、不断升华的循环。这样，通过认识激励的对象来说明：需要是人类行为的基础，不同的需要在不同的条件下会诱发出不同的行为。

对激励对象的讨论说明，人类的有目的的行为都是出于对某种需要的追求。未得到的需要是产生激励的起点，进而导致某种行为。行为的结果，可能是需要得到满足，之后再发生对新需要的追求；行为的结果也可能是遭受挫折，追求的需要未得到满足，由此而产生消极的或积极的行为。所以，激励是组织中人的行为的动力，而行为是人实现个体目标与工程目标相一致的过程。无激励的行为，是盲目而无意识的行为；有激励而无效果的行为，说明激励的机理出现了问题。如领导者打算通过增加额外的休息日来提高员工的劳动生产率，但结果可能有效，也可能无效，因为在一定的环境下，员工可能更愿意保持以往的工作日，希望提高薪水，而不是增加闲暇支出。这说明，激励与行为也有匹配的问题。这样就进一步说明，要通过激励促成组织中人的行为的产生，取决于某一行动的效价和期望值。所谓效价，是指个人对达到某种预期成果的偏爱程度，或某种预期成果可能给行为者带来的满足程度；期望值则是某一具体行动可带来某种预期成果的概率，即行为者采取某种行动，获得某种成果，从而带来某种心理上或生理上满足的可能性。显然，能够满足某一需要的行动对特定个人的激励力是该行动可能带来结果的效价与该结果实现可能性的综合作用的结果。激励力、效价和期望值之间的相互关系用下式来表示：激励力 = 效价 × 期望值 。

如何对组织中的人或员工进行激励，是建立在对人的运动规律的认识基础上的。而人不是孤立存在的，而是生活在特定的环境之中。这个环境包括气候、水土、阳光、空气等自然环境和社会制度、劳动条件、经济地位、文化条件等社会环境。外界环境对人的影响是客观存在的。因此，激励产生的根本原因，可分为内因和外因。内因由人的认知知识构成，外因则是人所处的环境，从激励基础上人的行为可看成是人自身特点及其所处环境的函数。显然，激励的有效性在于对内因和外因的深刻理解，并达成一致性。这样，为了引导人的行为达到激励的目的，领导者既可在了解人的需要的基础上，创造条件促进这些需要的满足，也可以通过采取措施，改变个人的行动的环境。这个环境被研究人员称为人的行动的"力场"。对工程而言，领导者对在"力场"中活动的员工行为的引导，就是要借助各种激励方式，减少阻力，增强驱动力，提高员工的工作效果，从而改善工程经营的效率。显然，激励的出发点是激发人未满足的需要。通过具体的手段，让人对未满足的需要产生某种期望值。因此，需要对管理学的领导职能来说，是能否发挥管理作用并影响组织成员完成工程目标的前提。

从领导方式看，需要是领导者指挥下属和鼓励下属的行为基础。领导的目标，最终是通过他人的活动或投入，实现工程的目标。从而这种目标应该是领导者指挥下属实现个体目标和工程目标相结合的产物。而工程目标的有效实现，就不仅是领导者运用权力影响下属的过程，而且还是领导者能否为下属创造发展空间以整合个人目标的过程。

在这里，领导者和下属的组织行为，都是一种通过采取行动来满足未实现的需要的过程。领导者的需要，既可以是缘于对制度权力的渴望，也可能源于实现自我价值的意愿。同样，下属未满足的需要也是多样性的。因此，对员工的激励能否有效，很大程度上取决于组织中领导者对下属的未满足的需要的识别。

第四节　工程控制

工程过程的实施离不开对工程的控制。工程的控制职能，是指对工程内部的管理活动及其效果进行衡量和校正，以确保工程的目标以及为此而拟定的计划得以实现。工程控制的行为主体是建设单位，控制的行为对象目标是在立项时确定的项目总投资限额和在建设周期内完成符合预期的使用功能要求和工程实体质量标准的工程项目。工程的控制一般有进度控制、质量控制、风险控制、成本控制等。

一般来说，凡是有目的的过程都是需要进行控制的过程。工程过程是有目的的过程，所以工程过程是一个需要进行控制的过程。工程中的控制是指为了确保工程目标以及为此而拟定的计划能够得以实现，各级管理者根据事先确定的标准或因发展的需要而重新拟定的标准，对下级的工作进行衡量、测量和评价，并在出现偏差时进行纠正，以防止偏差继续发展或今后再度发生；或者根据工程内外环境的变化和工程的发展需要，在计划的执行过程中，对原计划进行修订或制订新的计划，并调整整个管理工作的过程。

在现实生活中，确实也有某些人可能掌握了通过"　次操作"而准确地达到某个目标状态的高超手艺。但对于那些目标和操作都比较复杂的工程来说，进行控制就是必需的和不可避免的了。工程控制的必要性主要是由下述原因决定的：其一，环境的变化。如果工程面对的是一个完全静态的环境，其中各个影响工程活动的因素不发生变化，那么，工程管理人员便可以年复一年、日复一日地以相同的方式组织工程活动，工人可以以相同的技术和方法进行工程作业。但这样的静态环境是不存在的，工程外部的一切都是变化着的。这些变化必然要求工程对原先制定的计划，进而对工程实施的内容作相应的调整。其二，管理权力的分散。只要工程活动达到一定规模，工程主管就不可能直接地、面对面地组织和指挥全体员工的劳动。时间与精力的限制要求他委托一些助手代理部分管理事务。同样，这些助手也会再委托其他人帮助自己工作，这便是工程管理层次形成的原因。为了使助手有效地完成受托的部分管理事务，高一级主管必然要授予他们相应的权限。因此，任何工程的管理权限都制度化或非制度化地分散在各个管理部门和层次。工程分权程度越高，控制就越有必要。每个层次的主管都必须定期或非定期地检查直接下属的工作，以保证授予他们的权力得到正确利用及利用这些权力组织的业务活动符合计划与工程目的的要求。如果没有控制，没有为此而建立的相应控制系统，管理人员就不能检查下级的工作情况。即使出现权力的滥用或活动不符合计划要求等其他情况，管理人员也无法发现，更无法采取及时的纠正行动。其三，工作能力的差异。即使工程实施制定了全面完善的计划，经营环境在一定时期内也相对稳定，对工程活动的控制也仍然是必要的。这是由不同组织成员的认识能力和工作能力的差异所造成的。完善计划的实现要求每个部门的工作严格按计划的要求来协调地进行。然而，由于组织成员是在不同的时空进行工作的，他们的认识能力不同，对计划要求的理解可能有差异，即使每个员工都能完全正确地理解计划的要求，但由于工作能力的差异，他们的实际工作结果也可能在质和量上与计划要求不符。某个环节可能产生的这种偏离计划的现象，会对整个工程活动的进行造成冲击。因此，加强对这些成员的工作控制非常必要。

在工程实施过程中，控制的性质、内容、范围是不相同的，因而控制也分为许多不同的类型。一般情况下，我们根据控制的时间不同，将控制分为事先控制、现场控制和事后控制三种基本类型。

事先控制，也称预先控制、前馈控制。它是指为贯彻和落实计划所规定的活动内容而做的管理上的努力。事先控制的中心问题是防止工程中所使用的资源在质和量上产生偏差，因此，事先控制主要是指对资源投入的控制。事先控制要保证人、财、物等资源符合计划所规定任务的要求。事中控制，也称现场控制。它是指管理者在工作现场指导、监督下属的工作，其目的是保证计划目标的完成。事中控制的着重点根据计划的要求与执行计划人员的具体情况而定。事中控制是一种面对面的领导，管理者的工作作风和领导方式对控制的效果有很大的影响作用。事后控制，也称反馈控制。它是指根据已取得的关于行动结果的信息，对下一步的行动做出进一步的纠正。它是根据工作的实际情况或过去的资料分析系统运行的变化状态，预测未来，找出变动原因，采取相应措施所进行的控制。事后控制不仅仅是对管理活动实际运行的结果及标准的偏离状态，还对运用科学的方法和手段进行分析，及时发现可能发生的问题而进行的控制。

控制的过程包括三个基本环节的工作：确立标准；衡量成效；纠正偏差。

确立标准。工程标准是人们检查和衡量工作及其结果（包括阶段结果与最终结果）的规范。制定工程标准是进行控制的基础。没有一套完整的工程标准，衡量绩效或纠正偏差就失去了客观依据。确定控制对象。工程标准的具体内容涉及需要控制的对象。工程活动的成果是需要控制的重点对象。控制工作的最初动机就是要促进或比较有效地取得预期的活动结果。因此，要分析工程需要什么样的结果。确定了工程活动需要的结果类型后，要对它们加以明确的、尽可能定量的描述，也就是说，要规定需要的结果在正常情况下希望达到的状况和水平。要保证工程取得预期的成果，必须在成果最终形成以前进行控制，纠正与预期成果的要求不相符的活动。因此，需要分析影响工程实施结果的各种因素，并把它们列为需要控制的对象。影响工程成果的主要因素有：

一是关于环境特点及其发展趋势的假设。工程在特定时期的活动是根据决策者对工程环境的认识和预测来计划和安排的。如果预期的环境没有出现，或者工程外部发生了某种无法预料和不可抗拒的变化，那么原来计划的活动就可能无法继续进行，从而难以为工程带来预期的结果。因此，制定计划时所依据的对工程环境的认识应作为控制对象，列出"正常环境"的具体标志或标准。

二是资源投入。工程成果是通过对一定资源的加工转换得到的。没有或缺乏这些资源，工程活动就会成为无源之水、无本之木。投入的资源，不仅会影响工程活动的按期、按量、按要求进行，从而影响最终的工程成果，而且其取得费用会影响工程成本。因此，必须对资源投入进行控制，使之在数量、质量以及价格等方面符合预期成果的要求。

三是组织的活动。输入到工程活动中的各种资源不可能自然形成产品。工程活动成果是通过全体员工在不同时间和空间上利用一定技术和设备对不同资源进行不同内容的加工劳动才最终得到的。员工的工作质量和数量是决定工程成果的重要因素，因此，必须使员工的活动符合计划和预期结果的要求。为此，必须建立员工的工作规范；各部门和各员工在各个时期的阶段成果的标准，以便对他们的活动进行控制。

管理者无力、也无必要对所有成员的所有活动进行控制，而必须在影响工程成果的众多因素中选择若干关键环节作为重点控制对象。如：第一，生产率。生产率标准可用来衡量工程各种资源的利用效果，通常用单位资源所能生产或提供的产品数量来表示。其中，最重要的是劳动生产率标准。工程其他资源的充分利用在很大程度上取决于劳动生产率的提高。第二，员工。工程的长期发展在很大程度上依赖于人员素质的提高。为此，需要测定工程目前的活动以及未来的发展对职工的技术、文化素质的要求，并与他们目前的实际能力相比较，以确定如何为提高人员素质采取必要的教育和培训措施。要通过人员发展规划的制定和实施，为工程及时供应足够的经过培训的人员，为员工提供成长和发展的机会。员工的工作态度对工程目前和未来的成就有着非常重要的影响。测定员工态度的标准是多个方面的。比如，可以通过分析离职率、缺勤率来判断员工对工程的忠诚；也可通过统计改进作业方法或管理方法的合理化建议的数量来了解员工对工程的关心程度；还可通过对定期调查的评价分析、来测定员工态度的变化。如果发现员工态度不符合工程的预期，那么任其恶化是非常危险的，管理者应采取有效的措施来提高他们在工作或生活上的满足程度，以改变他们的态度。

工程的存续是以社会的承认为前提的。而要争取社会的承认，工程必须履行必要的社会责任，包括提供稳定的就业机会、参加公益事业等多个方面。公共责任能否很好地履行关系到工程的社会形象。管理者根据有关部门对公众态度的调查，了解工程的实际社会形象同预期的差异，改善对外政策，提高公众对工程的满意程度。

控制的对象不同，为它们建立标志正常水平的标准的方法也不一样。一般来说，工程可以使用的建立标准的方法有三种：利用统计方法来确定预期结果；根据经验和判断来估计预期结果；在客观的定量分析的基础上建立工程标准。统计性标准，也叫历史性标准，是以分析反映工程在历史各个时期状况的数据为基础来为未来活动建立的标准。这些数据可能来自本工程的历史统计，也可能来自其他工程的经验；据此建立的标准，可能是历史数据的平均数，也可能是高于或低于中位数的某个数。根据评估建立标准。实际上，并不是所有工作的质量和成果都能用统计数据来表示，也不是所有的工程活动都保存着历史统计数据。对于新从事的工作，或统计资料缺乏的工作，可以根据管理人员的经验、判断和评估来为之建立标准。利用这种方法来建立工程标准时，要注意利用各方面的管理人员的知识和经验，综合大家的判断，给出一个相对先进合理的标准。

严格地说，工程标准也是一种用统计方法制定的控制标准，不过它不是对历史性统计资料的分析，而是通过对工作情况进行客观的定量分析来进行的。比如，机器的产出标准是其设计者计算的在正常情况下被使用的最大产出量；工人操作标准是劳动研究人员在对构成作业的各项动作和要素的客观描述与分析的基础上，经过消除、改进和合并而确定的标准作业方法；劳动时间定额是利用秒表测定的受过训练的普通工人以正常速度按照标准操作方法进行某个（些）工序所需的平均必要时间。

工程实施中的偏差如能在产生之前就被发现，则可以指导管理者预先采取必要的措施加以避免。这种理想的控制和纠偏方式虽然有效，但其现实可能性不是很高。并非所有的管理人员都有卓越的远见，同时也并非所有的偏差都能在产生之前被预见。在这种限制条件下，最满意的控制方式应是必要的纠偏行动能在偏差产生以后迅速采取。为此，要求管理者及时掌握能够反映偏差是否产生、并能判定其严重程度的信息。用预定标准对实际工作成效和进度进行检查、衡量和比较，就是为了提供这类信息。

为了能够及时、正确地提供能够反映偏差的信息，同时又符合控制工作在其他方面的要求，管理者在衡量工作成绩的过程中应注意以下几个问题。

通过衡量成绩，检验标准的客观性和有效性。衡量工作成效是以预定的标准为依据的，但利用预先制定的标准去检查各部门在各个阶段的工作，这本身也是对标准的客观性和有效性进行检验的过程。检验标准的客观性和有效性，是要分析通过对标准执行情况的测量能否取得符合控制需要的信息。在为控制对象确定标准的时候，人们可能只考虑了一些次要的因素，或只重视了一些表面的因素，因此，利用既定的标准去检查人们的工作，有时并不能达到有效控制的目的。比如，衡量职工出勤率是否达到了正常水平，不足以评价劳动者的工作热情、劳动效率或劳动贡献。在衡量过程中对标准本身进行检验，就是指出能够反映被控制对象的本质特征，从而选择最适宜的标准。要评价员工的工作热情，可以考核他们提供有关工程活动或技术改造合理化建议的次数；评价他们的工作效率，可以计量他们提供的产品数量和质量等。由于工程中许多类型的活动难以用精确的手段和方法加以衡量，建立标准也就相对困难，因此，管理者可能会选择一些易于衡量、但并不反映控制对象特征的标准。比如，科研人员和管理人员的劳动效果，并不总能用精确的数字表示出来，有关领导可能根据研究小组上交研究报告的数量和质量来判断其工作进展；或根据科室是否整齐划一、办公室是否挂满了各种图表来判断管理人员的工作努力程度。衡量过程中的检验就是要辨别并剔除这些不能为有效控制提供必需信息、容易产生误导作用的不适宜标准。

正如我们在有效控制的要求中分析的，控制过多或不足都会影响控制的有效性。这种"过多"或"不足"，不仅体现在控制对象、衡量标准的数目选择上，而且表现在对同一标准的衡量次数或频度上。对影响各种结果的要素或活动过于频繁的衡量，不仅会增加控制的费用，而且可能引起有关人员的不满，从而影响他们的工作态度；而检查和衡量的次数过少，则可能使许多重大的偏差不能及时发现，从而不能及时采取措施。以什么样的频度，在什么时候对某种活动的绩效进行衡量，这取决于被控制活动的性质。需要控制的对象可能发生重大变化的时间间隔是确定适宜的衡量频度所需考虑的主要因素。管理人员经常在他们方便的时候，而不是在工作绩效仍"在控制中"（即可能因人们采取的措施而改变时）进行衡量。这种现象必须避免，因为这可能导致行动的迟误。

负有控制责任的管理人员只有及时掌握了反映实际工作与预期工作绩效之间偏差的信息，才能迅速采取有效的纠正措施。然而，并不是所有的衡量绩效的工作都是由主管直接进行的，有时需要借助专职的检测人员。因此，应该建立有效的信息反馈网络，使反映实际工作情况的信息适时地传递给适当的管理人员，使之能与预定标准相比较，及时发现问题。这个网络还应能及时将偏差信息传递给被控制活动有关的部门和个人，以使他们及时知道自己的工作状况、为什么错了，以及需要怎样做才能更有效地完成工作。建立这样的信息反馈系统，不仅更有利于保证预定计划的实施，而且能防止基层工作人员把衡量和控制视作上级检查工作、进行惩罚的手段，从而避免产生抵触情绪。

利用科学的方法，依据客观的标准，对工作绩效进行衡量，可以发现计划执行中出现的偏差。纠正偏差就是在此基础上，分析偏差产生的原因，制定并实施必要的纠正措施。这项工作使得控制过程得以完整，并将控制与管理的其他职能相互联结：通过纠偏，使组织计划得以遵循，使组织结构和人事安排得到调整。为了保证纠偏措施的针对性和有效性，必须在制定和实施纠偏措施的过程中注意下述问题：

并非所有的偏差都可能影响工程的最终成果。有些偏差可能反映了计划制定和执行工作中的严重问题，而另一些偏差则可能是一些偶然的、暂时的、区域性因素引起的，从而不一定会对工程活动的最终结果产生重要影响。因此，在采取任何纠正措施以前，必须首先对反映偏差的信息进行评估和分析。首先，要判断偏差的严重程度，是否足以构成对工程活动效率的威胁，从而值得去分析原因，采取纠正措施；其次，要探寻导致偏差产生的主要原因。纠正措施的制定是以偏差原因的分析为依据的。而同一偏差则可能由不同的原因造成。不同的原因要求采取不同的纠正措施。要通过评估反映偏差的信息和对影响因素的分析，透过表面现象找出造成偏差的深层原因；在众多的深层原因中找出最主要者，为纠偏措施的制定指导方向。

确定纠偏措施的实施对象。需要纠正的不仅可能是工程的实际活动，也可能是组织这些活动的计划或衡量这些活动的标准。在这些情况下，首先要改变的是衡量这些工作的标准或指导工作的计划。预定计划或标准的调整是由两种原因决定的：一是原先的计划或标准制定得不科学，在执行中发现了问题；二是原来正确的标准和计划，由于客观环境发生了预料不到的变化，不再适应新形势的需要。负有控制责任的管理者应该认识到，外界环境发生变化以后，如果不对预先制定的计划和行动准则及时进行调整，那么，即使内部活动组织得非常完善，工程也不可能实现预定的目标。

选择恰当的纠偏措施。针对产生偏差的主要原因，就可能制定改进工作或调整计划与标准的纠正方案。纠偏措施的选择和实施过程中要注意：使纠偏方案双重优化。纠正偏差，不仅在实施对象上可以进行选择，而且对同一对象的纠偏也可采取多种不同的措施。所有这些措施，其实施条件和效果相比的经济性都要优于不采取任何行动、使偏差任其发展可能给工程造成的损失，有时最好的方案也许是不采取任何行动，如果行动的费用超过偏差带来的损失的话。这是纠偏方案选择过程中的第一重优化。第二重优化是在此基础上，通过对各种经济可行方案的比较，找出其中追加投入最少、解决偏差效果最好的方案来给组织实施。

充分考虑原先计划实施的影响。由于对客观环境的认识能力提高，或者由于客观环境本身发生了重要变化而引起的纠偏需要，可能会导致对原先计划与决策的局部甚至全局的否定，从而要求工程活动的方向和内容进行重大的调整，这种调整有时被称为"追踪决策"，即"当原有决策的实施表明将危及决策目标的实现时，对目标或决策方案所进行的一种根本性修正"。

追踪决策是相对于初始决策而言的。初始决策是所选定的方案尚未付诸实施，没有投入任何资源，客观对象与环境尚未受到人的决策的影响和干扰，因此是以零为起点的决策。进行重大战略调整的追踪决策则不然，工程外部的经营环境或内部的经营条件已经由于初始决策的执行而有所改变，是"非零起点"。因此，在制定和选择追踪决策的方案时，要充分考虑到伴随着初始决策的实施已经消耗的资源，以及这种消耗对客观环境造成的种种影响。

注意消除人们对纠偏措施的疑虑。任何纠偏措施都会在不同程度上引起组织的结构、关系和活动的调整，从而会涉及某些组织成员的利益。不同的组织成员会因此而对纠偏措施持不同态度，特别是纠偏措施属于对原先决策和活动进行重大调整的追踪决策时。虽然一些原先反对初始决策的人会幸灾乐祸，甚至夸大原先决策的失误，反对保留其中任何合理的成分，原先决策的制定者和支持者会害怕改变决策标志着自己的失败，从而会对纠偏措施持怀疑和反对的态度，暗地里反对纠偏措施的实施；执行原决策、从事具体活动的基层工作人员则会对自己参与的已经形成的或开始形成的活动结果怀有感情，或者担心调整会使自己失去某种工作机会，影响自己的既得利益而极力抵制任何重要的纠偏措施的制定和执行。因此，控制人员要充分考虑到组织成员对纠偏措施的不同态度，特别是要注意消除执行者的疑虑，争取更多的人理解、赞同和支持纠偏措施，以保证避免在纠偏方案的实施过程中可能出现的人为障碍。

第七章

工程伦理学

顾名思义，工程伦理学的研究对象就是工程伦理，但是在学术界，对工程伦理的理解并不完全一致。从学理上来分析，最狭义的理解是指工程师的职业道德，即作为社会分化和社会分工的结果的职业工程师在从事职业活动时应该遵守的行为规范；其次是指工程活动的发起者、组织者、管理者等作为总的工程活动的参与者或者利益相关者应该要遵守的行为规范；最广义的理解是指，作为以工程活动为核心的时代，应该具备与时代特征相一致的伦理道德规范。当然，在现实中，这三者是相互贯通、相互影响、相互交叉、相互融合的。只是在具体的问题或情境中，不同的解读方式会产生不同的研究重心或研究结论。

第一节　工程伦理学的现状

工程活动是人们为了某种特定需要，综合运用科学技术手段改造客观世界和主观世界，建构人工世界的具体实践活动，它包括工程立项、规划、设计、建设、验收和评估等环节。工程活动带有强烈的目的性，是工程主体依据自己的需要利益等价值尺度自觉创造和建构的结果，工程与价值不能截然分开。工程活动发展的方向、目标、模式选择、组织管理、实施、验收和评估等始终受社会政治、经济、文化结构和占统治地位的阶级利益以及为之服务的意识形态的制约，工程活动负载着价值是一个明显的事实。

近年来，工程伦理应运而蓬勃兴起，工程伦理根据工程活动的社会性、效益性和技术性特征，以工程造福社会、造福人类的人道主义原则为标准，分析工程目标的道德性，阐明工程决策者、设计者、管理者的道德责任。工程实践中利益的多重性，导致了工程价值的多元性。我们知道工程是用科技手段为社会谋求福利的活动，追求利益是工程活动区别于纯科研活动的标志。这就是我们理解的任何工程都是为人做的，任何工程也都是由人做的。在工程活动中，人是首要因素，但问题是社会中的人群都有着不同的利益倾向，不同的人代表着不同的社会利益群体，而任何一个工程又不可能具有完全的利益周延。这正是工程目标的设置和工程在实施过程中影响目标实现的因素，这也是我们对目标进行道德评价时所要关注的重要内容。从工程是为人的角度说，任何一项工程的实施都会给社会的部分人群带来直接的益处，同时，往往难免因为工程的实施而侵害另一些人的利益。像道德主义那样以不伤害他人利益为前提去获得自己的利益情况，在实际的工程建设中很不容易做到。我们在处理这类利益关系时，通常是以集体主义的原则来要求的，即个人服从国家，局部服从整体。那么，为国家建设牺牲个人利益是光荣、高尚、道德的。中国的这一道德传统具有的伟大的历史作用和令人骄傲的强大凝聚力，它可以让国人以国家利益为重，以民族利益为重，在任何艰难困苦的情况下，万众一心，保持民族的独立与尊严。但是我们还应注意，正是民众毫无保留地听从召唤，毫无保留的牺牲精神，使一些重大的工程决策得不到应有的社会监督和必要的道德审视，从而导致失误，给一部分人的利益带来无端的损失，甚至，使一些以造福社会为目标的工程，在付出了代价或牺牲了一部分人的利益后，未产生造福社会的效果。例如，1958 年的大炼钢铁，国家和人民都付出了惨痛的代价。

世界银行的社会学和社会政策高级顾问迈克尔·M·塞尼教授在其《把人放在首位——投资项目社会分析》一书中，讲明了他的工程社会学观点，即：任何工程都只能以造福于民为目标。塞尼认为工程应当对它所侵害的那一部分人的利益有所补偿，以使工程所涉及的所有人都能从中获利。要求工程以满足所有人的利益为前提，在目前的社会阶段不可能做到。不仅像我们这样经济不发达的国家做不到，美国也不能做到。因此，在实际操作中，应该而且必须有功利的计算。也就是说，多数人的幸福和利益与少数人的幸福和利益，长远的幸福和利益与短暂的幸福和利益相比，我们应该做出价值计算，寻求兼顾多数人利益与少数人利益的平衡点。我们不能因为要做一件造福于某一人群的事而损害另一人群的利益，也不能损害少数人的利益。当然，我们更不能一边创造一边破坏，这就要求决策者应该具有群众的观念、全局的观念和长远的观念。例如：经济的发展不能以牺牲环境为代价；我们今天的发展不能以牺牲子孙的发展为代价。

随着许多新技术的发明和应用及人类的生活方式趋于多样化，工程的概念也在不断地深化和扩大，已经出现了系统工程、管理工程、制药工程、信息工程、生物工程、遗传工程、网络工程、环境工程和农业工程等新的工程概念。由此而来，工程的含义有了较大的扩展，工程实践不仅是一个受多种因素制约的复杂的运动体系，而且涉及科学技术在生产过程中的有效应用，还包括组织管理、协调、经济等基本要素，必须协调社会、政治、法律、文化和环境等多种因素才能付诸实施。今天，由于工程已逐步走向规模化，因而，工程也拓展到了一个广阔的空间里。

在过去 3 个多世纪中，围绕工程存在着一个重要"神话"：就是从自然科学的物理事实来描述工程造物。按照这种神话，工程是自然科学的应用分支，工程设计的合法性基础来自工程科学知识，而工程科学作为一个学术领域在很大程度上独立于工程职业实践。

无论什么样的工程科学领域（尤其是数学和物理学）都集中到了类似于逻辑实证主义的经验方法上，认为任何工程设计都可以从科学理论或科学知识推演出来，从而拒绝或忽视有关意义和社会影响的价值判断。但工程毕竟主要是一个造物实践问题，它与其社会背景紧密联系在一起。现代工程最初在18世纪的欧洲产生时主要是指军事工程，19世纪后随着机械、化学和电子工程等的发展才开始逐步与商业企业体制结合起来，工程成了一个重要的职业领域。这时工程师在其工程职业中不得不面临自身与雇主、工程与商业之间的冲突问题，这种冲突直接导致了所说的发生于19世纪末20世纪初美国的"工程师叛乱"。一般认为，这场叛乱的意识形态基础在于工程师开始从追求自由科学理想转向基于经验知识应用的工程职业"责任"意识。这是一种至今都在发挥重要作用的典型工程观，它几乎贯穿于现代主义视角的整个科学史叙事中，并成为科学哲学家长期以来不能认真对待工程知识的重要原因之一。

按照他们的看法，现代社会不是靠传统的具有约束力的价值体系来获得凝聚力，而是靠法律和民主决策机制的调停和决策程序来获得凝聚力。如果在发生涉及工程开发和技术发展的社会冲突时，价值判断不但无益于通过谅解达到冲突的解决，反而会导致冲突各方固执己见并使冲突激化，且对立各方往往援引同样或近似的价值标准为自己的立场辩解，因此援引价值标准本身带有两面性，不能起到指导各方做出一致抉择的作用。于是伦理学便陷入这样一种困境：在现代社会中，由于失去了对大家都有约束力的价值导向，所以人们一方面强烈地呼唤着伦理学，但另一方面却又怀疑形成伦理学的可能性。而且工程职业伦理学强调的责任概念也存在诸多困难，其中最大的困难在于它在普遍意义上无法确定工程设计和开发及其实践后果的具体责任主体。工程师虽然在职业伦理学范围曾经做出过"无限责任"的道德承诺，但在受到来自生态主义的广泛批评之后又不得不将这一承诺缩小为"有限责任"，因此所谓责任伦理难免进入没有受众的道德说教。

行为学告诉我们，人的行为效果除了受主观的行为目标和心理动因的指导外，还受到行为方式、行为手段等因素的制约。因此，对工程的道德审视应该包括对其方式和手段的道德评价，这是因为：第一，虽然行为目标直接体现着行为的道德性，但行为方式、手段的选择直接服务于工程的道德目标，直接影响到工程的最后结果和社会效应。第二，手段选择与目标设立同样都是行为主体有意识的自觉行为，也都具有体现行为者道德价值的意义。第三，方式与手段因为其在社会实践中的可行性而具有行为模式的意义，或者说作为工具它具有普适性，于是，我们就不能不考虑手段在普遍应用中的多种工具价值。因此，工程伦理在判断工程的道德价值时，必须综合考虑目标和手段两方面的因素。

另外，从工程伦理作用的领域看，工程伦理是与工程技术活动联系在一起的道德意识和行为规范，它引导、监督人们进行工程技术活动，主要在工程技术领域发挥其作用；从主体角度看，由于现代工程技术活动是一项涉及社会政治、经济、科技和文化等多方面的活动，各种利益主体参与工程活动，因而，工程伦理的主体也具有复杂性的特点。

政府的工程伦理、企业的工程伦理和工程师的职业伦理构成了工程伦理的三重性结构。

政府的工程伦理。政府工程伦理具有主体身份的双重性、地位的重要性的特点。主体身份的双重性，即政府既是伦理的倡导者，又是伦理的实践者。作为前者，政府必须在全社会树形象，造舆论，唤起全社会的道德良知；作为后者，政府必须言行一致，做有良心的道德典范。地位的重要性。政府的工程伦理构成了政府形象和政府威信的重要内容，政府的工程伦理发生危机，甚至可能会诱发政府的执政危机。

企业的工程伦理。在近代，从古代社会末期就已经萌芽并且生长起来的资本主义企业，开始承担起工程建设的重任并日益成为工程技术社会中的中坚力量，而此时的政府在工程建设中的作用发生了巨大的转向，由工程建设的主要规划者、建设者转变为工程建设的管理者。政府通过制定和审批工程建设的发展规划、颁布工程法律制度来行使其管理者的职责，其作为工程的直接建设者的职能已经弱化了。当然，一些重大的有战略意义的工程还是要由政府来直接参与。现代工程建设主要是在政府的管理下，由企业去独立承担完成的。企业在工程建设的过程中必然关涉伦理问题。这是因为，一方面企业作为独立的经济实体，本质上追求利益的最大化；另一方面，社会要求企业在追求利益的同时，要兼顾国家、社会和他人的利益，这就是说企业在工程建设中必然涉及义利抉择问题。面对这种选择，企业的行为不外乎有三种情形：一是不顾国家和社会的利益，见利忘义，抛弃了起码的企业良心。在现实社会生活中，部分工程类企业为了集团利益，置法律、道德于不顾，铤而走险，陷于不义的泥潭，这是完全丧失工程伦理的表现；二是遵纪守法，以不破坏国家法律为底线，这是企业有一定道德良知的体现，但离大善还有一段距离；三是面对工程实践，企业不仅守法，而且严格自律，在较高程度上实现企业自身利益和社会利益的有机结合，成为对国家、对社会和对人类未来负责的企业典范。企业的工程伦理的特点是：企业工程伦理与企业诚信等一起构成了企业的精神生产力，成为一个企业的核心竞争力和企业文化的重要组成部分。

工程师的职业道德水准。随着工程技术发展到电子、信息时代，大规模的技术设备被用于机器化大生产，生产的发展又为技术革新提供了物质基础，工程技术与经济的紧密结合成为时代的要求。这时，从近代工匠中分离出来的工程师，获得了现代意义：构思工程技术、设计工艺、制定标准、规定操作程序等，工程师的作用在工程创造中得到了很大的提高。工程师这一职业获得比较独立的社会地位，形成了工程师共同体。可见，现代社会工程建设已经大大凸显了工程师的作用，现代工程建设归根到底是由人去完成，特别是工程中具体的勘察、设计、施工和操作都是由技术人员即工程师去完成的。工程师在工程活动中具有举足轻重的作用，工程师的职业伦理水准直接影响着工程价值的实现及其程度。

第二节　工程伦理学的内涵

　　文化的主要功能之一就是为人类的生存与发展提供价值指导，而工程伦理则是工程价值论的核心内容。工程伦理作为工程学与伦理学的交叉学科，属于应用伦理学的范畴，其研究对象就是工程活动中的伦理问题。从工程伦理的研究思路上看，工程伦理可以从两个方面来展开：一是从伦理到工程，用伦理学的视角和方法去发现和研究工程中的伦理问题，以伦理道德引导和约束工程实践的发展；一是从工程到伦理，即研究工程发展对伦理道德的影响，相应改变陈旧的伦理观念和规范，树立新的伦理思想。[①] 从工程伦理主体的角度，可以把工程伦理划分为两个方面的研究：一方面是工程师的行为规范和职业道德；另一方面，作为一种有组织的社会行为，工程活动本身也有自己的价值取向，担负着相应的社会责任，具备伦理维度。

　　根据问题学的思路，所有的学术研究都是问答逻辑，现实生活提出问题，通过理论研究予以解答。因此，提出问题是一切研究的逻辑基点。随着科学技术日新月异的发展，人类工程活动愈加频繁，工程建设的规模愈加宏大，工程成了实现人类理想追求与设计的最基本的物质实现形式，现代化城市开发的住宅、兴建的工厂以及公用事业和基础设施等各类工程，乃至发展新城市、西气东输、南水北调、三峡大坝等这类巨大的综合工程等，越来越成为人类认识和改造客观世界创造现代文明的重要活动。人类已经不仅生存在自然中，而且更直接地生活在工程环境中。现代化的今天，工程在人类发展进程中占据着越来越重要的地位，相应地，工程活动中的伦理问题也越来越引起科技界和社会各界的关注。科技发展使经济发达和人们衣食富足，但也带来了一系列的负面效应，如失业、环境污染、资源短缺、战争、文化衰退、心理扭曲等，从而加剧了人与自然、人与人、人与社会的矛盾。例如：克隆技术对于抢救濒危物种和医学试验起很大作用，但无性繁殖却能带给人类社会混乱和不幸。核武器代表着一个国家的军备实力，但同时给世界带来战争和毁灭的威胁。也就是说工程活动整个过程中都蕴涵着道德问题、渗透着伦理因素，不但涉及人与自然的关系，而且涉及人与人、地区与地区等不同方面的利益关系，因此研究工程伦理问题也就是如何处理人、自然、社会的关系的问题。既然我们已经证明科学技术的运用并不当然的具有合理性，科学家和工程师也并非天然的具备对科技应用的效应做出价值判断和道德选择的能力，那么我们就不能不提出对工程中这个特定职业活动进行道德监督和道德观、价值观引导的问题。

　　在西方，作为一个研究领域，工程伦理源于 20 世纪 70 年代，80 年代逐渐建制化，

---

① 李世新. 工程伦理学研究的两个进路 [J]. 伦理学研究，2006（6）：31-35.

90 年代在美国的工程教育和研究中居于不可或缺的地位。在美国大学中，工程伦理是一门非常普及的课程。大学院校的工程学学科必须通过工程及技术教育认证委员会（ABET）的认证，美国职业工程师（P.E.）执照的考试中也包含了工程伦理的内容。相关的教材主要是以案例研究作为教授工程伦理的核心方法，突出工程伦理问题的现实性与应用性，通过对热点问题的关注引起人们对责任问题、环境问题和工程社团与工程国际化问题的思考。主要内容涵盖了工程师在工程实践中可能会遇到的许多问题，包括伦理分析方法、工程责任、计算机伦理，做一个诚实与可信赖的人的责任，安全与风险，管理者、工程与环境三者之间的关系等。工程伦理和职业标准正日益成为国际化的问题，越来越多的国家正在制定工程注册程序。

如何在中国社会和文化背景下综合考虑工程实践的各方面因素，形成一套理论，是摆在中国研究者面前的一个不可忽视的问题。从目前我国的工程教育实践来看，工程伦理问题还没有引起有关部门的重视，没能进入工程教育体系当中，还只是一些"先知先觉"者的自发研究，主要的研究人员还是哲学和伦理学的学者，而工程界的参与度并不高。因此，更加需要加大对工程伦理的研究和宣传，引起有关方面的重视。

工程伦理着眼点不是建立一套完整系统的理论，而是具体地探讨和解决工程实践中提出的道德课题。解决问题时会因不同个案具体情况的差异无法作出简单一律的判断，需要对具体情况开展个案研究。首先，重视例证和从工程实践中提出的问题，尤其是国外的工程伦理学教材，主要是围绕案例展开论述。其次，开展多学科配合的交叉研究，从而将研究引向深入，并有利于整理出具有广泛适用性的共同原则和方法。在肖平主编的《工程伦理学》中对工程伦理从五个方面进行研究：对工程活动中面临的价值危机及其根源的反省，工程伦理基本原则，不同工程领域的道德问题研究和案例探讨，对工程过程的伦理审视，以及工程师道德规范。[①] 余谋昌认为，工程的伦理基础是公正地处理有关的各种利益关系，主要是业主与承包人的利益关系、工程与社会的利益关系、工程与自然的利益关系，应从实施利益分配的平等原则、公正合理地分配工程效益。工程伦理的道德规范是：责任、公平、安全、风险，前两者是普遍伦理原则，后两者是工程伦理特有的原则。[②]

工程伦理作为一门单独的学科，是旨在理解应当用以指导工程实践的道德价值、解决工程中道德问题以及论证与工程有关的道德判断的活动，通过对工程活动中的道德价值审视，帮助那些从事工程活动的人们建立起明确的社会责任意识、社会价值眼光和对工程综合效应的道德敏感，以使他们在其职业活动中能够清醒地面对各种利益与价值的矛盾，作出符合社会共同利益和长远发展要求的判断和抉择，并以严谨的科学态度与踏实的敬业精神为社会创造优质的产品和服务。通过关注工程伦理问题及对工程活动中的

① 肖平. 工程伦理学 [M]. 北京：中国铁道出版社，1999.
② 余谋昌. 关于工程伦理的几个问题 [J]. 武汉科技大学学报（社会科学版），2002（1）：1-3.

道德价值审视，不仅有利于纠正业界对工程中出现问题的片面认识，而且可以对工程活动进行有效的制约与监督，对工程活动的决策者、参与者进行伦理道德教育。使工程实践过程中的各方面自觉肩负起对人类健康、安全与福利的责任。

工程实践中，不仅涉及个人层面的道德行为和价值观念问题，而且事关整个社会的道德取向和价值规范问题。科技界和全社会都应当关注工程伦理中的社会责任问题，正确地利用科技成果为社会造福，最大限度地避免由于工程而给社会带来的负面影响。随着中国经济的快速发展和许多重大工程项目的实施，越来越多的工程伦理问题已经显露在我们面前。因此，在我国推进职业化与建设小康社会和和谐社会的背景下，职业伦理特别是工程伦理将越来越多受到关注。中国特殊的国情也为研究发展中国家的工程伦理提供了宝贵的经验。

第三节　中国工程伦理实践的历史与现状

中国工程伦理是特定历史背景下的产物，是在新的国家体制和具体国际形势下发展起来的，具有独特性，如家国情怀浓郁、行政色彩浓厚、建制化程度低等。法国巴斯德曾说过："科学虽然没有国界，但是学者却有他自己的国家。"科技工作者作为人民群众中的一员，无不受爱国主义教育和家国情怀的熏陶。我国传统文化中的爱国主义思想已经深深融入中国人的血脉，"修身齐家治国平天下"，从古至今就是人们追求的人生理想，我国很多科学家也是凭着对祖国的深厚情怀投身于科技工程事业当中，自觉严格道德自律，从而实现自己的人生理想和社会价值，这样的科学家代表有很多，如钱学森、华罗庚、李四光、邓稼先等，这些伟大的科学家是怀着满腔爱国热血求学国外、学成归国、报效祖国的先进代表，正是他们的无私奉献才促进了中国独立自强的发展。"中国工程伦理规范的发展路径就是一部救国、兴国、强国的史诗，工程伦理规范具有浓郁的家国情怀。"科技工作者或工程师是社会主义的建设者和民族伟大复兴的先锋队，工程师的伦理指向和道德行为直接决定着国家的发展方向和民族的前途命运。进入新时代的中国工程师，要把实现国家富强、民族振兴、人民幸福作为伦理规范的首要原则。

近代中国社会政治经济的动荡使得中国工程职业社团的发展路程曲折，不仅起步晚，且受西方职业社团的影响较大。由于中国特殊的国情，使得中国工程职业社团的发展走的是一条独特的路径。新中国成立后，我国建立的主要学会要么由政府直接管理，要么挂靠国家的某个部门，政府成为制订工程伦理规范的主体，给予学会很大的支持和帮助。例如，中国科学技术协会的成立加强了对全国协会、专业学会和科研组织的领导和管理，中国工程院成为国务院直属事业单位，中国土木工程学会挂靠建设部。然而，随着市场化进程的加快和工程事业的发展，挂靠体制的弊端日益显现。工程伦理规范作用的对象是工程师，只有工程师才能真正发现工程实践中暴露的道德问题和陷入的伦理困境，才能找出造成工程职业组织内部伦理秩序失范的原因。由于社团行政色彩浓厚，缺乏自治，工程师缺乏自主性，使得工程职业社团缺乏活力，相关的伦理意识没有觉醒、道德理想没有树立、规范制度没有构建，致使工程伦理规范发展缓慢，因此阻碍了工程事业的发展。

中国工程伦理起步晚，在曲折中缓慢发展，建制化程度低。很多学会关注工程职业规章、认证、准入、技术标准等制度建设，而忽视伦理规范的制定，或者只是在宗旨或规章之中体现零星的伦理意识，只有少数学会建立了专门的伦理规范章程或工程师信条，即便制订了伦理规范，也多是原则性表达，可操作性较弱甚至对违反伦理道德的工程师或工程行为没有任何限制作用。究其原因，是因为没有形成科技工程的伦理规范体系或制度，单个的伦理原则、伦理规范或工程师信条，不足以规范工程师的道德行为或职业活动。纵观中国工程伦理规范走过的百年历史，只有中国工程院 2014 年出台了《中国工程院院士科学道德守则》和《中国工程院院士违背科学道德行为处理办法》，同时还成立了科学道德建设委员会。这样才在一定程度上约束工程师遵守道德守则，使工程伦理规范不会成为抽象、空洞的口号。目前，日益复杂的工程活动给工程伦理规范的制订提出了更高要求，除了各专业学会要制订专门的伦理规范外，工程师还要建立统一的工程伦理规范，同时要确定伦理规范的优先次序，避免在工程活动中产生不必要的伦理冲突，摆脱有义务无责任的尴尬境地。

科技社团是联系党和国家科技工作者的组织，20 世纪初，西方主要工程协会开始提出自己的伦理规范，其他工程师社团顺势而为，也陆续出台自己的伦理守则。中国工程伦理在效仿西方的过程中，由于不同时期的国情和国际形势而发展出自己独特的路径，先后经历三个时期：孕育与创建时期，关注工程师的职业操守和实业救国；重建与停滞时期，强调工程师的行业责任和工程兴国；恢复和发展时期，重视工程师的行业责任、社会责任和科技强国使命。

孕育与创建时期（1912—1949 年）：1949 年前的中国工程伦理规范的发展路径，可以从探究中国工程师学会的伦理规范发展路径中得出。这一时期，中国工程伦理规范主要强调的是工程师的职业操守，特别强调对雇主、国家的责任，倡导实业救国。作为中国历史上第一个工程方面的学术学会，中国工程师学会的成立在我国工程史上，甚至在整个科技史上都具有开创性的意义。1912 年，三个工程师学术团体（广东中华工程师会、中华工会和路工同人共济会）决定组成统一的工程师会，于 1913 年在汉口命名为"中华工程师会"，1915 年更名为"中华工程师学会"。该学术团体成员主体为土木工程师，其宗旨主要是发展工程事业，开展工程学术调研与交流，为实际工程事业做支撑。1912-1931 年，是我国工程伦理规范的孕育时期，虽然没有出台正式的伦理规范，但工程师们已经意识到自身在工程事业中扮演的重要角色，所以，工程师的伦理意识开始蕴含于学会的宗旨当中。《中华工程师会简章》规定其宗旨为"发达工程事业，俾得利用厚生，增进社会之幸福"，着重体现出工程师对雇主、同行、职业的责任。

1931年中华工程师学会首次明确提出了文本形式的工程伦理准则。同年8月"中华工程师学会"与1918年由从事科技方面的留学生组成的"中国工程学会"合并为"中国工程师学会"。该会的宗旨是"联络工程界同志协力发展中国工程事业，并研究促进各项工程学术"。在成立之初，中国工程师学会受专业背景和美国伦理规范的影响，于1933年首次制定了《中国工程师信守规条》，其内容包含六条准则：①不得放弃或不忠于职务；②不得授受非分之报酬；③不得有倾轧排挤同行之行为；④不得直接或间接损害同行之名誉或者业务；⑤不得以卑劣之手段，竞争业务或者位置；⑥不得有虚伪宣传或者其他有损职业尊严之举动。这六条准则实际上是以文本的形式明确规范了工程师对雇主或客户、同行以及职业所要承担的责任，至此，我国第一个正式的工程伦理规范诞生了。但该伦理规范仅仅从禁止不当行为的方式提出伦理规范，使得伦理规范的范围局限在有限的伦理责任内，而道德却游离于伦理规范之外，让工程师面对工程中出现的伦理问题时经常陷入道德抉择困境。

1936年5月23日，中国土木工程学会作为中国工程师学会的分科学会在杭州成立，与中国工程师学会组成联合执行部，共同举办学术年会，宗旨与任务基本相同。随着日本侵略者的深入，中华民族面临着前所未有的亡国威胁，中国工程师决心担负起救亡图存的重任，中国工程师学会于1941年将《中国工程师信守规条》更名为《中国工程师信条》，相较于1933年的《中国工程师信守规条》，该信条把中国工程师的职责和使命上升到了国防、经济、民生等国家利益高度，工程师的职业操守、工业化使命是与爱国精神紧密相连的。从禁止性规范改成应然性规范，拓宽了伦理规范的适用领域，其倡导的优先准则由之前的对行业的责任改成对国家民族的责任。战争让工业的重要性凸显，尤其是军事行业，显然，工程伦理规范的制定具有浓厚的政治色彩。

1945年7月1日，受英国科学工作者协会影响的涂长望组织成立中国科学工作者协会，其宗旨为："致力科学建国工作；合理运用科学技术；改善科学工作条件及保障科学工作者的生活"。该宗旨虽然没有明确的伦理规范，但彰显了其建会的初衷和使命，即科技建国和对客户、同僚、行业、民族负责的职业操守。作为中国科学技术协会的前身，科学工作者协会对促进科技的合理运用和战后建国需要的科学判断都做了大量工作，也为中国科学技术协会的诞生做了必要准备。

重建与停滞时期（1949—1978年）：这一时期的工程伦理意识或规范的重点是关注工程师的行业责任，力图发展工程事业以促进国家兴盛。中国科学院于1949年11月1日成立，肩负起工程振兴的使命，并成为中国工程伦理规范建设的典范。中国科学院学部的成立和院士制度的建立，将全国最优秀的科学家团结在一起，共谋国家科技发展，进一步确立了其学术中心地位。"建院以来，中国科学院在党中央、国务院领导下，以'创新科技、服务国家、造福人民'为己任，与祖国同行，与科学共进，为我国经济发展、社会进步、国家安全作出了彪炳史册的重大贡献，成为一支党、国家、人民可以依靠、可以信赖的国家战略科技力量。"这体现了中国科学院的建院宗旨和伦理指向，把科技作为个人事业成败和国家事业兴衰的关键因素，职业责任更加注重国家利益。1953年9月20日，中国土木工程学会在北京宣布重建，1954年该学会挂靠建筑工程部。该会宗旨为"团结全国土木工程工作者，在技术与政治相结合的基础上，配合国家需要，开展各种有关土木工程的学术研究，并总结和交流工作经验，以提高科学技术水平，为完成国家文化经济建设而服务。"中国土木工程学会为新中国的建设作出了重大贡献，土木工程师以国家经济建设为重建时期首要的责任。1958年9月25日，经党中央批准，全国科联和全国科普合并，成立中国科学技术协会（简称"中国科协"）。"中国科协"一经成立，就确定了具体任务，即协助有关单位开展科研工作，加强学术交流和技术推广，培养科技人才和团结知识分子，促进国际学术交流和保卫和平，等等。作为全国科学技术工作者的联合组织"中国科协"所属学会多达两百多个，其制定的宗旨、原则、规范等对所属会员学会都适用，从这个意义上说，中国科学技术协会的工程伦理规范的演变过程，一定程度上代表了接下来一段时期中国工程伦理规范的历史路径。1962年，电子界工作者和单位等自愿组建中国电子学会，成为中国科学技术协会的组成部分，其宗旨是遵守国家相关法律法规和社会道德规范，尊重人才，尊重知识，积极倡导"团结、创新、求实、奉献"的精神，促进电子信息科学技术的发展和普及，等等。该宗旨强调了工程师要遵守道德规范和职业精神，促进行业发展和服务社会主义建设。同年，作为中国电子学会的专业学会成员的中国计算机学会成立，学会的宗旨是为本领域专业人士的学识和职业提供服务，推动科技进步，引领学术发展等。

随着"大跃进"和人民公社化运动的开展，工程建设特别是钢铁、采矿等工程项目如火如荼地开展，然而，该阶段的伦理意识只是零星地出现在部分学会或科技工程部门的章程宗旨中，且观念淡薄，无清晰的表达，更没有制定成文的工程师伦理。从1966年开始，由于"文革"的展开，经济建设的步伐停止，各协会工作也普遍叫停，工程伦理规范的历史进程随之进入停滞阶段。

恢复与发展时期（1978年至今）：1978年，党的基本路线做出了重大调整，坚持以经济建设为中心，开启了改革开放的伟大征程。从1978年开始，各学会工作逐渐恢复，广大科技工作者积极投身于社会主义现代化建设当中。在这个时期，工程相关学会和部门在制定伦理规范时，强调工程师的行业责任（主要表现为科研诚信问题，即对同僚、行业的责任）和社会责任，既要加快科技强国的步伐，也要承担社会责任，如尊重他人、保障工程安全、节约资源、保护环境、保障民众福祉、关注社会问题等，这体现了工程师伦理责任的价值转向，从盲目追求利润向承担社会责任过渡。随着信息技术的发展和智能时代的到来，科技的创新推动着工程行业的迅猛发展，国家间的竞争转变为科技创新的角逐，要实现中华民族的伟大复兴必须走科技强国之路。这一时期，引领中国工程伦理规范制订与实践的主要是中国科协、中国工程院、中国科学院。

1982年，首都科学家和科技界百名人士号召制定《首都科技工作者科学道德规范》，中国科协于同年6月16日转发了该通知，表明其在工程伦理规范的立场。该伦理规范主要阐明了科技工作者在国家建设、科学探索、民主办会和行业协作等方面的道德责任。2007年1月16日，中国科协审议通过了《科技工作者科学道德伦理规范（试行）》，该规范强调科学道德和学风建设，明确学术道德规范的具体事项，界定学术不端行为，并提出相应监管措施，强调科技工作者科技兴国、为民服务的使命。2017年7月13日，针对我国科技界遭遇的撤稿事件，中国科协印发《科技工作者自律规范》，要求所属各学会、高校、企业等广大科技工作者坚持四个"自觉"和坚守四个"底线"，增强道德自律，履行应尽职责，遵守科技道德规范，营造并维护良好科技学术环境，号召并指导建立道德委员会，保障科技事业朝着正确、健康、向善的方向发展。

中国工程院于1997年通过《中国工程院科学道德建设委员会的职能及工作制度》，用以指导并推动中国工程院院士自身及学部的科研建设和道德建设，捍卫科学尊严和纠正不良学风等。1998年5月，《中国工程院院士科学道德行为准则》的出台对规范全体院士的科研行为起到重要作用。2004年，中国工程院召开第8届中日韩（东亚）工程院圆桌会议，会议特别重视对工程师队伍的道德建设，三方联合发出《关于工程道德的倡议》，呼吁工程师"在做出工程决定时，要承担保证社会安全、健康和福利的责任"，并且要"为实现可持续发展，做出应有的努力"。2009年8月26日，中国工程院等十部门联合发布《关于加强我国科研诚信建设的意见》，规范科技工作者的科研行为，为自主创新和科技事业发展营造良好的科研环境以建设创新型国家。2012年，中国工程院出台《中国工程院院士科学道德守则》，用以规范院士的科研行为。2014年12月9日，中国工程院审议通过《中国工程院院士科学道德守则》（简称《守则》）和《中国工程院院士违背科学道德行为处理办法》（简称《办法》），这标志着我国的工程伦理规范从描述性规范向事件性规范迈出了重要一步。《守则》从发扬学术民主、反对学术不端、规范学术兼职、接受社会监督以及严格处理机制等五个方面进行阐述。《办法》于2017年进行了修订，主要对违背科学道德的行为进行了界定，并提出处理的详细办法和处罚措施，有效地保障了《守则》的实施。院士是对我国科技发展具有重大推动力的高科技人员，甚至决定着某个领域或行业的发展方向和前途命运，只有对院士的科研行为进行伦理规范，才能保证工程项目朝着正确的方向发展，才能为社会主义现代化建设增添助力。

2007年2月，中国科学院向社会发布《关于科学理念的宣言》（简称《宣言》）和《中国科学院关于加强科研行为规范建设的意见》（简称《意见》）。《宣言》号召广大科技人员承担更大的社会责任，遵守人类社会和生态的基本伦理，珍惜与尊重自然和生命，尊重人的价值和尊严，从社会、伦理和法律的层面规范科学行为，并向公众科普科学知识和理念。《意见》着重学术环境建设，要求全院科技工作者遵守公民道德准则等内容。中国科学院设立了科研道德委员会及院属科研道德机构，以落实《意见》中的要求和规范。2014 年，中国科学院通过《中国科学院院士行为规范》，分别对所属院士的科学道德行为、社会活动行为以及增选工作行为进行规范，工程伦理规范主要包括发展真理，寻找科学价值，反对科研不端，践行学术规范，发扬学术民主，关注社会问题，遵守科技伦理等内容。

从以上主要学会和科研机构的伦理规范可以看出，改革开放以后中国工程伦理规范的发展路径，在其影响下，很多专业学会也陆续制定具体的工程伦理规范，开启了中国工程伦理规范的建制化进程。这些专业学会的工程伦理规范强调工程师的行业责任和社会责任，并以科技强国为目标。中国工程咨询协会于 1999 年制定并在 2010 年修订了《中国工程咨询业职业道德行为准则》。2002 年 2 月 3 日，中国机械工程学会出台《中国机械工程师学会学术道德规范》，目的在于加强学术管理，维护学会良好声誉，最后一点是恪守社会责任，保持自然生态文明，造福中华民族和全人类。2002 年 6 月，中国建设工程造价管理协会通过《造价工程师职业道德行为准则》。2006 年 6 月 3 日，中国计算机学会制定了五条具体道德规范，即尊重知识产权、尊重事实、公正客观评价作品、公正评审评奖、禁止一稿多投，这五条道德规范侧重工程师学术道德。2009 年 2 月，中国设备监理协会颁布《设备监理工程师职业道德行为准则》。2011 年中国化学纤维工业协会出台职业道德准则，主要内容为：遵纪守法，不谋私利，热爱化学纤维行业和本职工作，坚持安全为先和质量第一，树立社会责任意识坚持节能减排和绿色发展，实现企业、行业和社会和谐发展。2014 年 1 月 20 日，中国勘察设计协会通过了《工程勘察与岩土工程行业从业人员职业道德准则》……这些伦理准则涉及工程师对于社会、客户、同行、职业等多方责任。中国建设监理协会提出《建设监理人员职业道德行为准则（试行）》审议稿，其责任对象涵盖客户、公众、同行及职业。

该时期，中国工程伦理意识开始有了清晰的表达，多个学会逐步建立了伦理规范，随着我国工程事业突飞猛进的发展，中国工程伦理规范进入前所未有的发展时期。一方面，随着网络技术的发展，科研不端和科研不当行为增多，科研诚信问题成为该阶段工程师行业责任的重要命题。另一方面，从最初追逐"工程速度"向追求"工程质量"转变，再到向工程既要质量又要速度的趋势发展，这其中体现的正是工程师首要伦理责任的转变，即对雇主的责任逐渐上升到对国家、社会、行业的责任。

中国工程伦理的发展经历了从离散的伦理意识到工程师信条，从伦理规范走向制度化的过程。但中国工程伦理规范的发展还存在不少问题，如体制化建设刚刚起步，缺乏职业自治和国际合作，科技飞速发展给伦理规范提出新的挑战等。由此可以预见未来中国工程伦理规范的发展趋势：设定一致的伦理规范标准，构建工程伦理规范体系；促进职业自主化和国际化，占领国际伦理规范制定主导权；工程伦理规范向智能化方向发展。

工程师伦理所涉及的伦理价值会随着科技工程事业的发展不断丰富，伦理规范标准也会根据工程实践的复杂性和社会的多样性而做出相应调整。工程伦理规范标准应该包含以下几个方面：①伦理规范的价值标准，如工程行为的道德正确性标准；②伦理规范的责任对象；③所要达到的伦理目标；④伦理规范的应用对象，是应用于整个行业的所有成员还是某个职业成员等；⑤伦理规范的制定主体；⑥伦理评估标准，如工程行为合理性研究等。制定伦理规范标准的过程中，要把握适度原则，既要把传统伦理范畴融入职业实践，又不能无限扩大工程师责任履行或提高伦理标准从而给他们造成负担。伦理规范标准设定后，要制订相应的伦理规范原则、行为准则和处理办法，建立伦理审查委员会、执行机构和工程师信用系统，建立高校工程伦理教育制度和职业道德再教育平台等，构建起工程伦理规范体系，为科技工程事业发展保驾护航。各专业学会成立的初心大多是以促进本行业自身发展为目标，在反映社会需求、提高社会服务、遵守职业道德、调节资源分配等方面发挥重要作用，为政府治国理政助力。各专业学会作为联系政府和科技工作者的重要桥梁和纽带，在促进政府职能转变的过程中，要坚持自己的底线，明确角色定位，保有个体自主和职业自治空地。工程伦理规范要真正实现其价值，就必须以各专业学会或科研工作者为主体进行制定。个体自主和职业自治中出现的道德义务冲突推动了工程伦理规范的制定，反过来，工程伦理规范的完善有利于推进职业发展和职业自治，维护职业荣誉。在这个意义上可以说，工程伦理规范确保工程成为一种职业，以及具体表达了工程师的道德理想。工程职业协会在创立之初就把推进技术发展和信息交流作为发展目标，工程职业协会要促进同行业学会之间的交流、不同行业学会的沟通，更要与国外的同行业和不同行业的学会合作，实现政策制度沟通、设施技术连通、职业精神相通，让中国伦理规范的发展与国际接轨，并尽快实现赶超，掌握国际工程伦理规范制定的主导权，发出中国声音，提升国家软实力，以便为科技工程事业的发展提供良好的国际环境，从而实现从工程大国到工程强国的飞跃。因此，促进职业自主化和国际化，占领国际伦理规范制定主导权，将成为中国工程伦理规范的发展重点。

第八章

工程社会学

本章学习资源

配套慕课视频

第一节 工程社会学概述

自从奥古斯特·孔德开创社会学这门学科以来，在一百多年的进程中，社会学已经发展成为一门理论内容广博、学术流派纷呈、分支学科众多、研究方法多样、经验研究丰富、社会影响巨大的学科。据说社会学目前已经有一百多个分支学科，关心工程的人们会惊讶地发现：在众多的社会学分支学科中，工程社会学是其中一个分支学科。从社会现实基础、理论可能性、需求迫切性和理论发展的内在逻辑方面看，在社会学领域中，工程社会学本来早就应该"应运而生"，并成为社会学的重要研究内容和重要分支学科，但它却很晚才诞生。很显然，工程活动不但可以是哲学的研究对象，而且可以是社会学的研究对象。如果说，对工程的哲学研究已经导致了工程哲学这个哲学分支学科的创立，那么，对工程的社会学研究也就势所必然地要导致工程社会学这个社会学分支学科的创立了。

从客观社会现实状况和理论研究的核心问题来看，由于工程活动是现实的、直接的生产力，工程活动是最重要、最基础的社会活动方式，由于所谓社会互动关系首先就意味着工程活动中的互动关系。于是，作为社会基本活动方式和社会基本细胞的工程活动和工程共同体，也就理所当然并势所必然地应该成为社会学研究的基本对象和基本内容。与此相应，以研究工程活动为基本内容的"工程社会学"也就理所当然并势所必然地应该成为社会学的一个重要分支学科，成为社会学"大家庭"中的一个重要成员。可是，社会学在其发展历程中，由于种种原因，迄今的社会学传统却在很大程度上"远离""舍弃"了对工程这种最基本的社会活动方式的关注和研究。在社会学发展历程中，社会学家关注了形形色色的社会对象和社会问题；反过来说，形形色色的社会现象、社会对象和社会问题都在社会学中得到了反映。但工程问题在社会学领域中被忽视的命运和"待遇"却一直未能有根本性的改变，工程社会学一直未能在社会学中形成一门独立的分支学科。这种状况是值得深思和深省的，这种状况显然是必须尽快改变的。值得特别指出的是，在哲学领域中，无论是科学哲学，还是技术哲学，都是西方学者率先开创的。可是，当工程哲学于 21 世纪之初兴起时，中国学者走在了世界同行的前列，与西方学者同时成为工程哲学的开创者。

在现代社会中，科学、技术、工程是三个既有密切联系同时又有本质区别的对象，是三种几乎无人不知的重要的社会活动。从研究内容和方法论角度看，不但需要对这"三个对象"进行不同哲学和历史学的研究，而且需要对其进行社会学和"多学科"进路的研究。

从学科划分和研究领域划分的角度看：当分别对科学、技术、工程进行系统的哲学研究时，可以分别形成"科学哲学""技术哲学""工程哲学"这三个分支学科；当分别对其进行系统的史学研究时，可以分别形成"科学史""技术史""工程史"这三个分支学科；当分别对其进行系统的社会学研究时，可以分别形成"科学社会学""技术社会学""工程社会学"这三个分支学科；当分别对其进行跨学科和多学科进路的研究时，可以分别形成"科学论"研究、"技术论"研究、"工程论"研究这三个不同的跨学科研究领域。

21 世纪之初，工程哲学在中国和西方同时兴起，引起了工程界和哲学界的关注。工程哲学兴起之后，工程社会学开拓的任务便顺理成章地提到了学术界的面前。2002 年，《工程哲学引论》一书出版后，在继续努力推进工程哲学研究的同时，一些学者不失时机地立即开始了开拓工程社会学这个新分支学科的工作。2003 年，中国科学院研究生院成立了工程与社会研究中心。2005 年，中国科学院研究生院在"科研启动经费项目"中，正式立项并批准资助"工程与社会基本问题的跨学科研究"（项目负责人李伯聪）。在该项目的研究目标和工作计划中，"工程社会学"是首要的重点内容。随后，许多学者便多次聚会中国科学院研究生院，进行有关工程社会学问题的学术研讨，氛围热烈。经过历时五六年的探索、研究、讨论、写作和修改，终于于 2010 年由浙江大学出版社出版了《工程社会学导论》一书，标志着我国学者在开拓"工程社会学"的进程中迈出了艰难的第一步。目前虽然已经有学者关注了工程社会学这个新的社会学分支学科和研究领域，但必须承认，工程社会学的发展水平、社会影响和人们对工程社会学的认识都还处于"初级阶段"。

工程系统论提出了建设工程社会、建设工程社会系统等概念，并运用结构化理论系统阐释了工程社会系统与其他社会子系统之间的互动关系，从而形成了工程社会学的系统论学科内在建构路径。具体而言，工程系统论学科内在建构路径遵循下述逻辑：首先，工程系统论认为，建设工程社会的实践本质是一种动态的社会系统，且作为学科建构路径及其演化形态的首要阶段，工程系统论的问题研究形态正是基于建设工程社会的嵌入性实践特征。具体而言，一方面建设工程社会是社会大系统中的一个亚系统，且它与政治、经济和文化子系统在实践中不断进行包括信息交流、能力转换等在内的多元复杂社会互动；另一方面建设工程社会内部也是一个复杂的小社会，包含着多元化利益相关主体，存在着正式和非正式的社会制度和规则体系、显规则和潜规则等。一言以蔽之，作为学科建构路径及其演化形态的首要阶段，工程系统论的问题研究形态正是基于建设工程社会的嵌入性实践特征。其次，从问题研究形态向研究领域形态的转型演化过程中，工程系统论借鉴安东尼·吉登斯意义上的结构化理论、符号互动理论和新制度主义学派等相关理论，创造性提出了工程社会学的两大基本研究范畴：建设工程社会学内部结构和互动关系及其运行机制；建设工程社会子系统与其他社会子系统之间的社会互动关系。从问题研究形态向研究领域形态的转型演化过程中，工程系统论创造性地提出了建设工程社会学内部结构和互动关系及其运行机制和建设工程社会子系统与其他社会子系统之间的社会互动关系两大基本研究范畴。最后，基于建设工程社会的嵌入性实践特征以及建设工程社会学内部结构和互动关系及其运行机制、建设工程社会子系统与其他社会子系统之间的社会互动关系两大基本研究范畴，工程系统论明确提出了工程社会学学科建构路径，即所谓"建设工程社会学"是运用社会学视角去研究建设工程社会中的社会现象，以系统阐释建设工程社会的基本结构及其运作机制的一门应用型社会科学，具体而言，建设工程社会学以建设工程实践中产生的一系列社会现象或客观社会事实为问题导向，以建设工程参与者的行为模式和行动逻辑为分析对象，通过对建设工程社会的本质特征及其与其他社会要素或子系统之间互动关系之系统探讨，从而深刻揭示建设工程整体性发展的历史变迁规律和实践演化特征。

工程评价论基于工程实践本质的社会性，积极借鉴社会影响评价学科体系相关概念和理论体系，从而形成了工程社会学的评价论学科内在建构路径。具体而言，工程评价论学科内在建构路径遵循下述逻辑：首先，工程评价论认为，工程实践本质的社会性是工程社会学学科建构路径的逻辑起点，是问题研究形态的基本共识和学理分析切入点。也正是基于工程实践本质的社会性，工程评价论在作为"学术公地"的工程社会评价领域开展了丰富的实证研究，取得了大量的理论成果和学术成绩，这就为学科内在建构路径演化至更高形态奠定了必要的理论储备和实践基础。工程实践本质的社会性是工程社会学学科建构路径的逻辑起点，也是问题研究形态的基本共识和学理分析切入点。其次，从问题研究形态向研究领域形态的转型升级过程中，工程评价论积极借鉴社会影响评价学科体系相关概念和理论体系，形成了较为清晰明确的研究领域。作为一门应用性社会科学分支学科的社会影响评价，是一套对影响预先做出评估的知识系统，而作为工程咨询专业分析评价方法及其应用工具的社会影响评价，具体包括工程影响区域辨识、识别主要利益相关者及其社会影响、制定社会行动计划三个环节。因此，演化至研究领域形态的工程评价论具体包括如下研究范畴：工程与非自愿移民，工程与少数民族，工程与妇女，工程与贫困人口，工程与其他利益相关者。概而言之，从问题研究形态向研究领域形态的转型演化过程中，工程评价论形成了较为清晰明确的研究领域，这也为其演化至更高级的研究范畴形态奠定了必要的知识基础。最后，基于工程实践本质的社会性以及工程与非自愿移民、工程与少数民族、工程与妇女、工程与贫困人口、工程与其他利益相关者等基本研究范畴，作为学科形态的"工程评价论"特别强调工程社会学学科的实践性，即学科发展应指导实践活动，其实质是各利益相关主体之间利益博弈的结果。因此，制定社会行动计划是该理论演化为成熟学科形态的内在要求，具体包括：移民行动计划、少数民族发展计划、妇女行动计划、社会风险管理计划等一系列社会行动计划体系。

第二节　工程社会行动分析

　　社会行动自马克斯·韦伯以来就逐渐成为社会学关注的焦点之一。随着社会学的不断发展，关于社会行动及社会行动理论的研究也得到不断地丰富和繁荣。当前，受法国社会学家阿兰·图海纳、美国社会学家迈克尔·布洛维等西方学者及社会运动理论的影响，关于社会行动的研究也逐渐为工程社会学所重视，"行动社会学"也逐渐成为一门"显学"，并逐渐出现"结构社会学"向"行动社会学"的过渡。因此，可以社会行动为切入点，用社会行动理论来阐释工程与社会之间的关系。

　　德国古典社会学家马克斯·韦伯认为，不同于生物学意义上的行为，社会行动具有明确的他人指向性，"只有以别人的举止为取向时才是社会行动"；同时，依据目的——手段之关系，他将社会行动划分为四种理想类型，即目的合乎理性的行动、价值合乎理性的行动、情感性行动以及传统性行动。显然，韦伯关于社会行动的分析虽然达不到理论化和系统化的程度，但他的分析已将社会行动这一概念引入到社会学中，开创了社会行动及社会行动理论研究的先河。现代社会理论的开创者、美国社会学家塔尔科特·帕森斯是韦伯的忠实追随者之一，他对韦伯的社会行动理论进行了批判性总结，提出了自己的行动系统理论。帕森斯认为，任何一个行动都必须包括以下几个方面：①行动主体；②目的，即行动过程所指向的未来事态；③处境，包括行动者不能控制的"条件"和能控制的"手段"；④手段和目的之间的规范。不同于韦伯，帕森斯在分析社会行动时将行动者所处的社会情境考虑在内，包括社会结构、社会关系等客观情境以及社会规范、价值取向等主观情境，并将行动主体假设为一个"规范性"取向的能动者。显然，社会行动和社会行动理论在帕森斯那里得到了进一步的丰富和发展。在当代行动社会学学者们看来，社会行动已不仅仅是行动社会学中的一个分析性概念，更是一种社会学干预社会的工具，社会学只有借助社会行动才能完成布迈克尔·布洛维所倡导的"公共社会学"之使命，实现阿兰·图海纳所呼吁的"行动者归来"之愿望。显然，社会行动以及社会行动理论在当代社会学者们的视野中具有了很强的实践性和批判性。因此，借助社会行动这一分析性概念，将其引入工程与社会关系中分析工程社会行动这一概念。

　　根据帕森斯的社会行动包含的要素和分析维度，"工程社会行动"这一概念界定如下：所谓"工程社会行动"是指在"工程社区"中，工程利益相关主体在一定的规范取向下，为实现工程目标而进行的一系列社会行动的总称。除一般社会行动的基本特征外，作为发生在"工程社区"内的特殊行动，"工程社会行动"还具有一定的特殊性，具体表现为以下三个方面：第一，行动主体的多元化。工程社会行动的主体是工程所涉及的各利益相关主体，包括各级地方政府、工程投资者、设计单位、承包商、监理单位、咨询公司、外部监测机构以及非自愿移民等。各利益相关主体皆有不同的利益诉求，因此，由这些利益相关者所构成的特殊的行动主体，为实现自身利益最大化，将在"工程社区"这一特殊的"场域"中展开一系列博弈。第二，明确的目标指向性。所谓明确的目标指向性是指上述各利益相关主体的利益诉求皆围绕特定的工程而展开。因此，顺利完成工程的各项任务，最大化工程的正面效应，有效控制社会风险，实现工程与社会的良性互动，是工程所涉及的各利益相关者所共同追求的目标。第三，行动受工程周期影响明显。这主要表现为各行动主体在工程的不同阶段会呈现出不同的行动策略，如工程准备阶段主要围绕工程决策开展互动，公众参与的方式主要为听证会，工程施工阶段互动主要发生在业主与施工承包商之间，施工过程中也会对周边居民产生一定的影响，如噪声污染、交通不便等。同时，随着工程周期的不断展开，各利益相关主体的利益格局与利益诉求也会发生变化，如签订拆迁或征地协议后，移民将处于比较被动的地位。最后，多元化的规范取向。工程社会行动的规范取向除了一般的社会规范外，还包括工程本身的特殊规范，如国家制定的法律、法规和地方政府的政策措施，甚至还包括工程所在地的风俗习惯，即"地方性知识"，或斯科特所谓的"米提斯"，尤其是涉及少数民族地区的工程。因此，这就要求工程利益相关主体在互动过程中，除了考虑到一般的社会规范和价值取向外，还必须遵循工程特殊的规范和价值，以实现共同目标。

如前所述，不同于形而上的思辨互动，工程具有很强的实践特征，这就意味着嵌入社会后的工程必然会引起一系列的社会影响，尤其是一些大型的社会工程，引起的社会影响就更加明显。因此，如何避免或最小化工程带来的社会影响、增强工程与所在地区的社会互适性，最终保证工程的成功"嵌入"，就成为工程社会学不可回避的议题。因此，基于上文提出的"工程社区"和"工程社会行动"两个概念，笔者尝试从社会评价的不同维度分析如何保障工程的成功嵌入。

维度一：工程与公众参与。所谓参与（participation）是指人们加入到发展工程的过程中去，其方式可以是当地群众参与项目建设，以降低项目实施的成本（把参与作为一种手段），也可以是当地群众和机构控制决策过程的一种方式（把参与当作一种目的）。显然，作为一种工程社会行动的参与，不仅有利于工程设计方案的改进并取得各利益相关者的支持和理解，同时也有利于增强工程的社会适应性和利益相关者的社会主人翁意识，并减少工程引发的社会矛盾和纠纷，规避工程建设和运营的社会风险。因此，多层次的公众参与作为一种对专家知识补充和完善的必要措施，能增强工程与地方社会的社会互适性，帮助工程成功"嵌入"当地社会。

维度二：工程与"非自愿移民"。根据亚洲开发银行的定义，所谓非自愿移民（involuntary resettlement）是指违背其本意而被迫迁移的各种年龄和性别的移民。诚如世界银行移民专家 Michael M. Cernea 所言，被动的迁移常会形成危机，其所造成的破坏与一般的发展过程是不能等同的。国内外的工程经验均表明，非自愿移民是发展项目过程中最容易受到伤害的群体，如果处理不当，可能产生贫困、社会不公平等一系列社会问题。因此，非自愿移民就成为工程是否成功"嵌入"的试金石。

维度三：工程与社会风险。根据世界银行的定义，所谓社会风险是投资活动可能产生的、导致社会不公和冲突加剧，或关键利益相关者的态度和行为阻碍了社会发展目标的实现，或破坏了实现发展目标的手段，关键利益相关者缺位等。工程作为一种实践性很强的活动必定伴随一定的社会风险，按照不同的分类标准可以将社会风险区分为不同的类型，如脆弱性风险、国家风险、政治经济风险、制度风险和外部风险等。而如何规避工程引发的社会风险，尤其是那些影响程度深、范围广、持续时间长，并容易导致大规模群体性事件的社会风险，是工程"嵌入"当地社区的前提条件。因此，完善的风险规避机制是"工程社会行动"中不可或缺的重要维度之一。

第三节　工程共同体

工程活动最初源自于人类的一些大型社会组织活动，如一些大型建筑（古埃及的金字塔、古代中国的万里长城）、大型水利设施（都江堰）的建设。随着科学技术的发展及其对工程活动的渗透，工程概念的含义也发生了变化，现在主要是指建筑、水利等项目工程，稍微广义一点也可以包括作为生产活动准备阶段的工业工程建设。而交往是人类社会得以产生和存在、发展的基本活动，是指"人与人或与人群共同体之间为了实现变革世界和生存环境的目的，通过媒体中介而开展的相互沟通、相互影响、相互制约、相互改造的各种实践活动和所形成的普遍性的社会关系。"[①] 在工程活动的不同阶段中，各种利益相关者相互交往，构成了具有自身特色的交往结构。而工程活动的实质就是通过各种交往实践活动及其背后的意义结构完成工程共同体的社会互动。

一、工程设计共同体

工程设计是工程活动的准备阶段，参与这一活动的主要包括业主（投资者）、工程组

---

① 姚纪纲．交往的世界——当代交往理论探索 [M]．北京：人民出版社，2002：14．

织者、设计人员、管理团队等，他们共同构成了工程设计共同体。工程设计共同体的主要任务是完成工程建设的准备工作，主要内容包括立项、可行性分析、融资、设计、决策、风险评估、招标、授标等。从经济学的角度看，这是一项工程经济效益如何的关键性步骤，因为后面的所有行为都只不过是对工程设计阶段的构想的实施。从交往结构的角度来看，工程设计共同体主要有以下几个方面构成：

工程设计主体，包括投资方、设计单位、专业管理组织以及专业建造师、专业工程师等辅助设计人员。他们之间有着明确的专业分工，但又需要相互交往。因此，在自身有着良好的交流渠道的同时，又需要彼此之间保持密切的配合和高效的沟通。工程设计客体，包括一定的资金、充足的设计资料、设计工具、设计设施等。所有的客体都被相关的不同主体成员所操纵、利用和控制，构成了主体际关系的中介客体，是对象化的中介和中介化的对象。工程设计中的技术问题。技术本身就是对问题的解答方式，问题是技术的引导，衡量技术水平的高低、成功与否主要看其对问题的解答程度，从这个意义上来说，工程设计的过程就是"问——答"逻辑，本质上是一次交往的矛盾冲突，是作为他人技术与新的需求之间的矛盾而映射到本共同体中成为科研问题的。共同体的游戏规则、制度层面。工程设计交往共同体的集体活动，必须有一个制度、秩序和规则来约束各个成员的工程设计活动行为、分工协作，作为共同的规范，包括投资者和运营体系，法人治理结构，工程设计活动的指导规则，以及主要技术路线，工程设计交往的伦理规范和各个主体的角色识别等。这些游戏规则或制度作为共同体的范式，既是"特殊类型的工具或解决问题的方法"[①]，又是共同体工程设计活动赖以进行的规范、模型和观点。

从工程设计生成的角度来看，工程设计交往共同体的交往结构可以分为三个层次：工程设计问题的精神交往活动，包括工程设计的心理氛围，工程设计经验和事实，工程设计知识体系及范式，以及其他有关的知识——精神系统的成分；工程设计交往实践活动，指从事工程设计过程中进行的各种试验及其他工程设计实践活动；语言交往活动，指各种工程设计术语、工程设计语言、工程设计话语的导入及它们的效用等等。而工程设计中的技术创新就是指基于工程设计交往结构中的单个工程设计方案在群体化交往实践检验、整合过程中转化为工程设计共同体技术的过程，即从技术假说到技术成功的转型。技术假说和方案是基于原有经验事实的一种观念解释或假设，总是用来针对技术交往结构中的矛盾或问题而提出的解答。从工程设计交往实践的视野看来，这一过程必须经历六个层次的整合：工程设计经验交往的整合、工程设计共同体心理整合、工程设计交往知识体系的整合、超工程设计知识交往的整合、工程设计交往实践的整合、工程设计话语交往的整合。

从工程设计共同体的发展历程来看，有着不断扩大的趋势。一方面，随着人类社会

① 克兰. 无形学院——知识在科学共同体的扩散 [M]. 刘君君，等译. 北京：华夏出版社，1988：27.

经济交往形态的变迁，经济主体的多元化趋势决定了工程设计共同体中的投资方日益多元化，投资结构日益复杂，融资渠道也越来越多，涉及的面也越来越广；另一方面，工程活动中的科技含量越来越高，工程设计活动越来越复杂化，而工程设计共同体内部的专业化分工也越来越细，这就使得工程设计活动所需要的专业知识日益增加，相应的也就扩大了工程设计共同体所需要整合的资源的范围，参与进来的专业人员和专业机构不断扩大。

二、工程建设共同体

通过招投标得到承包合同，从授标开始，工程活动进入了实际的建设阶段，工程设计的方案开始得到实施。从工程建设的过程来看，主要包括启动、采购、施工、验收和移交等阶段，主要涉及施工单位、监理机构、投资方以及相应的技术支持和辅助人员。从工程管理的角度来说，工程设计的目的能否得到实现、工程设计的要求能否得到满足都取决于工程建设。

因此，工程建设阶段是决定整个工程活动的最终质量的关键。从设计进入建设，工程交往活动发生了一次转向，这种转变主要体现在以下各个方面：

首先，二者的价值取向和范式不同。工程设计交往共同体倾向于工艺创新、技艺发明层面，其范式是一切为了创新和变革，倾向于个体化、个性化，忌讳雷同与重复；而工程建设共同体倾向于投资者喜爱和实用的层面，即主体际层面，其范式是一切为了赢得投资者信赖，而且对于生产来说，越是常规化、规模化、固定化就越有利；其次，支配共同体行为方式的差异。在工程设计交往共同体中创造性的行为取向支配一切，因此在人员引进、课题立项、设备使用以及结构转换等一切活动中都以这一原则为主宰。反之，工程建设交往共同体是以常规性为原则，除非是承受着失去投资者的竞争性压力，否则不会引进新技术的，只有赢得更多的超额利润才是它主动引进新技术、新工艺的真正动力。第三，工程设计交往共同体和工程建设交往共同体的经济实现原则不同。二者都追求效益最大化，这是二者追逐新技术的强大动因。但是，前者是通过不断创新、不断改变人类驾驭自然的新工艺而获利，后者则是通过千方百计多获取工程项目、讨好投资者而获利。相比之下，前者是创新获利原则，后者是常规获利原则；前者是"主体——客体"关系导向原则，后者是"主体——主体"关系导向原则。

因此，工程交往视野中的工程管理过程包含几个层面的整合与重构：一是技术体系的重构，工程设计阶段的技术侧重于创新性，但是在常规性、稳定性、安全性、可控制性等方面则是工程建设阶段的必备条件，因此在工程实施过程中必须从这几个方面来修正原有的技术参数，使之适应实际的要求；二是使用价值的重构，工程设计阶段的技术只是"关键技术"，更广泛的用途需要由工程实施方来发现，一方面，作为工程技术的应用者，他能在解读技术文本时发现它新的使用价值意义，另一方面，作为工程消费者的代言人，工程建设者还必须在考虑技术产品新工艺使用价值的同时考虑它的外观与造型、使用方便与灵巧等等方面，以此来打动工程消费者；三是规范的重构，两种共同体的游戏规则不同，工程设计共同体是创新型范式，产业共同体是常规型、规模型范式，二者之间以工程这一中介客体为通约的媒介；四是心理的重构，工程设计共同体的心理结构是由高智力资质、创新取向和激励的情感氛围构成，而工程建设共同体则要求常规智力资质、守恒取向或稳定性取向和高效率、规模化的竞争性氛围。

从工程活动与现代社会的互动关系来看，工程建设共同体的行为模式也从不同视角反映了现代社会[①]的几个特点：首先是工程建设过程的科学化和理性化，一方面，工程建设的过程控制和现场管理越来越多地融合了现代科学技术的新成果，包括价值工程、系统论、控制论等；另一方面，工程建设活动的各个程序都逐步实施了标准化模式，通过工作分解与进度管理，强化了标准化控制的广度和强度。其次是工程建设过程中的主体性愈益凸现，不仅表现在项目经理、工程师、建造师等工程建设主体的地位日益突出，还表现在工程管理的人性化等方面。

三、工程消费共同体

工程建设结束之后，通过验收的工程成果就要交付使用。工程消费共同体指的是工程成果的使用者。从意义的层面上看，工程的设计和建设过程都只是想象中的价值，只有通过消费者的使用，才能实现工程的现实价值。工程活动的最终目的是为了使用，因此，工程消费共同体是工程活动价值的真正归宿和意义创造者。工程交付使用的过程有双重含义，一方面是工程活动走向社会，接受社会的价值评价的过程，即工程的社会化过程；另一方面，又是工程活动开始对社会产生影响，即社会的工程化过程。

工程成果的消费过程也是工程消费交往共同体解读和重构工程成果的过程，这一过程的实现需要具备几个条件：首先是效用优化选择的心理支持。社会公众消费工程成果的根本原因是因为工程成果比原先的效用即使用价值更好，即效率更高、功能更多、外观更美等。效用优化是公众选择的第一原则。其次是市场竞争的压力。工程成果消费的竞争是需求（生理、社会、心理）不断上升的过程。在追新逐异已经成为时尚的社会，大众很难不为所动。于是，工程成果在社会中成为上流社会、精英阶层的专用品，它获得了类似"图腾"和"封建纹章"般的社会地位。大众对工程成果的时尚的认同，使之不仅具有了高度的合法性，而且在造就马克思所说的"商品拜物教"，而主体的社会分层正是因对新的工程成果的关系而分化的。第三是大众检验。大众的实践检验是终极的、最常规的、最广泛的和最持久的检验。在检验过程中，工程消费公众从终极需要的角度会对工程成果的设计要求、效能、性能、简便性、安全性和可靠性等提出自己的修正意见，

---

① 陈嘉明. 现代性与后现代性 [M]. 北京：人民出版社，2001.

这正是解读者的眼光。与此同时，消费者在观念上已经重新解读了知识，重构了工程。第四是常识性重构。工程成果进入消费社会，就进入了常识圈。它需要的是与市民社会的常识心理资质相协调，或者成为新常识。创新的技术或工艺成为新常识。大众心理结构、经验结构对技术产品起着习惯的评价和心理选择的作用。第五是大众日常语言的重构。工程成果的话语体系，尽管由工程建设交往共同体给予了包装，但是还必须由大众语言再度包装，才能真正进入消费社会，建塑起形象，或成为公众心理中追求的目标，或成为公众拒斥的对象。

工程消费交往共同体除了赋予工程活动及工程成果以价值和意义以外的另一层意义还在于对人类社会自身发展过程的象征性表达。消费活动本身就是生产活动的延续，是工程建设活动的终点，是一切工程交往的价值符号的象征性表达。从这个意义上说，工程成果消费交往共同体的谱系学考察将直指人类社会的自身的嬗变，而作为现代社会和后现代社会的基本特征之一的工程消费交往共同体的结构变迁的意义中心不是人而是受人崇拜的物，在法国后现代思想家鲍德里亚（Baudrillard）看来，现代社会生态环境变化的主要标志就是"任何个人或阶层不再像过去那样只是被周围的人所环绕，而主要是被各种有控制能力的大量的物体所环绕。"[1] 从这个意义上说，消费取代生产而成为人类经济交往的中心正是当今时代被称为"消费社会"的原因，因此不难看出，正是工程交往实践及交往结构的变化推动了整个社会经济交往的变迁，进而带动了社会政治交往、社会文化交往等各个方面的改变，正是在这个意义上，现代性和技术理性的批评者们认为在这种知识主导型社会中作为技术现实力量代表的工程已经成为高度介入人们生活方方面面的意识形态而为社会所倡导，进而引导、强制、诱惑公众在实际上和心理上、经济上和文化上成为技术图腾的崇拜者，使共同体大众成为物欲的奴隶，成为只有技术工具理性向度的实证主义化的人。因此，解除束缚人类自由的唯一途径只能是通过解构旧的工程消费共同体，建构新的工程消费共同体，赋予工程消费以新的意义结构。通过众多思想先驱对现代社会人类生存样态的理论分析[2]，不难看出改造现代社会这项"社会工程"的艰巨性。

① 冯俊，等 . 后现代主义哲学讲演录 [M]. 北京：商务印书馆，2003：576.
② 凯尔纳，贝斯特 . 后现代理论——批判性的质疑 [M]. 张志斌，译 . 北京：中央编译出版社，2004.

第九章

安全与风险

第一节　风险社会的理论反思

　　1986 年贝克出版了《风险社会》一书，第一次提出"风险社会"这个概念。此后，他又撰写了《世界风险社会》等一系列著作和文章，向我们阐述了风险社会的概貌。他敏锐地意识到，当今世界正在发生着一场全球性的根本性的变化，这就是工业社会正经历着它的自反形式——风险社会。那么，到底什么是风险社会？人们看法不一。一种观点认为，风险社会就是风险增大的社会，特别是破坏性强、影响大的风险的出现，预示着客观存在的风险增多了。劳（Lau）的新风险理论就是其中的代表。另一种观点认为，风险社会是人建构起来的，现实社会的风险并没有增多，只是被人们意识到的风险增多了。风险与人的心理认知有关，它显示的是一种无序状态；风险是一种文化现象，具有明显的结构性和指向性，不是一种社会秩序，而是非制度的或反制度的。拉什等人的风险文化理论就持这种观点。又一种观点认为，风险社会是现代性的后果，是现代性的激进化和普遍化。贝克将现代性分为第一现代性和第二现代性，也即简单现代性和反思现代性。简单现代性对应的是工业社会的风险，反思现代性对应的是风险社会的风险，风险社会的风险主要是技术风险。吉登斯认为，风险社会与现代性制度有关，这种制度包括资本主义、工业主义、监督体系和军事力量，因此，风险社会的风险主要是制度风险，是风险的制度化和制度化的风险。笔者同意贝克和吉登斯的观点，认为可以把风险社会理解为和"信息社会"、"后工业社会"同类型的概念，风险社会是现代性的后果，是工业社会自反性（自我解构、自我对抗、自我分裂）的结果，风险社会是现代化的高级阶段，它不是后现代社会。在工业社会，社会发展的主导逻辑是财富的生产和分配，风险只是以"潜在的副产品"形式存在；而在风险社会，风险的生产和分配是社会发展的主导逻辑，财富的生产和分配让位于风险的生产和分配。作为社会发展新的阶段，风险社会关乎宏观的社会概貌，也关乎微观的个体生存，既涵盖客观的社会事实，又涵盖主观的社会建构，既囊括动态的团体间、个体间的社会互动，又囊括静态的各种规章、制度、体系结构，这均体现在运行法则、运作逻辑、建构路径和规避策略之中。

　　风险是人的活动的结果，风险是专属于人类的一种生存状态。从时间上划分，风险更多是面向人类未来的领域。风险即是现代性的后果。贝克指出，财富分配的逻辑在古典工业社会阶段占统治地位，而进入到现代风险社会后，风险的分配逻辑占了主导地位。但并不是说古典工业社会阶段及其以前的社会阶段均不存在风险，而是因为它仅仅是一种潜在性的产品，并且主要是一些纯粹的大自然的运动带来的"外部风险"或"自然风险"，人类可以运用保险制度的手段将这种风险适当地控制在一定的范围内。但是在进入到现代风险社会后，风险主要演变为了"人造风险"，且具有全球性、多样性、平等性等特点。"人造风险"的产生，究其根本是因为实践具有二重性，在满足人类需求的同时，如果人们在改造客观世界的进程当中，忽视自然，而肆意使用、过度张扬人的主体性力量的时候，就容易破坏实践的真理与价值之间的平衡和限度，给人类带来不可估量的风险后果。马克思认为，实践二重性包含诸多辩证关系，诸如客体性和主体性、有目的性和无目的性、个体性与群体性、感性与理性、能动性与受动性等辩证统一的关系。人类在社会实践当中，就是以物质劳动成果和社会变化发展来展示人的"主体性力量"，即是人们改造客观世界的内在规定性。 这种"人造风险"既包括对自然界的利用和改造，一味地追求自身利益最大化而忽略了对自然界本身所造成的重大破坏。也包括在极端的个人主义和利己主义下的主体，迫使整个人类社会生活和实践创造的文明成果陷入异化的一种状态。人们在实践过程中，利用科学技术手段，最终不可避免地造成风险后果，这已成为学术界和社会公众不得不承认的事实。卡斯特曾对网络化社会进行过相应解读，在《网络社会的崛起》一书中，他指出人们运用现代化技术，在虚拟空间内创造出了适用于当今时代的新的联系形式，它不受地域性的制约和交往范围的限制，突破以往狭隘的交流方式，以虚拟的形式存在，不可避免地会为人类带来一些难以预测的风险。网络社会中虚拟空间的风险是如何构成的？其中包括虚拟世界的非现实性和客观世界的现实性的错位、虚拟空间对人的现实实践活动的消解和虚拟世界中人的技术异化等。虽然我们认为网络世界是科技的、虚幻的、不切实际的，但它所造成的风险后果，究其根本是人实践造成的。 吉登斯认为，由于人类社会的快速发展，科技知识对这个世界所产生的风险，称之为"被制造出来的风险"。

实践二重性产生的是"被制造出来的"新的社会风险，他是我们所处的社会存在，在顺应自然情况消亡之后所产生的。它所具有的内涵，与诸如人化、社会化自然和人化、社会化环境等多领域、多范畴有着密不可分的关系。人类生产生活实践造就了人类知识和认知能力的产生及进步。因此，外部客观世界与人合并与分化的基础就是实践活动。以人作为研究对象来说，人化自然在人类在实践活动中可分为两个维度，有利于人的人化和不利于人的人化，是可以通过人的实践活动中所产生的本能、本性来找出其根本原因的。所以可以说，实践的二重性就是社会生产生活实践对于人类的生存和发展会造成利弊两个方面，可能有利于人类的生存，同时也有可能对人类生存带来风险。实践二重性造成的风险后果，是由于人类自身的知识不足及自私本性所造就的。实践活动的特性之一是创造性。风险与创新在社会中共存的，在创新的同时也会带来相应的风险。因此，创新和风险两者是相互依存、相互产生的关系，这样就形成了一个循环，即创新是人类社会前进的动力源泉，也是风险产生的重要来源。比如社会进步的结果产生了新的矛盾，但也为我们带来了更多的应对矛盾的方法。人们总是翘首以盼，踮起脚尖，期盼用最新的技术来消除之前的创新产生的负面后果。然而，人们试图通过创新实践来控制风险，反而却有可能引发出新的风险。在这种意义上，人们对自然界的狭隘的关系制约着他们之间的紧密联系，创新则意味着新的破坏，即进行创造性破坏的过程。

在马克思主义哲学中，人们对自然界的开发和改造，是受客观规律所要求的。人们想要在生产实践活动当中取得有利的进展，就要准确掌握自然界的客观规律，不然只会对人类的生产生活带来风险。人类社会实践的本身与自然界的客观规律其实本身就存在于同一事情当中，相互存在，如果人们能够更加情绪的认识到这两种情况，有了明确的认识，我们就会在实践创新活动中更好的发展。以马克思主义真理观为切入点对该问题进行分析，我们也会得出相同的结论。真理具有相对性，人类不可能对一件事情认识完全。因此，人类通过创新带来新的风险是无法避免的，也是不可或缺的。

马克思认为，人的实践创新活动和客观自然之间的矛盾，背后是社会中人与人之间关系的狭隘关系，这种狭隘关系制约着人们对自然界的狭隘关系。人的活动与自然关系矛盾会在一定条件下爆发出风险，但人与人之间所存在的利益冲突，在一定程度上往往会产生更规模大、更难以控制的风险。比如在经济高速发展中会诱发的全球金融风险、经济危机等。因此，人与自然、人与人之间矛盾关系的产生归根结底就是因为实践二重性的悖论，也是"被制造的风险"的根源，意味着实践二重性的社会后果实质就是"人"的问题的社会后果。

风险社会是现代化的高级阶段或现代化的产物。在工业革命后，由于生产力高速发展导致生产方式发生巨大变革，从而引起了世界各地经济社会的发展及整个社会生活的转变，标志着"现代化"的出现。风险社会正如同现代社会文明中的"火山"，现代的文明生活之中存在着多种风险与危机，对整个人类生活带来众多潜在的威胁。在山的表面都是森林，而山下却是炙热的岩浆。如果岩浆喷发，就一定会对森林带来毁灭性的打击和破坏。人类为了追求财富对自然竭泽而渔的改造和征服，加剧了风险社会的来临。马克思在《共产党宣言》与《德意志意识形态》等著作中指出，由于农业社会的生产力低下，西方资本主义社会的工业文明在社会进步中有举足轻重的地位，是人类历史上的一个重大的里程碑，它使社会生产力有了飞越式的提高，使世界各国之间的沟通更加频繁，人类历史从此由地域历史向世界历史转变。资产阶级在它短暂的统治过程，所产生的和造就的社会生产力，往往是比已过去的各个时代生产力的总和还要多。不过，我们也应该认识到工业革命所带来的难以预测的危机是综合性的，遍布于社会生活的各个领域，这种方式所造就出来的复杂危机，恰恰就是现代文明所产生的风险带来的必然结果。如同泰勒所揭露的那样，如果只注重个人的发展，就会导致道德的沦陷和意义的缺失，而如果过分强调工具的重要性，就会导致因为技术的过分重要使得我们的生活逐渐趋向于平庸与狭隘，而专制主义也会使得我们逐步丧失自由，这是极具危险性的。

吉登斯对现代性具有不同的理解，他认为"欧洲在后封建时代建立，在20世纪日益成为具有世界历史性影响的行为制度与模式。"他认为我们并没有进入后现代时期，而是进入了一个现代性后果比以前任何一个时期都剧烈的阶段。"我们不但还没有超越现代性，而且正在经历着它的激烈化阶段。"现代性可以根据内容划分为简单和反思两种不同的阶段性质。所以，吉登斯决定运用具有高度化、激进化的现代性，或者晚期现代性来代替后现代性。在高度（或激进、晚期）现代性阶段，资本主义社会生产力的急速进步和发展，必然会促使大工业化的形成，但是"大工业创造了交通工具和世界市场，控制了商业，把所有的资本都变成了工业资本，从而使流通加速、资本集中"。在经济全球化和现代性的相互影响下，世界市场逐步形成，人类不可避免的进入一个具有严重后果的风险社会。各种资源的流动不再受地域、区域等条件的制约，导致了人们在应对特定地域所发生的偶然性事件的处理能力有所欠缺。正如同吉登斯提到的，"所有脱域机制都能够使具体的个人和团体丧失对事物的控制"。

现代化的社会发展具有全球化的特点，包括了经济全球化、文化全球化、科学技术全球化和政治全球化等不同维度。然而，这种全球化导致了现代风险所带来的影响已经不再是小范围的地域性影响，它会快速波及其他地域乃至全世界各地。从风险与人的关系上来看分析，风险可以分为外部风险和人造风险两种形式。外部风险，是古典工业社会中的自然风险。人造风险则是进入工业社会后，由于科学技术的发展过度而导致的"被制造的风险"。由资本主义社会主导的三次重大革命，使社会生产力有了里程碑式的提高，生产关系也有了一定的转变，从而使资本主义制度在全球有了重要地位。而随之带来的人造风险种类多样，比如核战争、核辐射、雾霾、全球变暖等，影响着千百万人生活的环境。

贝克的风险社会理论，就是基于对现代性的反思。他将现代性划分为"第一现代性"与"第二现代性"两种形式，将现代化划分为自反现代化与传统现代化两个方面。传统现代化是工业社会对传统社会的抽离再嵌合，而自反现代化则是现代化针对工业社会的抽离再嵌合。其中，自反现代化则具有更多的现代性，它是一种针对古典工业被激化了的现代性。资产阶级的阶级斗争和社会革命完成导致了传统社会的结束，是社会结构的一种转换，一种社会结构取代另一种。资本主义自身结束了工业社会这个时代，并没有其他外在的因素。它带来的是西方现代化所取得的胜利结果，而非所产生的危机，其结果所造成的是工业社会的提前结束而非整个社会制度发生的变化，风险社会是其主要的特征，所以，现代化风险造成的结果极具针对性和反思性。然而简单和自反现代化所面临的社会性质也是大不一样的，前者对应的是阶级社会，后者对应的是风险社会。

"风险社会"是人类对自身主体的过度张扬，它取代了宗教的统治地位，人们逐渐摆脱了神的束缚，使人类在整个宇宙中占主导性。但有时这种过度地张扬自身主导地位可能会适得其反，以致人类一切从自身的利益出发，大肆掠夺自然资源，破坏生态环境，阻碍了人类的长远发展，加速了风险社会的形成和发展。虽然"风险社会"是由人类活动所造成的，但又在极大程度上失去了人们对它的控制。因此，全球化和现代化的生产生活方式，催生出了"风险社会"。

马克思认为，人的历史发展划分为"人的依赖性""物的依赖性为基础的人的独立性"和"建立在个人全面发展和他们共同的社会生产能力成为他们的社会财富这一基础上的自由个性"三个依次更替的阶段，这三个阶段可以说是群体主体、个体主体和自觉的类主体的依次发展阶段，三个阶段相对应的是劳动、社会关系和人的需要。自然经济状态下，因为生产力水平低下，人们没有能力独立活动，人与人必须紧密联系，相互依赖，依靠群体为本体，这种情况下，人的生存方式和发展方式就需要依赖群体，随着生产力和生产关系的发展，进入到资本主义后，市场经济占主导地位，商品的流通打破了以往的人的依赖关系，个体逐渐从对群体的依赖中解放出来，发展成了人的独立性。换言之，市场经济的根本就是群体主体逐步向个体主体转变，成了以"物的依赖性为基础的人的独立性"的历史阶段。然而，因为资本主义离不开雇佣制度，于是便形成了人对物的依赖关系，人变为被物化的人，沦为金钱和商品的奴隶。人类如何摆脱物化？只能不断丰富和完善社会物质条件，当物质生活丰富后，人们才会渐渐摆脱"人"与"物"的双重依附，从而抵达最高的发展阶段，即类本位阶段，全面自由个性的发展阶段。当下，"个体本位"的存在仍然是一个不争的经验事实，然而，人类的生存方式按照变迁的轨迹，经历了群体本位阶段、个体本位阶段，目前正在向类本位时代发展，人们的生存方式也因此更加多种多样，人的主体性在未来会更加明显。

劳动是人的类本质，是一种本源意义上的人类的自觉活动。人的劳动实践活动构成了一种现实关系，即社会关系，人也依靠社会关系来生存。对于个体而言，人的自我和社会需求变为人发展的内在核心动力。人是自然属性、社会属性及精神属性的统一，那么，人的需求也就包括了自然、社会和精神这三个方面。人类的各种需要中，最根本的就是对美好生活的向往和追求，激励着一代又一代人不断发展与创新。但是"由于人类自然发展的规律，一旦满足了某一方面的需要，又会游离出、创造出新的需要"。

人的自由活动是人类生存和发展的基础，于是，马克思便从人的存在方式与存在意义来阐释人类社会实践。人们的生存现状远远不能满足人类日益增长的物质需求，人们便开始不断从实践出发，寻找出路，随着实践的层层深入，在全球范围内不断扩展，形成了一个交往主体密切联系的统一整体，人类便进入了一个高风险的风险社会时代。

第二节　工程风险的成因及对策

从类型上，可以将工程风险划分为六个种类：自然风险，如地质遗迹气象的重大改变，通常会造成电力、供水、通信等的中断，发生重大的安全事故，并带来工程成本的增加。社会风险，包括国家和地方的政策法规的改变，上级部门的干预带来的不确定性，发生了重大的工程安全事故后所产生的社会性，这些都有可能给工程带来巨大的损失。经济风险，包括利率汇率、物价、市场销售预期、资金筹措成本、投资环境五个方面的不确定性，这些风险的发生会导致工程收益的损失。技术风险，主要有设计方风险、施工方风险和监理方风险，任何一方的技术实力不达标或技术实施不过关，会影响到工程的成本、工期质量等，给工程造成损失。其他风险包括工期要求、施工质量要求、地方百姓干扰、不可测风险等。

工程风险的特点可以概括为五个方面：第一，普遍性和客观性，风险是客观存在的，人类不可能完全消除风险。对于工程管理来说，能够做到的是采取措施，改变风险发生的条件，降低风险发生的概率。随着人们处理风险的经验的累积，对风险发生的规律和表征也越来越了解，工程风险管理的水平逐渐得以提高。第二，不确定性，包括时间、地点、风险种类、导致的后果和程度的不确定性。风险可能发生也可能不发生，风险事件的发生在一定条件下受各种不确定因素的影响。第三，可预测性，工程管理者可以借助过往的资料和经验，通过分析研究，对某些相似风险发生的时间、地点、频率和所造成的损害程度进行判断和总结，结合一些定量分析工具，对工程风险事件进行评估和预测。第四，可变性，工程风险的可变性具体表现为：性质改变、导致的后果发生变化、新的风险产生、风险被消除。第五，阶段性，工程风险是分阶段发生的，一般包括风险潜在、风险发生、风险后果三个阶段。

正确识别工程风险是对风险进行评估和处理的基础和前提。识别工程风险主要是通过利用科学的方法客观地评价和判断工程风险，并对工程风险进行量化处理，从而为风险的评估和风险的规避提供量化支撑。目前对工程风险的识别主要包括以下几个方面：第一，明确工程风险识别的对象。工程风险的对象应该对工程的各个过程进行评价，并且要对工程过程中的大量的资料和数据进行排查，准确识别出工程活动中存在的风险，将工程实施的各个过程当作工程风险识别的对象。第二，统计不确定因素。在进行数据、信息收集和整理的基础上，结合经验带来的定性的分析和判断，对工程风险中的不确定因素进行统计和判断。在统计分析时，应该确定导致工程风险的因素中哪些是确定的，哪些是不确定的，如果导致工程风险因素是确定的，那么就可以在后续的施工中采取措施，避免该因素的影响；如果导致风险的因素是不确定的，应当根据其不确定性对其进行风险识别。第三，明确各类工程风险并分类。将工程风险识别对象中可能存在的风险事件进行梳理归类，明确各类工程风险事件，将这些工程风险的数据和信息建成数据库，记录每一类工程风险的表征、属性和特点，这样既方便工程风险本身的判断，也为后续工程风险的识别提供信息和数据的支持。第四，工程风险预测。在识别工程风险对象和将工程风险分类以后，对工程风险的预测则十分必要，需要了解其发展的规律和特征，然后对今后工程风险的发生进行预测，推测其发生的时间、地点、产生的原因、发生的形式以及可能会导致的后果等，从而为工程风险的规避和评价做准备。第五，建立工程风险识别数据库，编制工程风险识别报告。根据上述四个步骤，结合定性定量的判断，建立工程风险识别数据库，预测工程风险发生的方式、时间以及后果等，编制工程风险识别报告。帮助工程的相关管理人员正确地识别工程风险，并对工程的进展情况和收益进行预测和估计。

在工程的风险识别、风险评估之后，得到了风险的评估结果，下一步的工作就是处理工程风险。工程风险处理的主要目的是尽量减少风险、降低风险成本，并且提高工程效益，从而使得工程顺利实施，达到预期目标。所以，根据上述工程风险评估的结果，工程风险管理者可以采取以下几种工程风险处理方式，在具体的操作上，可以采取单独一种或者多种方式结合的形式进行风险处理，尽量避免风险导致的损失和不良后果：第一，工程风险缓解。风险缓解是指采取一定的手段和策略，其目的是降低风险事件发生的可能性，或者缓解风险的发生导致的不良后果。在实施工程风险缓解的过程当中，尽量将每一阶段的风险发生的概率都降到最低或至少在可承受的水平以下，每一个环节的风险的降低将大大减少整个工程的风险。比较风险管理在工程每个阶段的实施效果，可以判定风险管理在工程初期的实施效果是最有效的。工程风险缓解策略是一种主动出击的风险管理措施。第二，工程风险转移。风险转移是将风险转移至与项目相关的其他人、单位或组织。工程风险转移并不能规避工程风险带来的不良后果，而是通过相关的合同或是协议的形式，将工程风险可能导致的损失一部分或者全部转移给其他有承受能力的个人或者组织。工程风险转移主要有工程担保、工程保险、工程发包和工程分包四种方式。其中，工程的担保有投标、履约、付款、支付四种形式；工程保险的种类有保险建筑工程一切险、安装工程一切险、第三者责任险；工程发包是以合同的形式进行的，其种类有总价、单价、成本加酬金合同四种；而工程分包就比较多，比如水电分包，其目的都是使自身的风险得以转移。第三，工程风险自留。风险自留策略是指工程方在无法采用其他合适的方式来应对风险时，以积极的态度采取自行承担工程风险后果的风险处理方式。在计算收益时，自留风险所产生的费用可以划入成本。当有如下三种情况出现时，便可以考虑启用风险自留策略：风险已被识别，但是其中可以获得的收益大于风险导致的损失；风险已被识别，但是此时采取其他风险处理策略时所产生的成本大于风险自留策略；风险具有出现频率高，但风险具有后果小的特点。风险自留策略包括主动和被动两种策略。第四，工程风险回避。风险回避策略是指当识别判断到风险发生的可能性很大，其发生所导致的后果大、损失高，其他策略又无法达到更好的效果的时候，工程方不得不主动采取放弃工程或者改变实施方案和预期目标的一种风险处理方式。风险回避的目的是规避消除风险，包括主动预防和彻底放弃。主动预防采取的方式是从风险产生的源头做切入点，以达到彻底消除风险的目的。彻底放弃是一种消极的应对方式，也是最完全彻底的一种风险回避方式，但是采用这种风险处理方式将会使工程方的沉没成本加大，使工程方彻底失去其他的机会和收益的可能性，扼杀了创造力。实施风险回避策略时，必须对风险发生后可能导致的损失程度有比较准确的衡量，并且最好在工程实施之前或者工程生命初期，此时产生的成本相比于后期小得多。第五，工程风险监控。风险监控是指对项目实施的全过程进行连续的监督控制，其监控的标准是工程项目风险管理中制定的各个风险评估指标，通过全面追踪和计量这些指标，评价风险处理策略的实施情况。风险监控的最终目的是保证工程顺利可靠地完成，达到预期的目标。鉴于工程活动的风险是复杂并且具有不确定和突发的性质，风险监控的监控指标应该围绕基本问题，科学合理地监督和管理，并且建立反应及时的预警系统，制定有效的应对措施，对工程活动的风险进行高效监控。

第三节　风险视域下工程活动的经济分析

配套慕课视频

经济学的基本含义就是在理性的指导下追求效益的最大化，而工程活动同样也要追求自身效率的最大化，可见，工程活动与经济的密切联系是不言而喻的。随着科学技术的发展，工程活动的规模及其复杂性越来越大，相关的利益共同体也在不断扩大，因此，工程活动涉及的经济因素覆盖面也越来越广。工程经济分析的第一步就是要从众多的经济因素中确定工程经济要素。从工程经济分析的目的来看，主要是对工程设计方案投入运营后预期的盈利性作出经济评估，为工程投资决策提供依据。根据这一目的，工程经济分析的基本要素包括：

首先是对工程投资，即工程活动需要投入的费用总和的分析，包括投资的经济估算和融资方案的设计和评估。其中投资估算包括总投资的构成分析以及总资产的投资结构分析，比如对固定资产投资、无形资产投资、流动资产投资的估算和分析。融资方案设计主要包括资金来源的可靠性分析、融资结构分析、融资成本分析、融资风险分析等内容。

其次是工程运营费用分析。运营费用又称为运营成本、付现成本等，是指工程技术方案投入使用后在运行过程中所发生的现金支出。对于设备方案来说，运营成本包括运行使用费用（如人工、燃料、动力等）和维修费用（如保养、修理等）；对于单纯产品制造方案来说，运营成本包括人工费、原材料费用等；对于如道路、桥梁、房屋等永久性设施方案来说，运营成本包括维护、经常性修补、定期大修等费用；对于综合性方案如投资项目，则包含产品、设备、工艺技术等多个方面。因此，在实际的经济分析中，各种方案的运营成本的内容必须要根据具体的情况来进行确定。

第三个基本要素是运营收益，即工程技术方案投入运行使用后所产生的成果或收入分析。如对设备生产的产品、半成品或零件、建成的工厂投入生产后销售产品的销售收入或提供劳务所取得的收入进行分析。当然，这些收入或成果都是可以实现的，如果是质量不合格或是无法实现销售的产品（如半成品、零部件），则不应计入收益[①]。最后，还有一些其他的经常性支出，如各种税金、利息、保险等。

从工程经济分析的基本功能来看，主要是帮助工程决策者（设计人员或管理人员）作出正确的工程决策，主要目的是尽可能提高工程活动的经济效益或经济效果，是工程活动对资源的利用达到最大化。根据这一基本目的，工程经济分析主要包括：

第一，技术可行性基础上的经济分析。这一分析是为技术可行性提供经济依据，为技术创新和技术改造方案提供符合社会采纳条件的基本途径。第二，形成尽可能多地备选方案。多数情况下的工程设计和工程决策变量都是不连续的，只能在给定方案中进行选择。从决策和选择的关系来说，被选方案越多，达到最优化的可能性就越大，因此，在工程设计的时候形成尽可能多的方案，就成为增加选择几率，提高经济效益最大化可能性的最好途径之一。第三，着手对不同的方案进行差异比较。不同的工程方案在使用寿命、产出效益、投资和运行费用等各个方面都不相同，从工程经济分析的角度来看，更加注重工程方案之间的可比性。换句话说，只有不同的工程方案产生的结果之间的差别才对比较和选择活动产生影响，因此，工程经济分析只关注不同方案之间的差异性。比如，功能完全相同的，就只比较费用；投资相同的，可以只比较经常性的运行费用；费用相同的，可以只比较功能和效用。第四，恰当地选择影响正确决策的成本费用数据。在经济学的视域中，成本或费用（cost）有很多种不同的含义，比如，从会计的角度，为了保证会计数据的完整和正确，就要按照交易发生时的凭证加以记录，这被称为会计成本，也叫账面成本或历史成本；从财务税收的角度，充分考虑到税收的合理性与及时性，一般是按照一定周期（如年、季度、月）、与收入相对应调整的成本费用，称为应税成本。在工程经济分析中，比较强调的是机会成本（opportunity cost），而要极力避免使用与之相对立的沉没成本（sunk cost）[②]。其中机会成本是指由于资源的有限性，考虑了某种用途，就会失去其他被使用而创造价值的机会，在所有这些其他可能被利用的机会中，把能够获取最大价值作为工程方案使用这种资源的成本称之为机会成本；沉没成本是指过去已

① 黄有亮．工程经济学 [M]．南京：东南大学出版社，2006：28—32．
② 刘玉明．工程经济学 [M]．北京：清华大学出版社，2006：6—9．

经发生的、与以后的工程方案选择均无关的成本费用，换句话说，这些费用本身对所用的被选方案来说都是相同的、无法改变的，因此，在对工程的经济分析中就不予考虑了。

除了如前所述的对工程方案的一般性和经常性的经济分析以外，在当代的工程经济分析中，与不断变化的工程实践相关联的是出现了许多新的经济分析方法和新的经济分析领域，其中比较重要的就是对工程活动的不确定性分析和风险分析。

工程活动经济分析的不确定性，一方面是指影响工程方案经济效果的各种经济要素（比如各种价格、销售量）的未来变化带有不确定性，科学技术的进步和经济、政治形势的变化都会使生产成本、销售价格、销售量等等发生变化；另一方面，测算工程方案各种经济要素的取值（比如投资额、产量）由于缺乏足够的准确信息或测算方法上的误差，使得工程方案经济效果评价指标值带有不确定性。工程活动不确定性的直接后果就是使工程方案经济效果的实际值与评价值相偏离，从而使得按照经济评价所作出的决策带有不确定性，甚至造成决策的失误。为了提高经济效果评价的可靠性和经济决策的科学性，就需要在确定性评价的基础上进一步分析各种外部条件的变化或预测数据的误差对工程方案经济效果的影响程度以及工程方案本身对这些变化和误差的承受能力，这就是工程经济分析中的不确定性分析。

对于现代市场经济条件下的工程活动来说，面临着很多的风险。从风险的种类来看，主要包括市场风险、技术风险、资源风险、融资风险、配套条件风险、外部环境风险、信用风险等等，这就需要对工程方案或工程活动作出风险评估；从风险的程度或等级来看，一般包括一般风险、较大风险、严重风险和灾难性风险等。工程风险分析就是指工程主体通过风险识别、风险评价去认识工程的风险，并以此为基础，合理地使用风险回避、风险控制、风险分散、风险转移等管理方法、技术和手段对工程的风险进行有效的控制。一般来说，风险评估包括风险估计和风险评价。其中风险估计是估算单个风险因素发生的概率以及对工程方案的影响程度；风险评价则是对工程方案的整体风险，各种风险之间的相互影响、相互作用以及对工程的总体影响，工程主体对风险的承受能力等进行评估。风险评估包括风险因素发生概率的估计和风险损失程度的估算两个方面。为了有效地进行风险评估，一般首先划分风险等级，然后根据工程的具体情况和要求，选用比较适宜的方法对单个风险因素或工程方案的整体风险进行评估。

工程的经济评价是指对工程活动周期内各种有关技术经济要素和方案投入与产出的相关财务、经济资料数据进行调查、分析、预测。一方面，对工程方案的经济效果进行计算、评价，通过多方案比较，对拟建工程方案的财务可行性、经济合理性进行分析论证，作出全面的经济评价，为工程决策提供科学依据。另一方面，对工程活动的经济效果进行评价，根据评价的角度、范围、作用等分为财务评价和国民经济评价两个层次。

对工程方案进行经济评价的效果，一方面取决于基础数据的完整性和可靠性，另一方面则取决于所选择的评价指标体系的合理性。只有选取正确的评价指标体系，经济评价的结果能与客观实际情况相吻合，才具有实际意义。在工程方案的经济分析中，常用的经济评价指标体系包括两种类型：第一种是静态的经济评价指标，就是在不考虑时间因素对货币价值影响的情况下直接通过现金流量计算出来的经济评价指标，包括投资利润率、静态投资回收期、借款偿还期、利息备付率、偿债备付率等。静态评价指标的最大特点是计算简便，适用于评价短期投资工程活动和逐年收益大致相等的工程活动。另外，对工程方案进行概略评价时也常采用静态评价指标。第二种是动态的经济评价指标，就是在分析和评价工程方案的经济效益时要考虑时间因素对货币价值的影响，对发生在不同时间的效益、费用计算资金的时间价值，将现金流量进行等值化后计算评价指标。常用的动态经济评价指标包括内部收益率、净现值、净现值率、净年值、动态投资回收期等等。一般来说，动态评价指标能较全面地反映投资方案在整个计算期内的经济效果，适用于详细的可行性研究，或对计算期较长以及在终评阶段的技术方案进行评价。

财务评价是根据国家现行财税制度、价格体系和项目评价的有关规定，从工程的财务角度，分析计算工程活动的盈利能力、偿债能力的分析，考察工程活动在财务上的可行性。其中盈利能力主要是考察工程投资的盈利水平，它直接关系到工程投资的经济效益，是评价工程方案在财务上可行程度的基本标志，主要包括两个方面的内容：一方面是工程达到设计要求的正常条件时可能获得的盈利水平，即主要通过计算投资利润率、资本金净利润等静态目标，考察工程方案盈利能力在该行业同类可比状态下的水平程度；另一方面是工程整个寿命周期内的盈利水平，即主要通过计算财务净现值、财务内部收益率以及投资回收期等动态和静态指标，考察工程方案在整个财务周期内的盈利能力以及投资回收能力，判断工程方案的财务可行性与工程投资的可能性。而工程的偿债能力分析主要是考察工程组织的财务状况和按期还债的能力，这直接关系到工程的财务风险和工程组织的财务信用程度。

国民经济评价是从宏观角度出发，按照合理配置资源的原则，采用影子价格、影子汇率、社会贴现率、贸易费用率、影子工资等工具或通用参数，考察工程项目所耗费的社会资源和对社会的贡献，评价工程的经济合理性。其中通用参数影子价格的含义是指当某种资源实现最优分配时的边际产出价值，影子汇率就是外汇的影子价格，影子工资就是劳动力的影子价格，社会折现率是以全社会平均收益水平为基础、以风险报酬率和资金供应状况等作定期调整、修正而确定的。进行国民经济评价的主要步骤包括：根据国民经济评价指标所要求的基础数据，列出需作调查和调整的内容；针对需要调查和调整的内容，逐项确定其影子价格；将影子价格引入后测算出工程的费用和效益；编制国民经济评价报表；计算国民经济评价的各项评价指标；选定评价基准；最后是评价及结果分析。

第十章

工程责任

本章学习资源

配套慕课视频

第一节　工程责任：工程主体之义务

责任概念的内涵纷繁复杂。"责任"的出现首先所要解决的是人们之间的关系问题，因此可以认为责任产生于某种社会关系当中而不是个体的本身特有的属性，并且责任与产生责任的文化土壤息息相关，不同文化背景中的责任则具有不同含义。另外，如今责任的含义也与其初始含义相去甚远，并衍生了诸如法律责任、道德责任、直接责任、间接责任等，本文则重点从伦理学的角度阐释和分析责任。

《汉语大辞典》对"责任"的解释包含三条含义：①使人担当某种职务和职责；②谓份内应做的事情；③做不好份内应做的事因而该承担的过失。从词源上说，"责任"源于拉丁文的"respondere"，它意味着"负责任"，即"你为什么要做这件事"的回答。康德把"责任"看作是对道德律令的绝对服从。具有外部形式和内在规定，前者表明责任具有普遍的有效性，每个作为理性存在的个体都适合这种对责任的认识；后者表明要达成责任的共识，不但应使责任具备外在的普遍有效性，更重要的则是每个个体都具有"责任"的内在规定性，即道德律令的有效实行并非是出于外在的要求，而是出于自我的应当。

德国的韦伯、尤纳斯拓展了责任。韦伯提出了责任伦理的概念并区分了信念伦理与责任伦理，认为一个行为的伦理价值只在于其后果，行为者要义无反顾地对后果承担责任，并以后果的善来补偿或抵消为此后果所使用的手段的不当或可能产生的副作用。现代的科学技术带来的危机以及工程活动类型和方面的变化需要一种相应的预见和责任的伦理学，它要求人们对自己进行自愿的责任限制。这样道德行为的根本任务不在于"实践某种最高的善，而在于阻止一种最大的恶"①。因而尤纳斯、伦克等把责任伦理看作是科学技术时代伦理学的核心，其责任概念的基础是"因果力"，即人类的行为会对世界造成影响，这些行为都受行为者的控制，在一定程度上能预见后果。

马克思也认为责任问题具有优先性，"如果不谈谈所谓的自由意志、人的责任、必然和自由的关系等问题，就不能很好地讨论道德和法的问题"②，萨特在《存在与虚无》里论述了选择与责任的关系，他认为作为自由存在的主体，面对无限的可能，就必须选择，

① 忧那思.责任之原则——工业技术文明之伦理的一种尝试[M].法兰克福：法兰克福出版社，1984：78-79.
② 马克思，恩格斯.马克思恩格斯选集：第3卷[M].北京：人民出版社，1995：454.

由此"选择产生责任，责任带来烦恼，这是人对自身价值选择后果的深刻道德反省，人无法逃避和掩饰，如同基尔凯戈尔所说的'亚伯拉罕的烦恼'一样——在天使和儿子面前他必须做出选择……"[①]。而"责任者不能从自己身上获得巨大自身价值的确认，要体现责任者的社会价值就必须从责任者之外即从社会关系之中建立某种参照给予解读。"[②]

综合以上各种对责任的理解和解释，可以认为责任就是相对于自由意志的行动能力及其后果而言必须要承担的义务。

工程乃是一项集体的以至全社会的活动过程，尤其是当代高技术条件下的工程更是如此。这里不仅有科学家和工程师的分工和协作，还有决策委员会、管理者、监理、使用者乃至投资者等等的参与。每个参与者都试图在工程安排中实现自己的目的和需要，因此，责任的主体就不仅限于工程师，而是要涉及所有包括法人、决策者乃至作为使用者和消费者的广大公众。那么各不同主体的伦理责任也是多层次的，如何按照每个人所能起到的积极或消极的作用来分配相应的责任，则成为工程伦理实践的一个问题。因此，工程责任就是指工程主体对工程实践过程中所产生的后果所应承担的义务。其基本内涵有：其一，工程责任的承载主体是工程主体，既包括工程师，又包括工程的决策者，监督者和使用者等。其二，工程责任既是一个伦理学的范畴，又是一个法律的范畴。其三，工程主体是以工程师和工程组织的形式存在。其四，工程责任所关注的是工程的负面效应或消极后果，而非相反。其五，工程责任需要有能够承担责任的主体与之相适应[③]。

由于工程活动本身具有历史性、多样性、复杂性、实践性、集成性等特点，相应的工程责任也具有历史性、普遍性、复杂性、相对性等特点，按照不同的分类，工程责任可以有以下几种类型：

1. 按工程责任主体与其所负责任之事物的关系来分，可有义务责任、过失责任、角色责任。义务责任指的是工程师遵守甚至超越职业标准的积极责任。过失责任指的是伤害行为的责任。角色责任指的是由于处于一种承担了某种责任的角色中，一个人承担了义务责任，并且也会因为伤害而受到责备。[④]

2. 按工程伦理研究的两个视角来划分，可有前瞻性责任和追溯性责任。工程伦理研究一个视角是把工程作为一个整体系统来看待，另一个视角则是更关注工程本身，但二者并不排斥所共同关注的伦理问题，对应地工程责任问题研究也有两个视角，一个研究视角关注的是工程职业者的特殊责任，比如工程师、技术工人等从事工程活动中的责任问题。如果说第一个视角关注的是工程的"事前责任"或说是工程责任的"积极预防"的话，那么，另一个研究视角则更关注工程的"事后责任"或者说工程责任的"消极救济"。这个视角主要讨论工程应用给个人或社会造成负面影响的情况下，如何合理确定责任的

① 万俊人. 现代西方伦理学史：下卷 [M]. 北京：北京大学出版社，1990：161.
② 胡河宁，孙树平. 论责任范畴的伦理内蕴 [J]. 石油大学学报（社会科学版），2001，17（6）：65—69.
③ 杜宝贵. 论技术责任主体的缺失与重构 [M]. 沈阳：东北大学出版社，2005：21 页.
④ 哈里斯，普里查德，雷宾斯. 工程伦理概念和案例 [M]. 丛杭青，沈琪，译. 北京：北京理工大学出版社，2006：33.

归属及如何进行责任的承载问题。

3. 工程责任按照责任所涉范围可分为"自我责任"与"社会责任"。魏舍德尔认为，自我责任一是指"在我自己面前产生的责任"，二是指自己对自己、对自己行为的责任。比如"挑战者号"事件中的 O 形环首席工程师罗杰·博伊斯乔利就从自身的职业角度出发，提出不能发射的请求。一个人首先必须有自我责任之感，他才可能谈得到社会责任。由于工程活动的社会性特点，决定了现代工程不仅包括自我责任，更应该包括社会责任。此处的社会责任不仅包括眼前的责任，还要考虑到长远，为后代负责，为以后的自然和环境负责。因此，作为工程行为主体的自我既应向社会负责，也应向自我负责。

4. 工程责任按具体承载主体来分可有单方责任、双方责任和多方责任以及主要责任、次要责任和共同责任等。个人可以为故意地、鲁莽地或疏忽地导致的伤害负责。如工程实践中个人无意的操作失误，则责任在其个人。但在很多人共同导致伤害的情况下，个人无法为伤害负责，我们可以根据一个人为伤害负责的行为或怠惰的程度来分配责任。如"三鹿奶粉"事件中人为添加三聚氰胺，就不是个人行为，牵涉到政府、企业、奶农、中间商和销售者等，只能按其不同行为分配其主要责任和次要责任。

另外，工程责任按其承载方式不同，可分为直接工程责任和间接工程责任。按影响范围不同，可分为区域的工程责任和全球的工程责任。按其存在方式不同，可分为显在的工程责任和潜在的工程责任等。

工程责任主体：工程消极后果的承担者

主体是同客体相对应而存在的一个词语，对主体的认识是个漫长的过程，从普罗泰戈拉的"人是万物的尺度"的主客关系论，到笛卡尔的"我思故我在"主体命题，直至康德的"绝对理念"，都是对主体有意探究过程所得出的关于主体的蕴意。马克思从人与社会的角度提出了"个人是社会存在物"，认为主体是有意识并有能动性、创造性的存在，总之，主体应该是一种单个主体的意义和复数主体意义的结合体。

从"工程伦理"涵盖的内容而言，不仅包含工程师的伦理评价，而且还应该包括工程参与者人员的伦理评价。因此，不能狭隘地将工程伦理理解为工程师伦理，这样会引起工程责任主体的模糊，甚至缺失的问题。汉斯·尤纳斯曾明确指出，当代伦理学的核心问题是责任问题，但他并未触及责任的载体应该如何确定。既然责任是行为主体对在特定社会关系中社会任务的自由确认和自觉服从[①]，那么由于工程本身的复杂性导致工程责任主体难以界定，一方面各主体在工程中的角色存在差异，另一方面源于工程责任本身的复杂性。因此，工程责任主体可以定义为：在工程过程中，对于参与其中并对所产生的消极后果负有特定义务的个人和组织。

---

① 程东峰. 责任论 [M]. 北京：中国林业出版社，1994：14.

由于工程责任的主体包含在工程系统的过程中，并且工程活动的发展要受到地域、文化和传统等因素的影响，不同社会背景下的工程发展将产生不同的社会后果。因此，工程系统的各主体之间存在着相互的作用机制，构成了一个复杂的主体网络。

首先，工程责任主体间具有普遍连带关系。由于工程活动是一个连续发展的过程，造成工程责任主体也很可能是一个链条。所以，工程责任的承载就必须以一定的原则来进行，这个原则可以称之为普遍连带责任，亦即某个或某几个工程责任主体对特定工程责任主体的承载并不必然导致其他主体对这一责任的豁免，比如三鹿奶粉中的食品安全责任问题，三鹿集团对自己销售的三鹿奶粉存在的问题负有向消费者赔偿的责任，同时，如果中间商存在过错，也可以被索赔。由此可见，工程责任的承担者往往不是一次性能完成的，而是涉及诸多环节、诸多主体。主体间通过"普遍连带"的责任承载机制，使得受损者可以得到适当补偿，同时，也避免了责任的承载并不因单独施加于单个承载主体而造成其无法负担情况的出现，也同时体现了风险共担的市场平等机制。

其次，工程责任主体之间是双向互动关系。可以看出，以工程师及其共同体组织为核心因素，其他诸因素都同其发生着这样或那样的联系，而且，其他因素之间也由于同工程师及其共同体组织发生联系而存在着联系。比如杭州地铁坍塌事件、三鹿奶粉事件等，我们很难从中找到谁是真正的工程责任主体。因为在工程活动中责任主体间的作用是互动的，只要其中一个因素发生变化，将会引发一系列的变化，从而使得各工程责任主体间的关系变得更加复杂多变。也就是说，在工程责任主体间互动机制的驱使下，不同的工程责任主体在不同的时期将表现出不同的责任角色。

最后，工程主体间还存在责任选择冲突。由于工程活动关涉的层面错综复杂，工程主体之间也同样存在着复杂的关系，势必会出现责任选择两难情势下的责任冲突。比如作为个体的工程师，为了忠于雇主的利益或者获得自己的发展，处于自我和家庭利益的考虑，工程师的责任则在于服从所属部门的决策而不问命令的合理性；如果从社会公益目的出发考虑，在工程活动中为了避免对公众造成潜在的危害，其责任在于完全放弃任何有害于公众利益的工程活动。这样，工程师本身的角色冲突就会产生责任的选择冲突。同样，对于其他责任主体，同样存在着这样的责任冲突问题。所以，工程责任主体间的作用存在着冲突的问题。而责任冲突最终是通过责任选择来最终化解的，"各种角色之间发生冲突，将扮演者置于尴尬、矛盾之中，最后扮演者必须采取某种行动才能最终和解这场冲突"。[①]

---

① 库铂. 行政伦理学：实现行政责任的途径 [M]. 北京：中国人民大学出版社，2001：12.

第二节 工程责任主体问题的凸显

所有的哲学都是问答逻辑：时代提出问题，哲学做出回答。正如摩尔所说："照我看来，在伦理学上，正像在一切哲学学科上一样，充满其历史的困难和争论主要是由于一个十分简单的原因，即由于不首先去精确发现你所希望回答的是什么问题，就试图做答。"[①] 从这个意义上说，任何学术研究首先要做的就是去寻找问题，也就是我们常说的要有"问题意识"。具体落实到现代工程活动的伦理研究，就是首先去了解和分析其中存在的伦理问题。本文试图从美国"挑战者号"航天飞机失事事件和"三鹿奶粉"事件这两个案例出发，分析和探讨工程责任主体问题。

一、两个案例："挑战者号"失事和"三鹿奶粉"事件

案例 1：1986 年 1 月 28 日，美国"挑战者号"航天飞机在发射后的第 73 秒爆炸了。这场灾难不仅夺去了 6 位宇航员和中学女教师克里斯塔·麦考利大的生命，还摧毁了价值数百万美元的设备，并使美国国家航空航天局（NASA）声誉扫地，而在发射前一天的晚上，O 形环首席工程师罗杰·博伊斯乔利就在莫顿·瑟奥科尔公司与马歇尔航天中心的电视会议上提出了不能发射的主张，因为他们认为，O 形环在低温下的密封性能不够。O 形环是火箭推进部之间密封装置的一个部分，如果丧失了太多弹性，就起不到密封的作用，结果将是炙热气体泄露，点燃存储仓内的燃料，导致致命的爆炸。发射前相关部门征询瑟奥科尔公司专家们的意见时，马歇尔中心的宇航局火箭专家们也的确认真地听取了博伊斯乔利和他的同事关于推迟发射的分析，但他们感觉听到的都是一些情绪化的东西，理性的东西太少。虽然博伊斯乔利也出示了一些数据，但都不是决定性的，因此需要瑟奥科尔公司高层给出一个最终的决定。瑟奥科尔的高级副总裁杰拉尔德·梅森综合考虑到国家航空航天局迫切需要一次成功的飞行，而如果不发射也不利于瑟奥科尔与NASA 新合同的签订，于是没有采纳工程师们不能发射的主张。梅森对监理工程师罗伯特·伦德说："收起你那工程师的姿态，拿出经营的气概。"[②] 于是公司的高层做出同意发射的决定。尽管国家航空航天局知道瑟奥科尔公司改变了关于发射的决定，但却没有追问他们为什么改变决定，最终导致了悲剧的发生。

案例 2：2008 年 9 月，卫生部就甘肃等地报告多例婴幼儿泌尿系统结石病进行调查，发现患儿多有食用三鹿牌婴幼儿配方奶粉的历史。经相关部门调查，发现 2008 年 8 月 6

① 摩尔. 伦理学原理 [M]. 长河，译. 上海：上海人民出版社，2003：1.
② 罗杰斯委员会（Rogers Commission）. 挑战者号航天飞机事故总统委员会的报告（Report to the President by the Presidential Commission on the Space Shuttle Challenger Accident）[R].Washington.DC，1986：772-773.

日前出厂的部分批次三鹿婴幼儿奶粉受到三聚氰胺的污染，市场上大约有 700 吨。卫生部专家指出，三聚氰胺是一种化工原料，可导致人体泌尿系统产生结石。随后检查发现从三鹿、蒙牛、伊利乃至全国几乎所有的大品牌都一一囊括，至此"三聚氰胺"事件爆发，举国震惊。据卫生部通报，截至 2008 年 12 月底，全国累计报告因食用三鹿牌奶粉和其他个别问题奶粉导致泌尿系统出现异常的患儿共 29.6 万人，2009 年 1 月 22 日下午二时，三鹿问题奶粉系列刑事案件开始在石家庄市中级人民法院一审宣判。原三鹿集团董事长田文华被判无期，张玉军、耿金平被判死刑，高俊杰被判死缓，张彦章、薛建忠被判无期。另有多人被判有期徒刑。

二、由案例引出的工程责任主体问题

首先我们来分析一下"挑战者号"失事事件。很明显这一事件的原因就是一个小小的 O 形环，所涉及的责任主体包括 O 形环首席工程师罗杰·博伊斯乔利，O 形环生产商莫顿·瑟奥科尔公司高级副总裁杰拉尔德·梅森，美国国家航空航天局。要完成航天飞机的发射，必须经过工程师、生产商以及航空航天局的一致同意。但是追究这一悲剧的责任承担者却存在很大的困难：工程师已经指出了发射的安全隐患，公司的高层认为工程师提供的证据不足以做出推迟发射的决定，并且按期发射更有利于公司的发展，国家航空航天局根据公司的意见做出发射的决定，每一个主体都按照相关要求完成了自己的职责。因此，我们可以看出，一方面，"挑战者号"本身存在有自身所无法克服的技术缺陷问题；另一方面，也存在组织、人事和管理决策等方面的问题。这里面的核心内容就是风险与利益的协调与平衡问题：尽管工程师指出发射的风险，但是为了自身的利益，不论是生产商还是航天局，都认为工程师推迟发射的建议没有充足的数据支持，工程师指出的安全隐患是常规的工程风险。

在"三鹿奶粉"事件中所表现出来的问题主要有三个，问题之一是奶粉中蛋白质检测标准和方法的问题。时任工业和信息化部部长李毅中指出：不法分子将三聚氰胺添加到原料奶中，钻的是凯氏定氮法测定奶粉蛋白质含量的漏洞。国标 GB/T5413.1–1997《婴幼儿配方食品和乳粉蛋白质的测定》明确，使用凯氏定氮法测定奶粉中蛋白质的含量，这一方法是目前国际通用的测定蛋白质的方法。凯氏定氮法，是指通过测量氮元素的含量，并利用氮元素与蛋白质换算系数，来计算乳制品中所含蛋白质总量的方法。在分析过程中，所有含氮物质均被统计成蛋白质总量。三聚氰胺含氮量高达 66%，一旦被掺入乳制品中，就可以提高氮的含量，造成原料奶蛋白质含量虚高。而其价钱，只有蛋白原料的五分之一。于是一些不法分子就钻空子，在奶液中添加三聚氰胺，误导为"蛋白精"。这也暴露出我们在食品质量监管中存在重大安全漏洞。①

① 黄全权，冯晓芳.李毅中就乳制品行业管理答记者问 [EB/OL].（2008–10–03）[2020–09–17].http://news.xinhuanet.com/newscenter/2008–10/03/content–10145347.htm.

"三鹿奶粉"的问题之二是当地政府瞒报。时任河北省副省长杨崇勇表示，三鹿公司2008年8月2日向石家庄市政府报告奶粉存在问题后，市政府直到9月9日才向省政府报告，应承担重大责任。问责追查的进展是继石家庄市原副市长张发旺被免职后，石家庄市委原副书记、市长冀纯堂党内职务也被免，加上已被免职的畜牧水产局局长、质监局局长、食品药品监管局局长，石家庄市政府从市长到局长为"三鹿事件"付出丢官罢位的代价。国务院常务会议决定，在全国全面检查奶制品，整顿奶制品行业 [①]。

问题之三是各级责任主体对利益的盲目和过分的追逐。不法分子添加三聚氰胺的目的非常明确，就是为了得到更多的经济利益，牛奶生产企业装聋作哑，也是为了经济利益。地方政府瞒报的目的则是为了粉饰太平，追求政治利益。在利益的驱动下，他们置消费者的生命安全于不顾，千方百计寻找质量监督和检查系统中的漏洞，

综合两个案例不难看出，从技术上看，这两个事件的原因非常明显，一个是 O 形环的技术质量问题，一个是蛋白质检测方法存在引发问题的可能性。但是，当我们追究工程责任主体时，却并不是那么简单了。因为从整个工程实践的过程来看，工程责任的产生是一个复杂的过程，引发的工程责任主体问题也是个复杂的过程，是各种内在和外在的因素交织在一起共同作用的结果。

三、当代工程责任主体问题的特点

通过上述两个案例的分析，我们可以看出，当代工程责任主体问题有以下几个特点：

首先，工程责任主体面临的风险越来越大。随着科学技术不断发展，工程在人类发展进程中占据着越来越重要的地位，人类已经不仅生存在自然中，而且更直接地生活在工程环境中。从现代工程的发展和变革来看，现代工程已经不是以往古代工程、近代工程那样的是经验、技艺的产物，而是现代科学、现代技术等知识物化的结晶。"工程科技是人类文明进步的发动机" [②]，工程活动已经成为社会文明的重要标志之一。现代工程中，无论是技术原理的形成到工程系统的集成与发展，现代科学知识的因素大大增加了，科学知识对技术和工程的先导作用明显增强了。特别要注意的是，在现代科学学科分化和综合集成的影响下，工程学科在高度分化的同时，综合集成的趋向也在明显增强，并且产生了一批新兴的工程领域，例如生物工程、信息工程、环境工程等。随着计算机系统、信息系统等各类工程领域的发展和深入，使得现代工程在更高层次得到新的发展。但是，与之相伴的是工程活动中的不确定因素也越来越多，比如奶粉中蛋白质检测方法从纯粹技术的角度来看本身并没有问题，但是却潜藏着巨大的漏洞；"挑战者号"使用的 O 形环

---

① 马九器．"三鹿"真相渐明 改革任重道远 [EB/OL]．（2008-09-18）[2020-09-17].http://www.zaobao.com/special/ china/milk/pages/milk080918r.shtml.
② 江泽民．在 2000 年国际工程科技大会上的讲话 [R]．北京，2000.

的使用本来就存在温度条件限制，但是究竟在多大范围内才能够保证飞行安全却是一个至今仍在讨论的话题。责任是行为主体对在特定社会关系中社会任务的自由确认和自觉服从，人之所以能够进行选择并承担相应的责任，主要在于人的自由①。因此，人的责任范围和责任限度是与人类的自由选择能力紧密相连的。在科技迅猛发展的今天，人类的工程实践活动有了重大飞跃，人们的自由度也越来越大，人的自由选择能力也不断提高，其后果就是工程责任主体面临着更大的风险。

其次，现代工程责任主体所涉及的范围越来越广。工程乃是一项集体的以至全社会的活动过程，尤其是现代高技术条件下的工程更是如此。这里不仅有科学家和工程师的分工和协作，还有决策委员会、管理者、监理、使用者乃至投资者等等的参与。每个参与者都试图在工程安排中实现自己的目的和需要，因此，现代工程责任的主体就不仅限于工程师，而是要涉及所有包括法人、决策者乃至作为使用者和消费者的广大公众，那么各种不同主体的伦理责任也是多层次的，工程活动中到底谁来为某事承担责任，同样是复杂的。也就是说，工程活动中工程主体的多元导致了主体责任的多元。比如三鹿奶粉的生产中，就包含了奶农、生产厂家、中间商等。而一个大的工程，则包括提供理念的人、集体领导、合作者、赞助人、鉴定专家、决策委员会等都是有份的。在特殊情况下，这也会导致没有谁肯负责任，因为总责任被参加者的数量除尽了，变得小到可忽略不计的程度；或者个人虽然也是在一个专门委员会中一同参与了决定，但作为个体自然不会与此委员会完全一致。也就是所谓的"人人负责人人都没责任"。如何按照每个人所能起到的积极或消极的作用来分配相应的责任，则成为困扰工程伦理实践的一个问题。

第三，工程主体责任的追究越来越困难。工程是创造和建构新的社会存在物的人类实践活动。一个完整的工程应当包括工程活动的全过程和工程活动的成果，工程过程和工程结果不可分离，最后的成果和产物只是工程过程的组成部分。我们可以把工程的结构特征设想为立体圈层结构：它的内层结构是指纯技术要素的集成与组合；它的外圈是指资源、知识、经济、社会、文化、环境、政治等相关要素，内圈和外圈在工程活动中呈现为一种互动的机制。一方面，技术要素本身的状况和水平也改善和规定着与外圈结构要素之间的协调方式；另一方面，当外圈结构发生变化时，技术要素的继承方式也会变化。比如"挑战者号"事件涉及众多的专业工程师、企业高管和政府结构的官员；"三鹿奶粉"事件中也牵扯到了包括官员、企业领导、中间商等很大范围的责任人，具体的责任认定工作也十分复杂。

如果说古代的传统工程都是以工匠技术为其后果"负责"的话，那么，其责任的承载主体、承载范围以及承担方式都可以明确做出划分，而且传统的工程对社会的、自然的、伦理的消极后果还远未形成与现实直接的冲突和矛盾。而现代的工程活动是一项包

---

① 程东峰.责任论[M].北京：中国林业出版社，1994：14.

含了伦理、经济、技术、知识、管理等各种要素的物质建造性社会活动，不同要素密切纠缠在一起，一旦出现像上述"挑战者号"悲剧和"三鹿奶粉"事件则很难确定谁是责任主体，由此出现责任的追究困境。因此有观点认为责任问题是工程伦理中的核心问题。随着现代化工程的渗透，人类的责任在客观上是增加的，而作为理性存在的人类本身则应该清醒地认识到这些增加了的责任，工程的高度分化与建制化发展使得工程的责任主体多元化，相应也导致主体责任的多元化，价值判断标准的多元化及各种利益冲突则造成价值判断困境，因而一旦出现问题则很难追究到谁应该真正为之负责。因此，工程责任问题以及由此带来的工程责任主体问题也是伴随工程社会成长而出现的特有社会现象。

第三节　工程责任主体问题的成因及其求解

配套慕课视频

通过前面的案例分析及其给我们的启示不难看出，在现代工程活动中，主体的多元化带来主体责任的多元化，因而使得工程的责任追究越来越困难，其中最主要的就是难以界定工程责任的主体。工程责任主体问题的后果是一方面将妨碍工程目的善的实现，从而从物质层面上使得人类遭受重大损失。另一方面将使得作为人类道德核心价值之一的"责任意识"遭到否定和抛弃。出现这个问题的原因是多方面的，既有工程共同体内部的原因，也有外部社会对工程活动的期望与理解的原因；既有现代科技活动的运动规律对工程活动的影响，也有工程活动的组织形式、管理方式对工程活动的影响。尽管我们可以感知到工程责任主体的客观存在，但却很难找寻到造成工程责任的真实主体，他们往往为其他社会关系所遮蔽，从而形成工程责任主体问题。这也指在工程社会中，工程的责任者"不在场"或者即使"在场"也可能呈现出难以追究的状态的一种社会现象。

按照伦克给责任的定义：某人／为了某事／在某一主管面前／根据某项标准／在某一行为范围内负责。甘绍平将责任分解为五大要素：某人是指行为主体，即责任主体，是那些具备自由意志，并对道德规则和自己的行为后果拥有最起码的认知能力的行为主体，他可以是个人，也可以是团体；某事是指行为对象（人或物或事件或任务）及行为后果；在某一主管面前是指通过评判与制裁的方式为责任主体责任的履行提供有效保障的责任的监督机制，包括内在法庭（良心）和外在法庭（社会监督体制）；根据某项标准是指分析行为主体所处的具体情境，行为主体对自己的行为后果在下述情况中必须承担责任，即①该后果是由自己的行为直接引起的，②该行为与自己的行为有着某种关联，③该后果是可以预见的，④该行为本来是可以避免的；在某一行为范围内是指相应的行为与责

任领域 [①]。综合以上各种对责任的理解，可以将其困境产生的原因归结为以下三个方面。

一、责任主体的悬置及其破解

一个人生活在社会中，处于种种错综复杂的社会之中，总是具有多重角色，与此相应，他的角色责任也是多方面的。一般来说一个人的社会角色有四种，分别是亲情角色、职业角色、社团角色和公民角色。道德规范从他律向自律的转换，在社会层面上，是通过责任和义务系统来充实和实现的，是对"应当"的认同，对"责任"的承担。[②] 康德："只有出于责任的行为才具有道德价值。"[③] 责任作为一切道德价值的基础，它不仅是一个理论问题，更是一个实践问题。脱离了实践就不能称之为真正意义上的责任。

了解工程活动中的各角色责任首先必须从工程的社会性特点进行分析。工程的社会性通常是指，工程是具有一定规模的、有组织的生产或建造活动，而不是手工业式的、个体性的行为。工程的社会性首先表现为实施工程的主体的社会性。特大型工程，实施工程的主体通常是一个有组织、有结构、分层次的群体，需要有分工、协调和充分的内部交流。而在这样的群体内部，又有不同的社会角色：设计师，决策者、协调者以及各种层次的执行者，各施其能。其次，工程的社会性表现在工程特别是大型工程对社会的经济、政治和文化的发展具有直接的、显著的影响和作用。如铁路交通工程、南水北调水利工程、能源工程等，通常都会对一个国家一个地区的社会生活产生深刻的影响，并显著的改变当地的经济、文化及生态环境，最后，由于工程项目的目标比较明确，工程实施的组织性、计划性比较强，因此，社会对工程的制约和控制也比较强，一个大型工程项目的立项、实施和使用往往涵盖政府、企业和工程师等不同主体，从而能反映出不同的阶层、社区和利益集团角色之间的冲突。

因此，在从事工程活动时，工程责任主体往往并不是单一的社会角色，而是承担着多重的社会角色。"行为日益发生在由于分工而高度分化和等级化的组织之中，以及发生在通过市场沟通的或者匿名化的关系之中，由此，对于日益延伸的后果链以及他人行为的责任要求大为提高了，责任感则由于自己行为效应和相关性的缺乏而降低了。"[④] 工程活动中的每个人或每个团体都处于种种错综复杂的社会关系之中，这里不仅有科学家和工程师的分工和协作，还有决策委员会、管理者、监理、使用者乃至投资者等等的参与。每个参与者都试图在工程安排中实现自己的目的和需要，因此，现代工程责任的主体就不仅限于工程师，而是要涉及所有包括法人、决策者乃至作为使用者和消费者的广大公众，那么各种不同主体的伦理责任也是多层次的，如以工程师个人责任为例，就不仅包括亲情责任、职业责任、社团责任和公民责任等多个层次的角色责任，而且还包括超越

---

① 甘绍平.应用伦理学前沿问题研究 [M]. 南昌：江西人民出版社，2002：120—123.

② 陈根法.心灵的秩序——道德哲学理论与实践 [M]. 上海：复旦大学出版社，1998：19.

③ 康德.道德形而上学原理 [M]. 苗力田，译.上海：上海人民出版社，2002：15.

④ 恩德勒，等.经济伦理学大辞典 [M].李兆雄，陈泽环，译.上海：上海人民出版社，2001：542.

了个人的亲情、职业、社团、甚至公民地位的一般责任，即人之为人的自然责任；再以工程活动团体责任为例，每一个层级的团体不仅具有自己独立的责任，而且也必须服从更高层级的团体所负有的责任。

工程活动的主体多元性和复杂性特点使得影响工程活动后果的不仅包括工程师、也包括企业管理者、政府、消费者等等。工程活动中各主体角色的复杂性会带来责任分配的复杂性，从而导致责任主体的悬置。一方面突出表现在众多的单个人的行为会发生聚合效应，当产生了严重后果（如环境污染、资源消耗）时难以确定其中个人的责任；另一方面是在分工细化和分工合作的社会里，由于劳动分工造成个人责任难以确定。[①] 比如追究某一项工程事故的责任，因为工程项目技术复杂，规模宏大，分工细密，组织庞大，难以找到具体的责任人；二即使找到责任人，他也有可能无能力承担巨大的责任负担。从三鹿奶粉事件可以看出，参与其中的不仅有政府、奶农还有中间商，而挑战者号航天飞机失事事件中也包含 O 形环工程师罗杰·博伊斯乔利和监理工程师罗伯特·伦德，还有莫顿·瑟奥科尔公司以及马歇尔航天中心和国家航空航天局等，而从三鹿事件的结果看，原三鹿集团董事长田文华被判无期，张玉军、耿金平被判死刑，高俊杰被判死缓，张彦章、薛建忠被判无期。另有多人被判有期徒刑。但真正牵涉的责任主体远远不止这些人，当许多人们进入决策链时，因为行为主体的复杂性和多样性，往往使得有一部分责任主体变得模糊起来，这时责任的承担就必须以一定"普遍连带"的原则来进行，也即某个或某几个工程责任主体对特定工程责任的承担并不必然导致其他主体对这一责任的豁免[②]，还甚至出现谁都有责任，但谁都不负责任的可悲结局，也就是所谓"有组织的不负责任"（Organized irresponsibility）[③]。

破解这一困境的主要路径就是努力改变工程活动中"技术发展的匿名性和无主体性"[④]，进行个人责任和集体责任的划分，建立起与之相应的风险防范机制和民主决策机制，分散权力的范围和力度，在对话与共识中强化工程责任主体意识。

二、工程责任主体的价值困惑及其疏解

工程自古以来就是人类以利用和改造客观世界为目标的实践活动，是人类将基础科学的知识和研究成果应用于自然资源的开发、利用，创造出具有使用价值的人工产品或技术活动的有组织的活动。根据工程满足主体需要的层面不同，工程价值可以分为工程的经济价值、政治价值、生态价值、军事价值、社会价值或人文价值等。[⑤] 这就意味着工程实践具有价值取向和价值内涵。在工程实践过程中人们在面临的世界观、人生观、

---

① 张铁山．论阻碍工程师伦理责任发挥的因素及其对策 [J]．漯河职业技术学院学报，2006，5（1）：92-95．
② 孙萍，杜宝贵．技术责任问题研究述评 [J]．科技管理，2003（8）：25-28．
③ Beck U. Gegengife-Die organisierte Unverantwo rtlichkeit[M].Frankfurt：Suhrkamp，1988.
④ 格鲁恩瓦尔德．现代技术伦理学的理论可能性与实践意义 [M]．白锡，译．国外社会科学，1997．
⑤ 殷瑞珏，汪应洛，李伯聪．工程哲学 [M]．北京：高等教育出版社，2007：147．

价值观乃至理想、信念、人格的矛盾和冲突时往往不是依靠外在统一的价值原则来解决，而是把终极价值私人化，把生命意义和价值变成个体的自我认证和良知决断，从而使得价值变得相对模糊。

事实上，现代工程社会中存在着工具理性和价值理性的冲突。工具理性的核心在于处理手段和目标之间的关系，而价值理性的核心不是选择最佳的手段去实现目标，而是"绝对地、无条件地、不计后果地遵从某些价值准则行事。"① 工程主体要为之承担责任的东西，首先当然是为行为后果，不过，这指的是所能评估到的行为后果。其次，还涉及一种行为后果或附带出现的后果是否实现了价值还是造成了代价。而这样说的前提在于，我们已经具有伦理学上的评价标准。工程作为一种手段，其最终目标是包含一切后代在内的福祉，然而，这个最终目标既不能使自身在文化上一成不变，也不能以一变应万变。因此，不能以价值相对主义为结果，因为正如一切科学陈述并非表达绝对的知识，而是表达当时的认识状况一样，一个社会的价值和规范的状态是历史形成的诸条件的组合，无视它们，意味着宣告退出所属的集体。就此而言，不能排除诸价值的变化和价值转换，但价值的变化和转换只能处于社会容许的条件之下。在一个开放的社会中，在复杂的工程环境中，不得不为达成意见一致找到批判性的协调办法。所以更多情况下是一种折中式的妥协。

由于"责任的最一般、最首要的条件是因果力，即我们的行为都会对世界造成影响；其次，这些行为都受到行为者的控制；第三，在一定程度上他能预见后果。"② 这里的责任问题可以归结为价值问题：责任选择是一种价值选择，责任判断是一种价值判断。因此，工程责任主体的困境之一就是在进行价值选择和价值判断时缺乏统一的价值观。一方面，当我们面临各种各样的利益冲突和价值冲突时，难以进行价值判断和价值选择；另一方面，整个社会的价值多元化和快速变化的价值标准让我们难以进行价值整合。其实我们在现实生活中，选择是与非、善与恶、对与错、有价值和无价值还是比较容易的，困难的是对责任冲突的选择，它要求人们在是与非之间、善与恶之间、对与错之间以及两个有价值的东西之间进行一种非此即彼的选择③。

工程责任主体最大的价值困惑，就是维兰德所说的，看不到从内容的意义上对特定的价值规范或终极价值目标进行论证。维兰德指出要以行为后果为导向，然而人们在权衡行为后果是否可接受时，总是需要依据一定的价值规范或一个终极的价值目标，这实际上是为负责任的行为提供尺度和前提，但却没有对相关内容上特定的价值规范或一个终极的价值目标进行论证。也就是说，行为主体只知道应对其行为后果负责，但他却不知道到底如何去做或为什么要这样去做④。

① 张德胜，金耀荃，陈海文，等 . 论中庸理性：工具理性、价值理性和沟通理性之外 [J]. 社会学研究，2001（2）：33–42.
② Jonas H. The Imperative of Responsibility[M]. Chicago: University of Chicago Press, 1984: 90.
③ 谢军 . 论责任冲突中的选择尺度及方法论原则 [J]. 湖北大学学报（哲学社会科学版），2006，33（5）：548–552.
④ 甘绍平 . 应用伦理学前沿问题研究 [M]. 南昌：江西人民出版社，2002：132.

在现实生活世界里，价值困惑主要表现在有形的物质价值和无形的精神文化价值选择的冲突。具体到工程活动中，人们对工程过程、工程结果乃至工程目的的价值判断都是多元的，不同的主体有着不同的期望值。而工程活动中工程理性所表现的只是单一的追求效益最大化的单一价值观。因此，生活中的多元价值观与工程中的单一价值观在社会实践上出现严重了价值取向和价值判断的冲突。而且，各工程责任主体认为的价值标准差异很大。以三鹿奶粉事件来看，添加三聚氰胺的人认为能让他带来经济效益就是好的，而消费者则认为这样的行为是恶的、是令人不齿的行为。

当代中国的工程发展还处在这种价值困惑的选择中：一方面处在"从群体依赖性"向"个体独立性"转变的历史时代；另一方面，西方的文明已走过上述阶段进入从"个体独立性"向以主体间性为基本特征的"类主体"转变之中，这当然也对当代中国的工程发展造成一定的影响。也就是说，当我们启蒙个人主体性时，主张张扬自我个性时，西方社会正在消解个人主体性，而且也不得不与西方社会一道吞噬着工业文明酿成的苦果。如何尽快走出工程活动中出现的价值困境，关键在于要用责任来诠释主体，因此当前的主要任务是，既要考虑到我国历史传统所造成的工程活动中无"个人"、"自我意识"、"责任主体"概念之现实，又要面对西方强大的反个体主体性思潮对工程实践的冲击。

三、责任追究困境及其求解

德国的汉斯·伦克认为工程责任的主体间存在着动态的作用关系。"个体的责任和集团的责任并不具有相同的含义。他们不能简单地互相还原。尽管在社会现实中，这些责任可能有些交叉的部分，但是一种类型的责任是不能取代另一种的。"[①] 比如，在特定的工程项目中，从工程的提议、论证、设计、实施和运行的整个过程看，各工程责任主体所分担的责任并不是一成不变的，相反，始终发生着变化。假设工程的提议符合客观实际情况，会给社会带来福利，如果在设计阶段出现的问题被带到实施中出现了严重后果，责任的承载主体就是设计者和论证者；但是，假如实施者同样存在偷工减料的行为，那么，这个责任主体就出现了从一种责任主体向两种责任主体转变的过程，这时就牵涉到实施者和监理者。同样，在工程实施的各个环节都有可能出现类似的现象，一个工程责任主体可能会对特定的一种工程责任负责，同时，在其他情况下，该责任主体就可能存在"免责"的可能性，工程责任主体间对责任的承载处于一种动态的状态中。所以，追究工程责任是一件十分困难的事情，导致这种困难的主要原因在于工程活动自身的特性。

工程活动本身具有多样性和复杂性的特征，工程实施中有不确定性，工程后果具有不可预测性，这些都将导致责任的归结、分配的困难，

首先，在现代科技迅猛发展的今天，为了执行和完成难度很大的确定性判断，各种

---

① Lenk H.Progress Values, and Responsibility[EB/OL].（2000-03-20）[2020-09-17].www.scholar.lib.vt.edu/ejournals/SPT/spt.htlm.

门类的专业系统程序自身设计得超乎寻常的复杂，就是这种复杂性可能会将更多更大的不确定性带入这个世界，可能会导致更大范围更大程度的混乱无序，甚至会导致更为迅速更为彻底的瓦解和崩溃①。一般来说，工程从设计之初，到实施到使用等整个过程中，各个环节都有可能出现需要判断和决策的问题，对每次特定目的的转型（从起初境况到终极境况）都是要承担责任的②。也就是说任何一个对工程中出现的问题进行的判断决策都有可能会产生不同的结果，而判断的困境也在于究竟什么是终极境况，什么样的判断和决策能使得最终的结果是最好的。这就使得人们在工程活动中出现了由于评判标准不一或者不同的决策导致不同结果所造成的责任追究困境。

其次，工程活动中人们行为的目的与结果之间的联系变得越来越复杂，工程活动的后果具有不可预测性会带来极高的风险，从而也会带来责任追究困境。一方面，工程师的知识具有不完善性。现代工程活动中，由于人类自身能力的局限，工程师在处理工程技术与社会的关系方面及全面把握工程技术规律方面，存在着难以逾越的知识局限。另一方面，现代工程是一个包含了技术、社会、经济、政治、伦理等因素在内的复杂的非线性系统，其内在的不确定性使我们处于极大的风险之中，其间任何一个因素的微小变化都有可能导致系统的整体产生无法估量的巨变。近阶段发生的杭州地铁坍塌事件，"5·12"地震中倒塌的那些学校建筑，三鹿奶粉事件，无不告诫和提示人们现代工程的巨大影响性，也揭示了我们对今天的科学技术和它们引发的各方面的变化还缺乏深刻的理解，我们的制度、法律、道德实践等也不能够跟上这种发展，不足以合理地运用和引导这种巨大的力量。总之，评判标准的缺失或单一化或多元化都将造成一项工程活动的责任追究困境。

另外，工程活动的后果的难以预测性还可能导致工程责任主体的"积极指导"受挫。众所周知，工程责任是一种前瞻性责任，不仅要求行为主体以行为后果为导向，而且还要求以它为基础，但工程后果的难以预测性使得这个基础并不牢固。因为，除了科学技术知识本身的不确定性之外，工程活动的后果是通过与环境（包括自然环境、人工环境与社会环境的互动）的相互作用才产生的，而这个作用过程是一个不断地持续的过程，不仅新的因素会不断介入，而且前面的过程也会对后面的过程产生影响，其间的复杂性是我们根本无法确知的，因此，才会出现象博伊斯乔利那样有着强烈责任心的工程师做出正确技术判断却得不到支持从而发生悲剧结果的受挫现象。甘绍平在驳斥维兰德的质疑时说："人类的未来确有不可预测性，但可以肯定的是，如果人类整体继续不负责任地摧毁自己的生存基础，那么人类就根本没有未来，这一后果是完全可以预测的。而一旦出现了这一后果，那一切就都晚矣，这一灾难性的后果绝无挽回的可能性，这一点也是

---

① 拉什.风险社会与风险文化 [J]. 王武龙，译. 马克思主义与现实，2002（4）：52-62.
② 波塞 H. 技术及其社会责任问题 [J]. 邓安庆，译. 世界哲学，2003（6）：67-76.

完全可以预测的。"① 比如说三鹿奶粉事件的爆发就已经造成了那么多儿童身体受损甚至死亡的严重后果。

至于该如何在现代社会中评判一项工程活动，德国波塞认为"一个可能是否定的结果比一个同样极有可能是肯定的结果具有更高的价值"。② 这表达了一种安全策略，它对于风险评估具有重要作用，因为它能使我们变得小心谨慎和三思而行。汉斯·尤纳斯则对康德的绝对命令进行了重新解释："要这样行动，使你行为的一切后果与地球上真正人类生命的持久性相一致。"③

第四节　工程责任主体的道德建构

配套慕课视频

如前所述，造成工程责任主体问题的原因是多方面的，既有主观上社会价值的混乱，个人价值的冲突与分裂，又有客观上工程活动复杂性，不确定性、风险性所造成的责任判断的困难。因此，工程责任主体问题和其他的社会问题一样，不仅可以破坏既定的社会规则，形成对以往社会规则、制度的解构，又反映出原有的工程共同体乃至整个社会的规范体系是存在问题的。这也从另一个侧面告诉我们，工程责任主体问题的产生是工程实践自身发展及其对社会生活的影响的结果，有其产生的客观基础和历史必然性。从这个大背景来看，工程责任主体的道德建构就是重构社会主导价值观，并在此基础上修订社会规则体系。

根据社会学的基本原理，在工程责任主体问题还未能威胁到现存制度的情况下，制度内部很难有动力去主动地进行变革和调整。这就意味着我们必须从道德、伦理甚至文化的层面来弥补制度变革的动力缺乏和滞后性问题。只要全社会都来关注和重视工程责任问题，共同努力，从内在的责任感或责任意识的培养、责任行为的自觉规范到外在的责任制度建设，将自律与他律相结合，工程责任主体的道德建构还是可能的。

一、自律之一：培养责任意识

责任意识是指社会中的个体为建立更为美好的社会而自觉承担责任的观念，其价值取向是社会的整体利益或比个体自身更高的利益。也就是说，在不断发展的世界中，要寻求一种人人都赞同的价值标准是不可能的，我们不信奉价值相对主义，但也承认价值标准具有某种程度的相对性，我们把相互冲突的责任大致区分为相对的具体责任和普遍

---

① 甘绍平. 应用伦理学前沿问题研究 [M]. 南昌：江西人民出版社，2002：129.
② 波塞 H. 技术及其社会责任问题 [J]. 世界哲学，2003（6）：67-76.
③ 同上.

责任，当工程责任主体面临相互冲突的责任进行选择时，应遵循的是具体的责任不能超越普遍的责任，相对普遍的责任具有选择的优先性 ①。

培养工程活动中各主体的责任意识就是要培养工程活动中的人们在具体责任和普遍责任之间有限选择后者的自觉意识。也就是说，当工程活动中出现具体责任和普遍责任的责任冲突时，或是在两种或多种责任发生冲突、只能选取其中之一时，工程活动中的主体能够优先选择某种相对普遍责任的责任意识。如当三鹿奶粉生产厂家的工程师在面对增加效益的责任与儿童身体健康生命安全的责任时，我们期待的是他们当初应该选择保护儿童身体健康及生命安全的责任。对责任意识的培养一方面是要让工程活动中的主体能够自觉主动地承担责任，另一方面是让他们能够更好地选择责任。

在当代，全面协调、可持续的发展观要求树立与之相适应的工程责任意识。工程的社会性要求树立一种全面的工程责任意识。由于工程是人类有组织、有计划、按照项目管理方式进行的成规模的建造或改造活动，大型工程涉及社会经济、政治、文化等多种因素，会对自然环境和社会环境造成持久影响，因而不能将工程抽象地看作人与自然、社会之间简单地征服与被征服、攫取与供给的关系，应该是人类以社会化的方式并以工程技术实现的手段与其所处的自然和社会环境之间所发生的相互作用与对话。现在我们所处的时代是一个主体性高扬的时代，人们比以往任何时候都要更关注个人的发展和利益，当前社会缺乏的不是个体对自我的责任，而是对社会和他人的责任。因此，培养工程责任主体的社会责任意识是当务之急的重要任务。

对于负责任的工程实践所要求的洞察力和判断力存在着许多的障碍。私利、害怕、自欺、无知、自我中心倾向、微观视野以及对权威和团体思维不加批判地接受都是非常普遍的。培养和增强工程责任主体的责任意识主要应从以下几个方面入手 ②：

首先要提高工程活动中各主体对履行和承担责任的理性自觉。要想从根本上解决工程实践过程中出现的伦理责任问题，不仅取决于技术评价和法制保障，更取决于工程主体的责任意识。责任意识作为一种基本的情感是建立在理解和理性的基础上的，首先工程师要以自己的良知和责任来保障工程造福人类，其次要进行工程伦理教育，让全社会民众了解工程，总体提高民众的工程专业素质，最后还要进行工程伦理道德教育，各工程主体只有深刻地认识到个人和社会的关系，体验到个人的生存和发展要依靠社会的发展和别人的劳动，才能增强自身的责任感意识，自觉地承担起对社会和他人的责任。

其次要提高工程活动中各主体履行和承担责任的意志和情感。从意志角度来说，可以通过两个方面来提高各工程主体的责任意识，一是增强工程主体的意志能力，二是提高工程主体的意志自由度。责任主体只有具备坚强的意志，才能保证责任行为的顺利完成。如果没有坚强的意志，责任主体在遇到困难的时候就可能畏缩不前，就会导致责

---

① 谢军. 论责任冲突中的选择尺度及方法论原则 [J]. 湖北大学学报（哲学社会科学版），2006，33（5）：548–552.
② 谢军：责任论 [D]. 北京：北京师范大学，2004.

任行为半途而废；责任的前提是意志的自由，意志越是自由，人们就越是能够担负起自己的责任。现实生活中，工程实践中屡屡出现偷工减料、弄虚作假事件以及"豆腐渣工程"，如果各工程主体在意志自由的前提下能够不受利益的诱惑杜绝欺瞒现象，严格按照各类规范施工，另外如果工程责任的主体对责任的对象抱有强烈的爱的情感，则承担或履行责任就会成为他的强烈要求，就会极大地促进责任意识的提高。

此外，还要依靠各工程主体的自我追究行为。自我追究是工程责任主体通过对自己履行积极意义的责任的情况进行的自我评价。工程活动中各主体自身就是责任行为的评价者，能对自己履行责任的情况和能力做出相应的判断和反映。在工程活动中自我追究与责任意识是双向互动的，自我追究不仅能够通过激发主体来增强自身的责任意识，也能反过来促进主体自我追究能力的提高。当工程实践中各主体认识到自己没有履行好责任时，自我追究的表现方式往往是内疚、羞愧、自我谴责等。自我追究是增强责任意识的一个重要途径，也是责任实现的一种重要方式。

最后，培养和增强各工程主体的责任意识，还需要建立健全各种形式的责任制。而责任制是培养和增强人们在责任意识在制度上的保证，这其中特别是在整个工程实践过程中建立和健全各种形式的经济责任制和工作岗位责任制。当然，法律、道德、舆论、教育等手段也能够促进人们责任意识的增强和提高。

二、自律之二：规范责任行为

现代工程将工程中所蕴藏的巨大力量释放出来，表明了工程是推动社会进步的动力之源，见证了工具理性的强大力量。由于工程责任主体是一种以体现内在的道德约束力为前提的责任形式，其承载最终会落实到作为个体的工程师或者科学家等相关责任主体的身上。因此，我们认为，规范责任行为，在工程师或科学家职业共同体中建立严格的职业标准是十分必要的。严格的职业标准会使得工程共同体内部的各主体的权利受到一定程度的限制，同时，为了避免职业联盟所产生的负面效应，作为普通民众的消费者同样负有不可推卸的责任。所以建立广泛的、持久的监督必不可少。

规范责任行为第一步是工程职业建设。首先，要对工科院校的学生实施工程伦理的教育。当前我国工科学生，未来的工程师，未来工程活动的设计者、决策者、实施者、管理者和评估者，对国内工程领域现状的态度普遍是，虽然痛感问题严重，但多数认为与己无关也不愿多去思考这些问题，或者认为问题太复杂，不是个人所能解决得了的，这种态度反映他们对基本的伦理原则和工程师的责任、义务和道德底线不明确，很多人相信所谓"工程精神"就是精确和效率，工程师要做的就是求真、求实和求精，把本职工作做好，开发、设计和生产出高质量、有效益的产品，至于这些产品如何在社会上起作用，可能起什么作用，那是政府、企业家和使用者的问题，工程师没有责任管、也管不了。①

其次，必须进行工程专业认证工作。我国在这方面起步较晚，1989 年，我国的建筑专业实施了专业评估，但到现在还没形成一个独立的官方或非官方的认证机构。教育界、工程界联合组建工程教育认证机构是建立工程教育认证体系的重要标志，如何建立适合我国的工程教育专业认证制度呢，北京航空航天大学张彦通教授给出了一个建议：应以政府为主导、民间专业化组织为主体，因为建立工程认证制度是我国政府有关部门的义务和责任。工程专业认证制度的建立不仅对于我国政府实际工程教育的宏观调控非常重要，而且对于我国工程教育体制的改革，工程技术人员培养模式的探讨，工程技术人员整体水平的提高等都有十分重要的意义。但也应看到，政府部门的组织行为必然带有一定的主观性，更多地强调行政权威，而专业认证活动是专业权威和市场权威高度结合的产物。现有的注册工程师制度仅在建筑师、结构工程师等专业领域开展，无论在组织机构还是专业领域方面，均因范围狭窄而难以进一步拓展，不适应工程综合化与多样化发展的特点。在市场经济体制下，专业认证制度本是一项法律约束下的行业自律行为，是一项专业化程度很高的管理制度，政府的过度介入会使制度的发展保留较多计划经济的痕迹，不能及时反映市场的变化与发展。因此，应加快实现政府管理职能的转变，以政府为主导，民间专业化组织为主体，尽快建立统一的全国性的工程认证组织机构，使工程认证制度从此走上专业化道路。而建立自己的工程认证制度还必须充分借鉴其他国家的工程认证标准并结合我国的实际情况，结合我国经济发展的特点和当前我国工程专业结构调整的现状，以及我国独有的文化、教育发展状况建立我国的工程认证制度。进一步明确我国工程专业认证的发展方向、服务面向及实现途径，这样建立起来的工程认证制度才有可能更为公平和公正，才更可能符合我国实际。②

最后，对于工程职业伦理的建设，我们还可以借鉴默顿提出的重建职业伦理的著名理论——"制度化的利他主义"，默顿认为，"制度化利他主义关注行动的选择性，社会结构有助于提高个人选择利他行动的术比率，并远远超过了其他可能的行动（例如完全基于人类的本性、早期的社会化或其他性情倾向）"，所谓"制度化的利他主义"是利他主义的特殊形式，它通过结构性机制，特别是奖赏与处罚的调节，以激励那种有助于他人的行为。"③ 在此，他对专门职业价值的三重性做了阐释。第一，专门职业具有试图获取系统化知识和专门技能的价值：求知（knowing）；第二，专门职业具有获取训练有素的能力和技术技巧的价值：实用（doing）；第三，专门职业的价值包含在职业角色当中，并将知识和技能结合起来用于对他人提供专门的服务：援助（helping）。这样，职业就是"受感情支配的价值和规范的综合体……他们以规定、禁止、偏好、许可的方式表达。他们

---

① 曹南燕. 对中国高校工程伦理教育的思考 [J]. 高等工程教育研究，2004（5）：37-48.
② 张彦通，李茂国，张志英. 工程教育专业认证机构撬动中国高等工程教育的支点 [J]. 高等工程教育研究，2006（1）：7-11.
③ 默顿 R K. 社会研究与社会政策 [M]. 林聚任，等译. 北京：生活读书新知三联书店，2001：78.

借助制度性的价值而合法化"。① 而作为工程责任主体的工程师及其共同体，就具备了上述利他主义规范所要求的"援助"价值和"求知"与"实用"价值等专业职业的精神气质，从而成为工程社会中的一种专业职业团体。

如何保证工程活动中拥有专业职业"特权"的那些掌握专业知识者成为真正的工程责任主体呢？默顿认为，为了将利他主义和利己主义之间建立的某种报酬体系制度化，就必须进行"社会公共权利的交换"。因为"用特权换取保证做到利他主义的制度化。在这一制度化过程中，由于从业者的利他行为一般成为一种长期的自我利益行为。"② 这样，利他行为通过一定的制度化规范将成为一种"规范的内在化"，因此，相比外在的、禁止性的规范，它更能降低和减少工程活动中的工程师等主体在职业生活中的角色冲突和矛盾。

同时，工程师对其行为的伦理责任的关注也表明了工程师对价值理性沦落的深刻忧虑。哈里斯说："工程规范要求工程师把公众的安全、健康和福祉置于优先考虑的位置。这就意味着，工程师必须保护公众免遭不可接受的风险。但是，工程师在履行这一职责时要面临很多的挑战。"③ 工程师亨利·加士利·普鲁特（Henry Goslee Prout）在 20 世纪初美国康奈尔民用工程协会的会议发言中指出："工程师，而不是其他人，将指引人类前进。一项从未召唤人类去面对的责任落在工程师的肩上。"④ 这就要求工程师对他们所设计的每个工程项目负责任。该责任的设定是为了使工程师遵守职业道德，维护荣誉，减少过失，保证工程的实施最终对人类有益。因此，工程活动中规范职业道德（伦理）的核心是下面所阐述的建构工程责任制度。

三、他律：建构责任制度

"责任的归属是一个社会建构的过程。"⑤ 现代社会跟传统社会相比较是一个规则社会，传统社会是熟人乡村社会，人际交往主要依靠情感来维系；现代社会是以陌生者聚居为特点的社群社会，不可能再主要依靠人与人之间的情感，只能依靠共识性的合意规则，因此建构责任制度最根本的办法还是通过社会规则来约束和规范工程活动。现代社会又是一个开放性多元化的工程社会，人们在工程活动中承担的社会角色也越来越多，角色转换也越来越频繁，那么在工程实践过程中人们在面临世界观、人生观、价值观乃至理想、信念、人格的矛盾和冲突时往往不是依靠外在统一的价值原则来解决，而是把终极价值私人化，把生命意义和价值变成个体的自我认证和良知决断，从而使得价值变得相对模糊。这就需要一套行之有效的工程责任制度来保证处于价值多元化的人们不至

① 默顿 R K. 社会研究与社会政策 [M]. 林聚任，等译. 北京：生活读书新知三联书店，2001：126.
② 默顿 R K. 社会研究与社会政策 [M]. 林聚任，等译. 北京：生活读书新知三联书店，2001：134.
③ 哈里斯等. 工程伦理 [M]. 北京：北京理工大学出版社，2006：136.
④ 米切姆. 技术哲学概论 [M]. 殷登祥，等译. 天津：天津科学技术出版社，1999：88.
⑤ 恩德勒等. 经济伦理学大辞典 [M]. 李兆雄，陈泽环，译. 上海：上海人民出版社，2001：541.

于迷失方向。因为工程责任制度的实施，不仅可以明确工程活动中责任主体的权责利，保证工程活动既有动力机制又有约束机制，又可使个人在责任制度的保证下获得个人利益，从而实现社会责任和自我责任两不误。

从目前我国现状来看，现代工程活动中的责任作为一种管理规范制度，已经活跃在经济、政治、法律和道德生活之中，成为社会发展的精神动力。由于长官意志或舆论压力，缺乏公正的规则标准，随意性强，因而既有工程责任制度匮乏现象，又有工程责任滥用现象，健全和完善工程责任制已成为当务之急。首先，工程责任制中蕴涵着社会价值导向，包含着对履行责任行为的肯定和对不履行责任行为的否定；其次，由于工程责任制有相应的赏罚机制与之配合，责任的履行与各主体切身利益直接相连。只有把工程责任制的制订和落实，把责、权、利联系并统一起来，才有利于增强工程主体的责任意识，并有助于各工程主体的责任的实现。但是一方面由于中国传统文化的影响导致现实工程活动中注重人情关系，公事私办很普遍，这样一旦出了问题就会使得工程责任主体的责任越来越不明确或者出现"责任不明""责任多头"现象；另一方面现实工程活动领域里也有着各种各样的责任制和责任规范，如岗位责任制、责任保证书、安全责任制等，使得责任规范过滥，最终难以取得实际的奖惩效果，反而引发人们对工程责任制本身的质疑和漠然，因此健全完善工程责任制势在必行。

要想让工程责任制度深入人心，不仅要有理论上的指导，而且要有良好制度的保证与合理公正的执行。也就是说工程责任制，不应当仅停留在单纯的管理层面，最重要的是应当成为工程活动中人们的内心信念和自觉行动，否则就会大大地影响工程责任制的效果。因为工程责任不仅是为了追究事后责任，更主要的是其前瞻性，也就是为了明确职责，预防不利后果的发生。"衡量责任制度效能的标准首先并不在于我们责任制度网络如何完备、如何细密，而在于真正导入执法实践、导致执法每一个环节的制度效能的多少。"①

总之，应该高度重视工程责任在工程实践活动中的重要作用，把工程责任的低层次部分加以制度化和法律化，同时提倡高层次的工程责任，使内在约束与外在约束、自律与他律有机的结合，建立以责任为中心的工程道德调控体系，形成以工程责任为核心的工程道德评价体系，这样才能既解决工程责任要求的现实性问题，避免在工程责任定位上的滞后或超前的倾向，又解决工程责任制度建设中可能出现的内容脱节使得责任主体缺失的问题，最终形成具有责任意识的良序工程活动。

---

① 齐延平.权力运行的底线道德与责任制度 [J].法商研究，2000（6）：16-22.

第十一章

作为社会成员的工程师

本章学习资源

第一节　市场经济的契约精神

配套慕课视频

在漫长的历史演变中，西方文化中契约这一概念，在其本意的基础上，被赋予许多新的含义。口头契约是古罗马最古老的契约形式，当时人们把契约看成是神授意的结果，契约行为应对神灵负责。因此，契约是神圣的，任何契约中欺诈、掠夺和不道德行为都是神灵所不容许的，会遭到神灵的惩罚，而恪守信用会得到神灵的保佑。所以，契约伦理也就表现为外在性和自发性。随着口头契约向文书契约、要物契约、诺成契约的发展，契约伦理的外在性、自发性被克服，其内在性、自为性得到了确立。人们更注重契约的本身的伦理，维护交易中的公平互利。

近代商品经济的发展和形成的变化以及自由主义思潮的推动，契约的内涵也发生了根本性的变化。契约精神首先表现为人人具有订立契约的自由。契约的主体不再是少数人的特权，而是人人不可剥夺的天赋人权。除了人自身行为能力的限制，其他一切限制均被取消。人身依附和等级关系在契约中不再存在，人人都拥有平等的契约主体资格。一个人只有在自己的自由选择下，按照自己意愿行事，才能受到约束，才是符合伦理要求的。

其次，近代契约观念认为，契约即正义。契约内容是当事人之间自由意志的选择或真实意思的表现，当事人之间可以任意订立契约。人们依照自己的意愿订立的契约，最为公证，对社会也最为有利。当事人在交易中达成的自由合意，被认为是体现了最大公平原则，国家、任何其他组织和个人不得把超越于当事人的意志强加于当事人。

最后，近代契约也更加重视公平互利。近代契约观念认为，社会利益是虚幻的东西，个人利益、个人自由才是真实的。追求个人利益的功利原则才是人类一切活动的基础和动力，才是判断是非善恶的唯一标准和尺度。

19 世纪中叶以后，随着市场经济的进一步发展，诚实信用等契约伦理原则受到了普遍的重视，甚至取得了主导的地位，契约伦理由注重形式的公平向注重实质的公平发展，契约伦理在现代又有了新的发展和内涵。

"契"和"约"二字在我国很早就有。但在古代，二者最初是分开使用的，只是到了曹魏以后，"契约"两字才连用。《说文·大部》释"契"："契，大约也"。郑玄注："大约，邦国约也。"《说文》释"约，缠来也，人人系，勺声"。"契约"作为一个合成词，在我国主要是限于经济法律的范围内使用的。如《现代汉语词典》中对"契约"的解释是："证明出卖、抵押、租赁等关系的文书。"作为一个社会政治概念在我国广泛使用，始于20世纪之初。总之，在我国传统社会中，契约缺乏自由、平等、公正等契约本质的价值内涵，更没有形成一种独立的契约精神力量。人们在契约活动中，总是受宗法伦理的支配。

通过以上的分析，我们认为契约本位就是一种理性、自由、平等、互利至上的精神和品格。它意味着道德正当是人理性选择的结果，标志着人主体意识的觉醒，是人自己为自己立法，是一种诺成性的强制义务。它还意味着道德就是要做什么或不做什么，是能够为人带来利益的行为，是理性的必然性决定。

从契约主体或当事人方面看，订约人必须是复数，必须在意见一致基础上形成允诺和责任。一方面，契约具有社会性，契约主体不是孤立的，不发生联系的个人。休谟在谈到人的情感时，就认为世界上人性的结构都是相同的、是相互联系，有利于社会的行为，会得到每个人的情感上的赞同或愉快；从而，该现象或原则就具有普遍性，因而，这种普遍的情感就是善恶的标准。休谟正是在这种社会关系中来解释情感的。他说："所谓同情，就是从利己之心推延出去，从而对他人的利益和感情能够理解，对他人的愿望和要求能给予支持并促使其实现。只要能使他人感到痛苦的，也就会使我们产生相应的痛苦情感，只要有使他人感到快乐的原因，就能在我们心中引起相应的快乐情绪。同样，功利主义的"联想原理"[1]也认为要实现"最大多数人的最大幸福"，也只能通过协调个人与社会的关系才能实现。所以，契约是社会性的、主体性的，"是人类从原始的自然状态进入文明的社会状态的一扇大门"[2]标志着人已摆脱了自然性、神性的束缚，真正开始了人按照人的理性意志生活。

另一方面，契约又是以独立、自主的个人为前提的，否则就谈不上达成协议、表示允诺了。这意味着契约着重个体。事实上，不论休谟、边沁，还是康德的伦理学，都是一种个体主义伦理学。休谟认为："利己心才是正义法则的真正根源；而一个人的利己心和其他人的利己心，既是自然地相反的，所以这些各自的计较利害的情感就不得不调整得符合于某种行为的体系。"所以，"自私是建立正义的原始动机"。他认为人之所以去遵守道德原则，只是出于自身利益的考虑。道德原则只不过是为了保证和满足人的自私本性，而在各个个人之间签订的协议、契约。他说："没有一种情感能够控制利己的感情，只有那种情感自身，借着改变它的方向，才能加以控制。……因为显而易见，那种情感通过约束，比起通过放纵可以更好地得到满足。"[3]实际上功利主义的最大幸福原理最后落脚在也就是要各人追求自己的个人利益。所以，契约之所以对人们有所约束，不是因

① 罗素.西方哲学史：下卷[M].何兆武，译.北京：商务印书馆，1986：327.
② 何怀宏.契约伦理与社会正义[M].北京：中国人民大学出版社，1993：14.
③ 休谟.人性论[M].关文运，译.北京：商务印书馆，2016：540-569.

为人们有什么高尚的观念，而是因为出于自利自保，要获得自己的权利与享乐，要避免毁约所招致的恶果。个人是契约的主体、前提和基础。个体并不只作为一个有机整体生命的一部分而存在的，他们有自己独立的理性、欲望和要求，他们的社会结合只能通过他们的协议来达到。

契约还意味着主体的选择，因为在订立契约的过程中实际上总是面临着多种可能性：首先是是否订立契约，然后是订立什么样的契约；是进入哪一种特殊社会、建立哪一种特殊正义体，或者确立什么样的道德原则作为社会基本结构的正义原则。从而，契约就意味着要以某种主体性、某种能动性作为其成立的基本条件。[①] 所以，"情感、快乐是一切善恶的标准"，"道德是人类精神的自律"都是这方面充分的表现。

在同意或者说合意方面，契约须得到一致同意的条件暗示着各方是自由和有理性的存在。订约各方必须是自由的，订约行为必须是自愿的，订约人必须是理性的。无理性则难以达成契约。所以，契约渗透着一种理性主义传统。不论是情感主义的情感，还是功利主义的功利，都是理性的表现。休谟的情感不是自然的，而是人为的，他说"理性是情感的奴隶"讲的也只是"自然的理性"，而不是"人为的理性"。他用"情感"来对抗"自然的、神的理性"实际上就是理性的表现。他说道德情感不是自然的，而是人为的，是"由于应付人类的环境和需要所采用的人为措施或设计"。这就是正义感。正义感就是人的道德情感，所谓正义感，就是"使每个人各得其应有物的一种恒常和永久的意志"。[②] 功利主义同样也是以承认人是有理性的人为前提的。康德则更是高扬理性主义的大师，他认为人就是理性的存在者，人为自己立法，实质上就是以理性来规定、规范与引导经验现实，使现实摆脱其偶然杂多的自在性，而成为必然的自由性。他认为人不同于动物之处，正在于这超感性的理性一面。理性的命令是绝对命令，道德义务实质就是理性的自律。理性给人立法就是自由，意志自律就是自由。义务就是理性的必然性与强制性。理性追求的是理想至善，道德法则的使命就是"引起人们对世界上最高的善的关注。"[③]

所以，从启蒙运动以来，包括美德伦理在内的西方伦理学都贯穿着契约伦理的精神，契约伦理也成为西方伦理学的主题伦理言路，契约本位也成为分析和探讨伦理道德问题的主要方法和途径，即使是当代的罗尔斯也不例外。罗尔斯认为，今天仍然有生命力的现代性道德观念是由启蒙学者在近代社会变革时期为重建伦理精神而确立的契约伦理，因此他毫不隐讳地指出："我一直试图做的就是要进一步概括洛克、卢梭和康德所代表的传统的社会契约理论，使之上升到一种更高的抽象水平。"[④]

契约预设了自由、平等、独立、互利、多元化的主体概念，包含了人文主义、个人主义，理性主义精神，它追求道德的规范性、可证明性和自律性。但它的人文主义在高

---

① 何怀宏. 契约伦理与社会正义 [M]. 北京：中国人民大学出版社，1993：15.
② 休谟. 人性论 [M]. 关文运，译. 北京：商务印书馆，2016：517-567.
③ 康德. 道德形而上学原理 [M]. 苗力田，译. 上海：上海人民出版社，1986：63.
④ 罗尔斯. 正义论 [M]. 何怀宏，何包钢，廖中白，译. 北京：中国社会科学出版的，1998：2.

扬人的主体性的同时，却抽丢了人的现实基础，使人成为一个主观的精神的"空壳"。它的个人主义在强调个体的独立性、对抗君权神权专制的同时，却抽丢了人的整体性，使人成为一个"单子式的存在""孤零零的一个人"，虽然也通过契约维系着人与人的关系，但这种关系是外在于人的，它是以人与人的分离、分裂、对立、对抗为其预设的。自我成为一切的中心。"单个的人具有至高无上的和内在的价值或尊严"。[①] 人不再存在于历史和传统中，成为瞬间即逝的"当下"。它的理性主义在颂扬人自己为自己立法的同时，却走向了绝对化，理性变成了至高无上的君主，人刚从神权中解放出来又很快成了理性的奴仆。人的理性变成自我的理性、自我的经验，理性成为衡量是非善恶的唯一尺度。其结果是许多人持有彼此敌对的道德态度和道德立场，每个人都说自己的态度是被理性证实的。所以，麦金太尔惊呼："在我们居住的现实世界上，道德语言处于一种同样强烈的无序状态，正如我们描述的想象世界中的自然科学语言那样。"[②] 那么如何正确地认识这种道德危机并且从这种危机中走出来呢？麦金太尔认为，正确的道路是我们应该对道德现象采取一种历史主义态度并进行社会学分析。"……所有这些思想家们共同参加了构建道德有效论证的运动，即从他们所理解的人性前提出发，推出关于道德规则、戒律的权威性结论。我要指出的是，任何以这种形式出现的论证都必然失效，因为他们所共有的道德规则、戒律的概念和他们共同的人性概念之间，存在着一种根深蒂固的不一致。这两个概念都有其历史，它们之间的关系必须依照这个历史才可以理解。"也就是说，只有回到历史，回到传统，回到以共同体为基础的生活，才能追寻到德性的真正意义。

第二节　工程师的职业角色

配套慕课视频

在工程实践活动中，工程师扮演着雇员与职业人员的双重角色，这两种不同的角色使工程师肩负着三重不同的使命：对雇主忠诚、对职业忠诚、对社会忠诚。但工程师会发现这些不同的使命之间经常会发生冲突。工程师有忠于雇主的义务吗？对此，大多数的哲学家都持肯定态度。安德努·奥登科斯特一认为工程师必须忠于自己的公司。吕约翰·兰德也认为工程师应有此义务。但是，也有学者提出了相反的意见。唐纳德·杜斯卡认为"雇员没有必然的对公司忠诚的义务，因为公司不能成为忠诚的客体，它只是利益的集合体。"对此，我们该如何来认识？我们认为，对雇主忠诚是工程师应然的使命。通过对工程师这一职业的历史与现状的考察，我们能得到此问题的说明。工程师一词，最早出现在中世纪的欧洲，它是由古拉丁语演化而来，指在军队里设计和操作军事机械的

---

① 康德. 道德形而上学理论 [M]. 苗力田，译. 上海：上海人民出版社，1986：49.
② 麦金太尔. 德性之后 [M]. 龚群，戴扬毅，等译. 北京：中国社会科学出版社，1995：4.

人。早期的工程师主要指在部队里设计、建造以及使用军事机械的士兵，对他们而言，服从任务就是他们天职。对工程师的这种认识一直持续了几个世纪。甚至到了 18 世纪末，"工程"一词在欧洲都主要是指战争武器的制造和执行服务于军事目标的工作，"工程师"都主要是指在军队里设计堡垒或者操作弩炮的士兵。例如 1755 年出版的约翰逊英语词典就把工程师定义为"指挥炮兵和军队的人"。对早期的工程师而言，既然他们扮演的是士兵的角色，那么对雇主军队忠诚便是他们的天然使命。工程师与军人的这种联系，只是到了后来，在现代工程以及"职业工程师"出现以后，才慢慢弱化。对今天的"职业工程师"而言，虽然他们不再像早期的工程师那样扮演军人的角色，但受其职业所限，对雇主忠诚依然是他们的使命。

今天，绝大多数的工程师都受雇于大型的公司或企业。对受雇于公司或企业的工程师而言，他们没有直面公众，而是直接与雇主打交道，他们需要做的只是用他们的技术知识和技能来为雇主创造有价值的产品和工艺，并确保这种产品或工艺能为雇主带来利润。工程师职业的这种特点决定了当工程师在接受公司的薪金的时候，他们已经接受或认可了要忠诚于雇主这一伦理原则。对此原则，无论是工程界还是社会公众都给予了认可。大多数工程社团在它们的伦理章程中以条文的形式对此原则予以确认。例如，美国全国职业工程师协会在其伦理章程的基本原则中就明确指出"工程师必须作为忠诚的代理人和受托人为雇主和客户从事职业事务。"美国化学工程师协会在其伦理章程中明确规定"在职业事务中，工程师应该作为忠诚的代理人或受托人，为每一位雇主或客户服务，避免利益冲突，并且永不违反保密原则。"美国土木工程师协会在其伦理章程的基本准则中规定"工程师应当作为可靠的代理人或受托人为每一个雇主或者客户服务，并尽量避免利益冲突。"美国机械工程师协会在其伦理章程的基本准则中指出"工程师应作为忠诚的代理人或受托人为每一位雇主或客户履行职业事务，并应避免利益冲突。"

通过以上的分析可以发现之所以工程师必须忠诚于自己的雇主，这是由他们所从事的职业所决定的。与传统的职业医生、律师相比，这一职业具有很大的不同。医生和律师利用自己的知识直接为公众提供服务，这决定了他们必须因自己提供的服务而直接对公众负责。但是，对工程师而言，除了那些少数的直接向公众提供服务的个体从业的工程师外，大多数的工程师受雇于企业或其他组织，他们无需直接面对公众，而是直接为自己的雇主提供服务。换言之，工程师职业其实是依附于特定的企业体制的。莱顿认为，工程师对企业的这种依赖是不可避免的。"工程不能与大公司或政府组织分离，不仅由于这些组织雇用了大量的工程师，而且工程师本身也构成了他们管理的一部分，这不是信口雌黄，而是由工程以及工程活动的结构所决定的。"因此，作为一名雇员，对组织忠诚也就是顺理成章的事。

对工程师而言，他除了扮演着雇员的角色之外，还扮演着职业人员的角色。作为职业人员，工程师必须忠于自己的职业，这既是对他的要求，又是他的使命。职业一词起源于拉丁词，和它的同词源词的早期含义涉及承诺一种生活方式的意愿行为。根据《牛津肖特词典》最早的含义涉及一个人对宗教秩序的立誓活动。我们可以想象这样一个人，他对公众保证在高尚的道德理想的激励下进入一种截然不同的生活方式。一个人"公开声称"成为某一特定类型的人，并且承担某一特殊的社会角色，这种社会角色伴随着严格的道德要求。17世纪晚期，该术语开始世俗化了，指称那些具有恰当资格的人。

尽管职业一词早已出现，但即使到现在，在如何定义职业问题上，学者们依然见仁见智，莫衷一是。经济学家往往从经济的角度来定义职业。他们将职业解释成职业人员为了自身利益而对市场力量进行控制的一种手段，即垄断、行会或工会的形式。政治学家往往将职业解释为一个合法条件，是制定高等教育标准，要求拥有执照才能实践，以及通过正式的政府的组织为开业者设定规则的那些法律的实质。人类学家往往会将职业解释为文化因素，是特定社会职能在特定条件下的一种自然表达，是特定知识以特定方法的一种使用功能，是同一种需要高级学识的工作创造的一个团体。而哲学家往往从伦理的角度来理解职业，将它理解为一种更好地服务社会的手段。尽管并不存在一种被普遍接受的公认的观点，但是从各种关于职业的定义中，我们依然能找到一些关于职业的本质的东西，那就是职业人员的知识和技能是以理论为基础的，这种理论基础通常是通过正式的学术教育制度获得的，并且这种知识一般人难以理解和掌握。职业通常具有垄断性或近似于垄断性，只有那些达到它标准的人，才被允许进入职业。每种职业都有自己特定的职业伦理规范，职业人员必须按照伦理规范的要求行动。职业人员还必须树立服务社会的理想。

记住这样几个特征，就很容易发现职业构成了一个连续统，将那些明确是职业的工作与那些明确不是职业的工作区分开来。具有明确职业特征的工作包括医疗、法律、兽医、建筑、会计和牙医。这些职业都具有一个服务社会的道德理想以及实现这种理想所必需的精深的专业知识和技能。那么，对工程或者工程师而言，它是否具备了成为一个职业的条件呢？在19世纪以前，作为一种职业的工程是不存在的。那时被称为工程师的人，主要是指那些在部队里设计堡垒或者操作弩炮的士兵。这些人主要来自下层的学徒和工匠，他们没有受过专门的学校训练，不具备专门的理论知识。他们主要通过实践经验的积累和头脑里的灵光一现来完成自己的设计。当然，他们更谈不上具有独立的职业意识。对他们而言，在战争时期，服从命令是他们的唯一任务。在战争结束之后，他们便回乡，重操旧业。但是，进入19世纪以后，情况发生了某些变化。在两次产业革命的推动下，资本主义经济得到了快速的发展。在经济高速增长的刺激下，大量的民用工程得以兴建，而大量民用工程的兴建又直接刺激了民用工程师人数的增长。据统计，1816年美国只有大约30名工程师，但由于铁路、运河等大规模民用工程的兴建，到了1850年美国已有3000名工程师。资本主义经济增长的另一个结果便是刺激了商业企业的兴建。而大量的商业企业的出现又刺激民用工程师人数的增长，大量的工程师开始纷纷受雇于各公司或企业。1880-1929 年是资本主义工商业发展的黄金时期，这一时期，工程师的人数也开始激增，资料显示，这几十年间，美国工程师人数增长了约 20 倍。民用工程师人数的激增意味着工程师职业人群的出现。在民用工程师人数激增的同时，工程教育也在各主要资本主义国家广泛地开展起来。早年在法国就建立了世界上第一个正式授予工程学位的学校。法国开始重新组织它的工程教育，一大批的工程院校纷纷建立。美国的第一所工程院校——西点军校建立于 1802 年，它是一所军事性质的工程院校。美国第一所民用工程院校——仁斯里尔理工学院成立于 1823 年，它是一所非常成功的工程院校，为美国培养了大量的民用工程师。英国也于 1840 年建立了自己的第一所工程院校。德国和日本也在这一时期陆续建立起了自己的工程学校。

早期的工程教育没有强调科学理论的传授，而是注重军事和实践技能的训练。例如，在巴黎综合理工大学，学习民用工程与军事工程的学生，在前三年都是一起学习。只是到了第四年，才分别进行训练，学习民用工程的学生开始被送到各个"应用"学校如军事工程学校、桥梁道路学校等以获得实践技能。但是，所有的学生都必须穿上制服，并接受正规的军事训练，这种情况持续了很久。甚至到 1875 年，仍然有工程师在宣称"他的时代的工程成就应该归功于技术而不是科学，大学教育的目标应该是培养技术人才，技术优于科学。"但是，到了世纪末，情况发生了改变。各工程学校越来越意识到向学生传授科学知识的重要性，在工程课程中，科学训练得到更多强调，数学、物理等科学课程得以广泛开设。而在一个职业的形成过程中，这种转变是带有根本性意义的。它标志着工程知识开始从实践经验的积累向专业化和复杂化的理论知识转变。

伴随着工程师人数的增长以及他们手中掌握的技术力量的增强，工程师的职业自觉意识也增强，各种工程师社团纷纷建立。1848 年美国第一个工程师社团——土木工程师波士顿学会得以成立，美国土木工程师协会、美国机械工程师学会、电气与电子工程师协会以及美国化学工程师学会也相继建立起来。其他主要资本主义国家，如德国、日本、法国也在这一时期，建立了自己的工程师协会。各工程社团的广泛建立意味着工程师有了自己的自治组织。

在各工程社团建立的同时，工程师要求独立、自治的呼声也日渐高涨。他们宣称，工程师掌握着物质进步，是人类进步的主要力量。他们是不受特定利益集团偏见影响的、合逻辑的脑力劳动者，所以也是有着广泛责任以确保技术改革最终造福人类的人。"你应该只设计或帮助完成不会危害公众幸福的工程，应该警告公众反对任何不满足这种条件的工程。"比如，美国工程师莫里森曾踌躇满志地宣称，"我们是掌握物质进步的牧师，我们的工作使其他人可享受开发自然力量源泉的成果，我们拥有用头脑控制物质的力量。我们是新纪元的牧师，却又绝不迷信。"作为这种诉求的反映，20 世纪初的美国就发生了一场工程师为争取权利和自治的"工程师的反叛"运动。这场运动的领导者工程师库克认为，工程师有独立的社会责任和职业责任，工程师应该把首要的忠诚奉献给公众。"苏联也曾在 20 世纪 30 年代出现过以工程师帕尔金斯基为领导的专家治国运动，但因具有很大的空想成分，专家治国运动没有取得成功。从上面的论述中，我们不难看出，从 20 世纪开始，工程逐渐完成了向一种职业转变需要的所有原始积累——职业团队、自治组织、职业知识、职业意识、职业理想。工程，作为一种新兴的职业，它的出现已经不可避免。

既然工程作为一种职业是确定无疑的。自然，忠诚于自己的职业也就成为工程师应然的使命。关于此点，我们在大多数工程社团的伦理章程中都可以找到相关的例证。美国化学工程师协会在其伦理章程的开篇就提到："美国化学工程师协会的成员应当坚持和促进工程职业的正直、荣誉和尊严，努力增强工程职业的竞争力和荣誉。"美国土木工程师协会在其伦理章程的基本准则中规定："工程师的行为应当维护和增强工程职业的荣誉、正直和尊严。"美国机械工程师学会在其伦理章程的基本准则中规定："工程师应该努力增强工程职业的竞争力和荣誉。"此外，在其他工程社团的伦理章程中，我们也能找到此方面的规定。

对工程师而言，怎样才算做到了对职业的忠诚呢？我们认为忠诚于职业的具体要求就是遵守本行业的特定职业伦理。正如戴维斯所言，职业是在特殊标准实现的情况下成功地组织起来的，是以成员的实践即他们的所作所为以及他们如何评价他人来实现的。而这种特殊的标准是什么呢？那就是本行业的职业伦理。"其中一份叙述职业的标准的文件可能是经常叫作伦理章程。"根据大多数的工程伦理规范，我们可以对工程师应该遵守的职业伦理做出如下概括：

诚实，公正和可靠。一直以来，诚实、公正都被人们当成一种美德而传承和奉受。对说真话的关注远远地超出了工程职业的范围。在宗教和世俗文学中，就有许多说真话的戒律。例如，十诫之一就是禁止对邻居做假证。对工程师而言，他们的诚实、正直对社会显得更为重要。因为今天，我们生活在一个人工的世界中，工程实践已经成为人类最基本的实践活动，它的过程与结果涉及千家万户的祸福，而工程师的工作又直接影响着工程的结果，因此社会对工程师的正直、诚实显得尤为期待。

关注工程的质量和安全。质量是工程和技术产品发挥功能、实现其内外价值的基础。好的工程产品能够为公众带来安全、健康与福祉。反之，劣质工程和产品则会给公众的财产和健康、生命安全带来巨大的危害。近年来，在我国，之所以频频发生矿难，就在于一些小煤窑为了追求经济利益，不重视工程质量，在工程的设计与建设上偷工减料、以次充好，从而导致矿难的频频发生，同时也给国家和人民造成了巨大的损失。因此，对工程师而言，他们应该首先关注工程的质量。除了要重视工程的质量外，工程师还必须特别关注安全问题。与安全相联系的一个概念便是风险问题。工程必然涉及风险，因为工程必然伴随着创新，在创新中，很多东西在缺乏它们对人类和环境长远影响的充分知识的情况下被生产出来，日益复杂的技术系统会产生意想不到的失效，这些都大大地增加了我们今天所面临的风险。在这样的社会中，职业工程师应该主动肩负起对社会的责任，努力用他们的专业知识来对公众可能遭遇到的风险进行评估，从而使公众面临的风险变为一种可接受的风险。

避免利益冲突。利益冲突是指这样一种情景，在扮演职业角色时，工程师或其他职业人员倾向于受到"忠诚、诱惑或其他利益"的影响，从而使得其职业判断不利于委托人、顾客或客户。利益冲突足以对职业化构成致命的一击，我们知道，职业人员是因为他们的专家意见和公正的职业判断而获得报酬和社会声望的，但利益冲突却破坏了客户、雇主和公众对专家意见或判断所给予的信任。显然，当社会收回它的信任时，一个职业也就失去了其存在的根基。因此，大多数的工程伦理规范都主张回避利益冲突。尽管回避利益冲突是必要的，但复杂的现实却让回避利益冲突变的困难重重。因此，在工程伦理学领域，利益冲突正受到越来越多的关注。

遵守保密原则。工程师在工作中很可能获得关于雇主的机密信息。正如律师和医生一样，对工程师而言，就有一个为客户保守秘密的责任。这一原则要求工程师在没有得到客户授权的情况下，不得以任何形式透露涉及雇主隐私的信息。尽管工程界对保密性原则给予了认可，但是否工程师在任何时候都应无条件地遵守此原则呢？对此，在工程界中还存在诸多争论。例如，有学者就指出当涉及公共政策的时候，也就是当遵守保密性可能对公众的福利造成影响时，工程师就可以不受此原则的约束。但问题的关键在于这种影响是否存在以及我们怎样来预见。因此，由此原则引起的争论还在继续。

除了上述原则之外，工程规范还要求工程师应该告知公众真相，具有保护知识产权意识与责任以及保护环境的义务。

第三节　工程师的社会角色

除了要忠于雇主和职业之外，工程师还肩负着一种社会责任，那就是忠于社会。为什么工程师有对社会忠诚的义务呢？我们知道，早期的工程伦理规范根本没有对工程师的社会责任做出要求。它们往往只强调一点，那就是工程师必须将雇主或客户的利益放在首要位置。比如，1912 年美国电气工程师学会即电气电子工程师学会的前身以及 1914年美国土木工程师学会所提出的伦理准则，都只强调了工程师的首要义务是做雇主的"忠实代理人或受托人"。而主题的转变在二战才得以产生。1947 年美国工程师专业发展委员会，即后来的工程和技术认证委员会的前身才在它起草的第一个跨学科的工程伦理准则中规定"工程师应该使自己对公众福祉感兴趣"。并于 1963 年和 1974 年两次修改、强化了这一要求。为什么在如此之长的时期内，工程伦理规范都没有对工程师提出关于社会责任的要求呢？这与长期以来我们头脑中形成的根深蒂固的观念有关。

　　尽管一直以来，作为人类的一项最基本的实践活动，工程都对人类的生活产生着深远的影响，但是长期以来，在如何认识工程这一问题上，人们却见仁见智，难以形成统一的认识。一种流传盛广的观点认为工程是科学的应用，工程只有技术上的先进与落后之分，没有道德上的好坏之别。正如诺贝尔经济学奖的获得者阿马蒂亚·森所言："工程学的方法的特点是只关心最基本的逻辑问题，而不关心人类的最终目的是什么，以及什么东西能够培养'人的美德'或者'一个人应该怎样活着'等这类问题。"这种观点在工程师中具有广大的市场，持这种观点的人坚信工程是一种价值无涉的活动，它是中性的，与伦理和社会绝缘的解题活动，对工程师而言，他们的基本职责就是把工程干好，而不需要去关心所谓的社会责任问题。另一种观点也有广阔的市场，那就是认为技术是中性的，技术发展不受社会以及伦理道德的控制。比如，法国哲学家埃吕尔就认为："技术的特点在于它拒绝温情的道德判断，技术决不接受它在道德以及非道德之间做出的区分。相反，它旨在创造一种完全独立的技术道德。"莱姆也认为技术进化就像生物进化，是不受道德规范制约的生物过程。在他看来，把技术视为工具和手段的创造，按道德规范来评价和使用，是个大错误。而真实情况正好相反，即是技术本身形成我们的道德观念。持这种观点的人坚信是技术创造了我们的世界，随着技术的发展，人再也不是自然界的得意之作，而变成了工程的产物。既然技术的发展已经变得不可阻挡，既然人成了技术的产物，那么就工程师而言，他们更不需要去追问什么社会责任之类的东西，因为他们自己也成了技术的奴隶，在技术面前工程师也无能为力。

　　还有一种观点很流行，那就是技术工具主义，这种观点在公司管理人员中很有市场。持这种观点的人相信技术只是人类实现某种目的的手段，技术本身无善恶，一切取决于人造出了什么，它为什么样的人而服务。简言之，就是技术只是人类实现目的的一种工具，它本身并不对善、恶负责。如果真的要负什么责任的话，这个责任应该由使用技术的人和社会来承担，而不应该由工程师来承担，工程师只是在为社会设定的目标提供技术方案，他们仅仅是一个执行命令者，他们的行为本身没有对错可言。因此，对工程师来说，他们也不需要对社会负什么责任。

　　以上几种观点有一个共同的特点，那就是认为工程与伦理无关，对工程师来说，只需要干好自己分内的事，而无须追问工程是否合理，工程会造成怎样的后果，更不用去关心所谓的社会责任问题。长期以来，在这种观念的束缚下，无论是工程界还是社会大众都忽视了对工程师社会责任的关注。时至今日，这种观点受到了越来越多的批判，正在逐渐失去它的市场。今天的人们越来越意识到在工程与伦理之间存在着某种天然的联系，工程师不仅应该成为效率和利润的追求者，还应该是公众或社会利益的捍卫者，工程师不仅应该忠于自己的雇主和职业，还应该忠于社会。

　　首先，从职业、职业化的角度来看。正如戴维斯所言职业是一定数量的同一项工作的个体为了生计自愿组织的，并以超越法律、市场、道德以及公众思想所要求的方式，公开侍奉一个道德理想。同一项工作的个体之所以愿意结成某一职业，其中首要的目的便是为了更好地谋生。我们知道在一个竞争的时代，个体的力量不足以使他取得竞争的优势，他唯有依靠团队的力量，才更能成功。而对同一行业的个体而言，结成一种职业便成了最好的选择。因为职业意味着高收入、威望和信任。而一个行业能否成为职业，关键是看它能否得到社会的承认。社会怎样才会认可一种职业呢？从各种行业的职业之路中，它必须向社会表明它拥有专门知识，并且这种知识对社会的幸福是至关重要的。它还须向社会表明它拥有严格的从业标准以及大量高素质的受过专门训练的从业人员。但是，这还不足以使它得到社会的认可，它还须向社会宣誓本行业有一颗忠于社会的心，将为了社会的进步，为了人类的福祉而努力工作。迄今为止，在任何一种走上职业之路的行业中，我们都可以看到这种誓言的影子。例如，对医生这个职业来说，有著名的希波克拉底誓言。对律师这个职业来说，他们宣称自己的使命是维护法律的尊严和社会的正义。对会计师而言，他们往往会宣称自己是社会财富的守卫者。对建筑师而言，他们常常宣称改善人类的居住条件是自己的义务。同样，对工程师而言，要得到社会的承认，他们也必须向社会表明自己有一颗服务社会的心，实际上他们也正是在这样做。美国全国工程师协会在其伦理章程中的序言中便向我们展示这种誓言："工程是一个重要的和学术性的职业。作为本职业的从业人员，工程师被赋予了展现高标准的诚实和正直的期望。工程对所有人的生活质量有直接的和重大的影响。因此，工程师提供的服务需要诚实、公平、公正和平等，必须致力于保护公众的健康、安全和福祉。工程师必须按职业行为标准履行其职责，这就要求他们遵守高标准的伦理行为的原则。"从上面的论述中，我们不难看出，忠于社会是工程师这一职业能否实现职业化以及能否存在的前提。

其次，从工程的本质来看。在前面的段落中，我们已经阐明，在回答工程是什么这一问题上，一直以来都是见仁见智，莫衷一是。在试图对工程的本质做回答的过程中，马丁和欣津格等人提出了另外一种观点，那就是将工程看成是一种社会实验。在马丁和欣津格看来，"所有的技术产品都表现出一定的潜在的危害性，工程内在地就是一个充满风险的活动。因此，为了强调这一事实，并且为了便于我们更好地理解工程中存在的伦理方面，我们建议工程应该被看作一种实验。当然，它与那种在实验室中的标准实验不同，它是在社会尺度上，包含着人类主体的实验。"在"作为社会实验的工程"一文中，马丁和欣津格从三个维度对这种观点做了论证。首先，在工程实践活动中，实验扮演了本质的角色，工程中的每一步，都有实验的影子。从最初决定将新的工程观念转化为一个工程设计开始，一直到最终的产品被塑造出来，这期间都伴随着实验的影子。其次，同标准化的实验一样，工程实践活动的每一步都包含着不确定性。抽象的设计模型中包含着不确定性：购买的原料是否精确是不确定的，最终塑造出的产品的本性是不确定的，工程活动的最终结果是不能预测的。最后，同标准化的实验一样，工程实践活动也包含着跟踪——反馈机制。不仅在产品出厂以前的实验阶段需要进行跟踪调查，在产品进入消费领域以后，同样需要调查，通过信息的反馈，以便改进原先的设计。但同时，马丁和欣津格又指出作为一种社会实验，工程与标准化的实验又有很大的不同。首先，人类成了实验的客体。我们知道就标准化的实验而言，它是以物有生命或无生命作为客体，但是在工程实验中，无论是实验的主体还是客体都是人类自己。作为主体的实验者包括企业主、管理者、工程师，作为客体的被实者主要指公众。其次，这种实验不具备随机选择的功能，整个社会都是它的客体。我们知道，在标准化的实验中，被实验者是通过随机抽样的方式从各组中选取产生的，但对工程而言，整个社会都是它的实验品，个体没有选择的自由。最后，从实验的后果来看，工程实验的结果与人类的命运息息相关，一旦实验失败，人类自己将沦为它的牺牲品，因此它具有严重的社会后果。

马丁和欣津格的观点对我们理解工程师的社会责任、对我们理解风险社会无疑是一种很好的启发。今天我们正生活在一个工程的时代中。工程已经渗透到了社会生活的方方面面，小到琳琅满目的商品，大到直入云霄的建筑，无处不被烙上工程的印记。在这样的时代中，作为社会实验的工程在给我们带来巨大的物质福利的同时，又因其内部的不确定性，抽象的实验模型中包含着不确定性、实验过程的不可控制性、实验的不可逆性、实验结果的难预见性，将我们带进了一个风险社会。在这样的风险社会中，科学、技术、工程已经演变成为一种复杂的系统，对其内在的不确定性与后果，我们难以预测。对工程师而言，他是这场实验的设计者、指挥者、控制者，因此，对他的实验品——公众，他负有不可推卸的责任，他应该为他们规避风险。并且事实上，工程师也是唯一能够为公众规避的人，因此只有他们掌握着规避风险所必需的复杂的工程知识。那么对工程师而言，他们应该怎样来肩负自己的这种社会责任呢？

在此问题上，马丁和欣津格以及葛完德等人都强调了公众享有知情同意的权利。在葛完德看来"在工程与社会实验之间的类似是工程中的一个重要结论，这意味着工程师对公众承担着知情同意的义务，就像其他的以人类作为客体的实验中所展现出来的那样。"马丁和欣津格也认为"将工程看作一种社会实验，使我们应该关注那些被技术影响的人。实验作用的不是无生命的客体，而是有生命的人，他们应该享有知情同意的权利。这一点与新药的医学测试类似，尽管规模大一点。"马丁和欣津格还对知情同意的范围做了规定。在他们看来，"知情同意至少包含这样两个要素，即知识和自愿。首先，实验客体不仅仅应该被给他们想要的信息，他们应该得到能使他们做一个理性的决定的所有信息。其次，实验客体是在自愿的前提下进入实验的，而不是被强迫或者由于害怕的原因。"知情同意对普通公众来说是相当重要的，每个道德主体都应该是自治个体，都应该具有选择的自由，特别是在今天这样一个高技术、高风险的社会，知情同意对普通公众来说显得更加重要。

工程师背负着双重使命，但是，有时工程师会发现自己背负的这些使命之间存在着冲突，对雇主的忠诚与对职业、对社会的忠诚有时是不可兼得的。在现代社会，绝大多数的工程师都受雇于大型的公司或者企业。作为一个经济体，追逐利润是企业的首要的目标，对雇主忠诚也就意味着工程师应该为雇主谋取最大限度的利润。对职业的忠诚则要求工程师在其职业实践活动中扮演中立者的角色，坚持诚实、正直、公正的标准，努力将自己的职业判断建立在客观、公正的基础之上，回避各种利益冲突。对社会的忠诚意味着工程师应该将社会的利益放在首要位置，努力用自己的知识和技能来捍卫公众的利益。但是，对任何一个资本家而言，对利润的追逐都是永无止境的。为了最大限度地谋取利润，雇主有时会不择手段，甚至会以牺牲公众的利益作为代价。此时，工程师便陷入了一种迷茫的境地。对雇主的忠诚要求他为雇主的违法不道德的活动保守秘密，甚至应该帮助雇主实现愿望。但是，对职业的忠诚，又要求他坚持诚实、正直的标准，决不弄虚作假，决不违法犯罪。对社会的忠诚要求他做公众利益的看门人，并努力确保公众的健康与安全不受侵害。

在这样的情况下，一些工程师选择了附和，一些选择了沉默，另一些人基于自己对社会角色的忠诚，而毅然选择了举报。正如著名的举报者——罗杰·博伊斯乔利在挑战者号灾难中表现出来的那样，博伊斯乔利之所以千方百计地想要阻止飞船的发射，就在于他意识到发射飞船的决定更多的是出于经济方面的考虑，瑟奥科尔需要与美国宇航局签订一份新的合同，而不发射的主张也许不利于新合同的获得，却是对宇航员生命的尊重。作为一名工程师，他认为他有义务提出最好的技术判断，并且去保护包括宇航员在内的公众的安全。因此他向公司管理层指出了存在的低温问题，做了最后的努力抗议发射的决定。他疯狂地试图说服公司管理层放弃发射的主张，但是，无人理睬他的抗议。最后，本着对组织的忠诚以及一个职业人员的良心，在向事故调查委员会做证时，博伊斯乔利讲述了他所知道的一切。但是，他正义的行为组织却不能容忍，很快他被组织开除。

第十二章

生态问题

第一节　生态问题的生成

从发生学的角度来说，生态问题本身就是一个现代问题。尽管传统社会的生产、生活活动对自然界也有一定的破坏，但是，传统社会对自然环境的破坏力还不足以产生大规模的生态问题，不至于威胁到人类自身的生存。事实上，真正开始危及人类生存和地球的生态环境的生产活动主要是开始于人类社会的现代化过程。科学技术的快速发展是现代化的必要条件之一：一方面，现代意义上的自然科学科学制度的建立，开创了现代知识的社会范式；另一方面，以蒸汽机为代表的技术革命改变了传统的生产方式，成为现代工业的逻辑起点，"随着一旦已经发生的、表现为工艺革命的生产力革命，还实现着生产关系的革命。"[①]。能源、土地、森林、淡水等自然资源是人类生存的物质基础，是社会发展的自然条件。现代采掘、机械、能源技术的普遍应用，在创造了较高的物质文明的同时，引起了自然资源的超量消耗，使现代社会文明发展面临严重的资源危机。矿物资源属于非再生资源，储量有限，现代工业技术社会对矿物资源的消耗呈指数上升趋势，许多重要的矿物资源即将枯竭。淡水、土地等有限资源也因掠夺性开发和人为污染等因素的作用而日益短缺，严重地制约着人类社会的发展。

一、水资源短缺和土壤退化

水是生命之源、生产之要、生态之基，水与人类生存息息相关，与经济社会发展紧密相连。古希腊哲学家泰勒斯说："水是形成万物始因。一切均由水产生，最后还原于水。"但是，随着人口的增加、经济社会的快速发展和全球气候变化，水的问题愈演愈烈。全球洪旱灾害频繁，特别是水资源短缺问题日益凸显。2009年1月30日，瑞士达沃斯世界经济论坛年会发布的报告说：全球正面临"水破产"危机，今后20年内，人类争夺水资源的竞赛将愈演愈烈……而且水有可能会比石油还昂贵。有人说，21世纪以后国际上的很多战争都会因争夺水资源而引发，现在看来这绝不是危言耸听。事实上，部分地区国家之间的争端和战争，很多与水资源密切相关。

---

① 马克思，恩格斯. 马克思恩格斯全集：第47卷 [M]. 北京：人民出版社，1979：473.

从外太空看，地球是个蓝色的星球，地球表面三分之二被水覆盖，但是地球淡水资源不仅短缺而且地区分布极不平衡。全世界约 40% 的人面临淡水不足的问题，其中约 3 亿人生活在极度缺水状态中。地球水资源的总量虽然很大，但其中 97.5% 是无法饮用的海水，淡水仅占 2.5%，而在这有限的淡水资源中，90% 是人类难以企及的南北两极冰盖、冰川、冰雪。此外，还有一定比例的深层地下淡水资源很难被利用。因此，人类目前能够利用的淡水资源相当有限，只占全球水资源总量的 0.26%。几千年来，人类将水视为取之不尽的免费商品，从整体上看没有出现过全球性的水资源问题。只是到了人类社会实现工业化之后，全球水资源才面临日趋减少的压力。全球用水量在 20 世纪增加了 7 倍，其中工业用水量增加了 20 倍。特别是近几十年来，全球用水量每年都以 4% ～ 8% 的速度递增，水资源供需矛盾日益突出。联合国环境规划署的数据显示，按当前的水资源消耗模式继续下去，到 2025 年，全世界将有 35 亿人口缺水，涉及的国家和地区将超过 40 个。

导致水危机的原因有很多，其中包括气候变化、森林植被减少、人口增长、水污染日益严重、水资源浪费，以及水资源开发与管理不善等。据联合国有关机构的统计，全世界每年倾倒入江河湖海中的有毒物质达到上千万吨，全球约十分之一的河流受到不同程度的污染。

土地是人类赖以生存的基础，但由于气候变化和人类不合理的经济活动等因素，使全世界干旱、半干旱和具有干旱灾难的半湿润地区的土地发生了退化。所谓土壤退化，是指土壤在物理、化学和生物学方面的性能变劣而导致其生产力降低的变化过程。沙漠化和土壤侵蚀是导致土壤退化的主要原因。就沙漠化来看，目前全世界沙漠已占全部干旱地区生产面积的 70%（约 36 亿公顷），相当于地球土地总面积的 1/4，全世界每年约有 600 万公顷的土地继续出现沙漠化或有沙漠化危险。纯经济利益为零或负值的土地面积，每年以 2100 万公顷的速度持续增加。放牧的约 8 成（31 亿公顷）、依赖降雨的农田约 6 成（3.35 亿公顷）和灌溉农田的 3 成（0.4 亿公顷）的土地因沙漠化已超过中等程度而受害。因严重沙漠化而受害的农村人口，由 1977 年的 0.57 亿人增加到 1983 年的 1.35 亿人，在 20 世纪 80 年代中期，撒哈拉沙漠地区的旱灾曾造成约 300 万人死亡，现在沙漠化仍影响着世界 1/6 人口的生活。就土壤侵蚀来看，全世界每年因土壤侵蚀损失土地 700 万公顷，每年经过河流冲入海洋的表土达 240 亿吨。同时，土壤侵蚀、盐碱化、水涝和土壤肥力丧失等现象几乎在所有国家都日趋增加。据预测，到 2025 年全球人口将达到 85 亿人，其中 83% 生活在发展中国家，对粮食的需求量将增长 50% 以上，而土地资源却迅速减少或退化，生产力下降，农作物减产，供需矛盾突出。

二、气候变化

工业化发展对自然生态的破坏还表现在对气候的影响。首先就是全球气候变暖。气候变暖是由温室效应造成的。所谓温室效应，是指大气中某些气体（如二氧化碳）含量增加，强烈吸收从地面返回外空间的长波辐射，引起地球平均气温升高的现象。大气中能产生温室效应的气体已经发现近 30 种，在导致温室效应的温室气体中，二氧化碳（CO_2）大约起 66% 的作用，甲烷（CH_4）和氟利昂（即 CFCs）各起 16% 和 12% 的作用，可见，二氧化碳是造成温室效应最重要的气体。太阳的辐射透过大气层，除很少一部分被吸收外，其余大部分到达地球表面，表面又以红外辐射的形式向外辐射，被大气中的二氧化碳等温室气体和水汽所吸收，从而阻止了地球热量向空间的散发，使大气层增温，增大了热效应。这种效应宛如花房温室的玻璃或塑料薄膜的覆盖层那样，它使摄入温室内阳光中的红外线不易穿透此覆盖层外逸，从而使室内产生增温和保温的效应，故将温室气体的这种作用称为温室效应。

世界气象组织于 2016 年确认，2010 年全球平均气温是自人类有气温记录以来最高的一年。2010 年全球平均气温较 1961 年至 1990 年气温平均值偏高 0.53℃。截至 2016 年，全球平均气温最高的十个年份都是在 1998 年以后出现的。联合国组织的政府间气候变化专门委员会（IPCC）第四次评估报告指出，近 100 年（1906—2005 年）全球平均地表温度上升了 0.74℃。过去 50 年的升温速度几乎是过去 100 年升温速度的 2 倍。从不容置疑的事实和数据得出的结论是：全球气候变暖，而且变暖的速度在加快。这一方面是受到地壳运动、太阳辐射变化等自然因素影响，另一方面在于人类活动的影响。在过去 100 多年间，人类一直依赖石油、煤炭等化石燃料来提供生产生活所需的能源，燃烧这些化石能源排放的二氧化碳等温室气体是使温室效应增强、进而引发全球气候变暖的主要原因。

气候变暖给人类带来的不是福音。研究发现，从 1978 年以来，北极海冰以每 10 年 27% 的平均速度在退缩，北极海冰的提前解冻或推迟冻结缩短了某些海洋哺乳动物进食和繁殖的有效时间，这些变化对海豹、海象等构成严重威胁。气候变暖引发的海平面上升造成海岸带红树林损失，使许多地区的海岸带更易遭受海水侵蚀、风暴潮等威胁。海平面的上升还会淹没许多岛屿，像马尔代夫这样的一些地势低洼的岛国的生存将受到威胁。冰川和积雪的储水量减少，将影响当今世界 1/6 以上人口的可用水量。气候变化导致的极端天气事件更是接二连三肆虐全球。近期，全球经历了巴基斯坦洪水、俄罗斯森林大火、澳大利亚昆士兰州暴雨等，每一场灾难导致的人员财产损失都触目惊心。

气候变化的另一个表现是臭氧层被破坏。在距离地面约 10 ～ 30 公里的平流层里存在着一个臭氧层，其中臭氧含量占这一高度上的大气的十万分之一。臭氧含量虽然极微，却具有非常强烈的吸收紫外线的功能，它能把波长为 200 ～ 300 纳米的紫外线吸收掉。而紫外线，尤其是波长为 260 ～ 340 纳米的紫外线，对人和其他生物具有极强的杀伤力。正是由于臭氧层能够吸收来自太阳的紫外线辐射，才保护了地球上各种生命的存在、繁衍和发展。因此，大气平流层中的臭氧层是保护地球生命的天然屏障。但是，由于人类的活动使大气中的某些化合物的含量增加，使臭氧层受到耗损和破坏。大气中氯氟烃类化学物质氟利昂含量的增加是臭氧层遭到破坏的主要原因。氟利昂被广泛用作制冷机、发泡剂、气雾剂和清洗剂。进入平流层的氟利昂在紫外线的作用下，释放出氯原子，氯原子马上与臭氧发生反应，形成氧原子，一个氯原子可以破坏十万个臭氧分子，从而使大气平流层中的臭氧浓度降低。1985 年，南极上空出现过一次历时 40 多天、面积达2000 多万平方公里的巨大臭氧层"空间"。南极上空的臭氧层是在 20 亿年时间里形成的，可是在一个世纪里就被破坏了 60%。北半球上空的臭氧层比以往任何时候都薄，欧洲和北美上空的臭氧层平均减少了 35%。科学家警告说，地球上空臭氧层被破坏的程度远比一般人想象的要严重得多。

臭氧层破坏对于生态系统的影响是非常巨大的。以陆生生态系统为例，UV-B 增强将破坏植物和微生物组织，抑制植物如大豆、瓜类、蔬菜等的生长，改变植物的生物活性和生物化学过程，影响作为人类和动物食物的植物的质量；对于森林而言，长寿生物对于 UV-B 辐射效应的积累效应，将产生不堪设想的后果，臭氧层破坏对于水生生态系统的影响主要体现在：UV-B 和 UV-A 对光合作用产生影响，影响上层水域 10～15 米范围内生物的生长，减少浮游植物和微生物的产量，影响生态平衡和水体的自净能力，从而危及水中生物的食物链和自由氧的来源，导致海洋经济产品下降；此外，浮游生物和微生物的减少也减弱了海洋吸收二氧化碳的能力，加剧了气候变暖的影响；由于可溶性有机碳和固体有机碳可吸收 UV-B 辐射并降解，因此 UV-B 辐射的变化将对碳和矿物质的循环产生影响。

臭氧层破坏对于近地面的空气质量也会产生影响，UV-B 辐射的增强将导致对流层化学反应活性的增强，从而加剧光化学烟雾的污染。臭氧层破坏还会导致原有的臭氧纵向分布发生变化，从而破坏地球的辐射收支平衡，加剧对流层中二氧化碳、臭氧这些温室气体量的增加，从而影响全球的热平衡和气候变化。据预测，人类如果不采取有效措施保护大气臭氧层，到 2075，由于太阳紫外线的危害，全世界将有 1.54 亿人患皮肤癌（其中 300 多万人死亡），将有 1800 万人患白内障，农作物将减产 7.5%，水产品将减产2.5%，材料的损失将达 47 亿美元，光化学烟雾的发生率将增加 30%，这将危及人类的生存和发展。

三、生命系统的破坏

日益严重的生态问题直接危及到了生命的安全。首先是对森林的破坏。森林是地球生物圈的重要组成部分，是陆地上最大的生态系统，使人类赖以生存的基础，对维持陆地生态平衡起着决定性的作用，被称为"地球之肺"。森林资源是地球上最重要的资源之一，是生物多样性的基础。森林不仅能够为生产和生活提供多种宝贵的木材和林副产品，更重要的是它具有涵养水源、保持水土、防风固沙、净化空气、消除噪音、调节气候、保障农牧业生产、保存森林生物物种、维持生态平衡等生态功能。

人类文明初期地球陆地 2/3 被森林覆盖，森林面积约为 76 亿公顷，19 世纪中期减少为 56 亿公顷，20 世纪末又减少到 34.4 亿公顷，全球森林覆盖率仅为 27%，并仍在迅速减少。据统计，全球每年砍伐和焚烧森林 2000 多万公顷，其中对全球生态平衡至关重要的热带雨林的消失速度由 1980 年的 1210 万公顷增加到 1990 年的 1700 万公顷。世界热带雨林面积已减少 1/3，目前仍以每分钟 20 公顷的速度在消失。照此发展下去，到 2030 年世界热带雨林可能会丧失殆尽。我国曾经是一个森林资源丰富的国家，历史上森林覆盖率达到 49% 左右，但由于过度采伐和开垦，使森林资源受到严重破坏。我国现有的森林资源总量不足，质量不高，全国平均每公顷蓄积量仅为 84 立方米，比世界平均水平低 15 立方米，森林覆盖率为 18.21%，仅相当于世界平均覆盖率的 60%，人均森林蓄积量只相当于世界人均占有量的 1/8。森林锐减，使森林作为陆地生态系统主体及其对生态平衡的支撑作用几乎丧失殆尽，造成一系列环境危害，威胁人类的生存和发展。

生态危机的另一个表现就是物种的灭绝。生物多样性是维持自然生态平衡和人类赖以生存与发展的生态基础。1992 年 6 月 5 日在巴西里约热内卢签署的《生物多样性公约》指出，"'生物多样性'是指所有来源的形形色色生物体，这些来源除包括陆地、海洋和其他水生生态系统及其所构成的生态综合体，包括物种内部、物种之间和生态系统的多样性"。生物多样性是相当部分工业原料和药品来源的保证，也是农业品种资源的保证，更重要的是它对维护生物圈的稳定和物质、能量的正常循环具有重要意义。但由于人类的活动，森林大量砍伐、草原开垦、湿地干涸，使生物多样性遭到极大破坏，许多物种灭绝。

《光明日报》2010 年 11 月 24 日报道，在日本名古屋举行的《生物多样性公约》第十次缔约方会议上，世界自然保护联盟公布了"2010 年濒危动物名单"，名单显示，面临危机的动物种类比 2009 年增加了 1000 多种，33% 的动物种类面临灭绝危险。哈佛大学教授爱德华·威尔逊说，世界自然保护联盟此次调查公布的名单不过是"冰山一角"，有灭绝危险的动物物种年年都在增加。在调查的 55926 种动物中，有 18351 种有灭绝危险，相当于总数的 33%，比 2009 年增加了 1060 种，灭绝危险度较高的包括玳瑁等 3565 种动物。

联合国在《千年生态评估报告》中指出："人类在过去 50 年里比有史以来任何时期都更快速和更严重地扰乱了生态系统。"自然资源在超量开发，从 1945 年至今，人类开垦种植的土地比 18 和 19 世纪加起来还要多，导致的生物多样性丧失、物种的灭绝，更是史无前例，地球自然史正在迎来第六次的物种大灭绝。早在 2007 年，就有科学家预测，按照中等范围的全球气候变暖情形，到 2050 年占地球陆地表面积 20% 的区域中 15% ～ 37% 的物种将注定消亡。野生救援组织主席史蒂夫的换算也许更加直观：全球每年有近 2.7 万个野生物种灭绝，确切说是每天灭绝 74 种，每小时灭绝 3 种。

第二节　生态问题的争论：人类中心主义与自然中心主义

伴随着全球生态环境问题的不断凸显，人与自然之间的关系问题逐渐浮出水面，日益严重的生态危机引起人们对人与自然关系深刻的哲学反思，形成了两种截然不同的观点的争论，即人类中心主义和自然中心主义的争论，这场争论一直延续到现在，基本上代表了西方生态伦理哲学思想的发展过程。

一、人类中心主义

人类中心主义是在对当代所临的生态危机进行思考的过程中提出来的，在寻求对生态危机的发生原因以及摆脱危机的途径、方法中，思想家们不断地思考：是什么原因导致人与自然关系的对立？如何实现人与自然的和谐？我们的价值观应当做出怎样的调整？应当形成什么样的新价值观？人类中心主义是关于人与自然关系的一个主张，是一个价值观念，是一种对自然界的功利主义的观点，它把人作为宇宙的中心，认为人的利益是人类处理人与自然关系的唯一出发点和目的。关于人类中心主义表现形态和历史发展和对它的定义一样，可以从不同的角度进行分类：从逻辑的角度来分，将人类中心主义分为强式的人类中心主义和弱式的人类中心主义。美国哲学家诺顿将人的意愿分为感性意愿和理性意愿，他认为如果一切价值以个人感性意愿的满足为标准，就是强式人类中心主义；如果一切价值以理性意愿的满足为标准，就是弱式人类中心主义，这种人类中心主义承认满足人的意愿是合理的，并且依据合理的世界观和价值观来评价这种意愿，从而防止人对自然的随意破坏，也被称为温和的人类中心主义，或现代人类中心主义。强式人类中心主义仅从个人的主观感性偏好、感性意愿出发，以个人的眼前利益和需要出发，完全否认理性世界观和价值观对人的指导作用，不考虑与其同时代的人如何公正、合理地分配自然资源，也不考虑与后代人之间合理地分配资源，以让他们也得到发展的机会，这种以个人利益为中心的观点会把自然看作是满足个人感性偏好的一种工具，把自然界变为供人任意索取的原料仓库，结果是强式人类中心主义演变成了个人中心主义，个人中心主义变成了人类沙文主义。因此我们要摒弃这种不合理的强式人类中心主义。相反，弱式人类中心主义承认个人感性意愿的合理性，但是这种感性意愿不是一般的带有个人盲目性的感性意愿，是经过理性审视和评价过的，以理性世界观作指导，能够处理好人的目前利益和长远利益的关系，能在当代人之间以及与后代人之间公平公正的合理分配自然资源，我们必须提倡并奉行这种弱式人类中心主义。

从时间上来划分，认为远古时代、中世纪及近代、现当代的人类中心主义是有截然不同的表现形式，将人类中心主义分为宇宙人类中心主义、神学人类中心主义、生态人类中心主义，认为人类中心主义是一种伴随着人类对自身在宇宙中的地位的思考而产生并不断变化发展着的文化观念。自古代以来，人类中心主义曾经历了三种不同的历史形态。宇宙人类中心义的核心观点就是主张人类在空间方位的意义上处于宇宙的中心位置，它是从"地球中心论"合乎逻辑地推论出的一种观念。神学人类中心主义，它是基督教世界观的一个重要组成部分，其核心则是一种神学目的论，人类不仅在空间方位的意义上位于宇宙的中心，而且还在"目的"的意义上处于宇宙的中心地位，即人类是宇宙万事万物的目的。生态人类中心主义，其核心论点就是主张在人与自然的相互作用中应将人类的利益置于首要的地位，人类的利益应成为人类处理自身与外部生态环境关系的根本价值尺度。简言之，生态人类中心主义就是一种主张将人类的利益作为处理人与自然关系的根本价值尺度的人类中心主义，它是伴随着现代生态伦理学的发展产生和发展的，是在 20 世纪特别是当代生态危机日趋严重的情况下，人类重审自身在宇宙中，重新审视人与自然的关系所得出的结果。也有人把它分为古代人类中心主义、近代人类中心主义和现代人类中心主义。还有一些别的划分，如墨迪的传统人类中心主义和现代人类中心主义，又如前达尔文式的人类中心主义和达尔文式的人类中心主义之分。还有关于绝对人类中心主义和相对人类中心主义的分野，以及功利层面的人类中心论、生态伦理学层面的人类中心论和哲学人类学层面的人类中心论的划分。不管对人类中心主义如何表述，它们的观点和基本内涵是一致的。第一，人类中心主义是一种价值论，是人类为了寻找、确立自己在自然界中的优越地位、维护自身利益而在历史上形成和发展起来的一种理论假设，这是人类中心主义者立论的基础。第二，人类的整体利益和长远利益是人类保护自然环境的出发点和归宿点，是促使人类保护自然行为的依据，也是评价人与自然关系的根本尺度，这是人类中心主义者的基本信念。第三，在人与自然的关系上，人是主体，自然是客体，人处于主导的责任和义务。这是人类中心主义者社会实践的基本原则。第四，人的主体地位，意味着人类拥有运用理性的力量和科学技术的手段改造自然和保护自然以实现自己的目的和理想的能力，意味着人类对自己的能力的无比自信和自豪。

无论对人类中心主义如何划分，它都体现了人类对自身发展的关注，其出发点和归宿始终都是人类的利益和自我完善，从理论上来说，这种对自身发展的关注和保护自然生态环境的要求与可持续发展的目标并不抵触，具有合理性的一面。人类中心主义是人类最初摆脱因生产力低下而受到大自然的困扰之后逐渐产生或形成的以自我为中心的观点，这种观点在东、西方的古老文化中已经萌生，但是它最终是在西方完成的。从普罗泰戈拉提出"人是万物的尺度"，经过苏格拉底、柏拉图、笛卡尔的发展，到康德最终提出"人是目的"，人类中心主义观点的最终形成。它表明了人类对自身，以及对人与自然关系的认识不断深入。但是这里的"人类"是一个"类主体"的含义，而不是"群体"或"集团"的，是"整个地球"的，而不是"个别区域"的，出发点和终结点都是使全人类得到延续和发展。迄今为止，任何一种发展首先都是为人类的发展，如果人类得不到发展，哪里还谈得上发展。但是由于人类认识能力的相对性和局限性，人类中心主义确实存在着种种缺陷或者失误，它的某些因素对自然生态环境造成了严重的后果，主要表现在将人视为自然界的主人，自然亦被人看成是可以任意征服改造的对象，过分强调人类自身、当前人类的利益，忽视了自然界的承载能力和自然生态环境的平衡，盲目攫取自然。

由于存在这样或那样的缺陷或失误，人类中心主义屡受批评，有人把它当成是当代生态环境问题的"罪魁祸首"，认为人类中心主义造成了生态危机，最终造成了人类无家可归的恶果，或者把人类中心主义和人类沙文主义等同起来，认为人类中心论和民族中心论、个人中心论在逻辑上是一致的，前者是后者的放大，后者是前者的缩小。西方工业化国家也借着"人类利益"的幌子，以自身的利益要求代替整个人类的利益，推行环境利己主义、生态殖民主义，最终酝酿成世界范围的生态危机。西方发达国家不仅没有承担起他们对全球生态失衡应负的主要责任，反而凭借自己的经济、技术优势向发展中国家转嫁危机，严重削弱和剥夺了发展中国家人们的生存利益。要想真正完全挽救生态危机，把人类从无家可归的状态中解救出来，就必须从社会制度和生产方式层面遏制人的贪欲，彻底改变那种维护发达国家对发展中国家进行剥削和控制的国际政治经济旧秩序，建立公正、合理的新的世界政治经济秩序，通过协商和对话，发达国家尊重广大发展中国家人民的生存权，并且对全球生态危机承担更多的责任。

我们必须摒弃人类中心主义不合理的因素，吸取其中的合理的因素为我们所用。一方面，我们要充分认识到人类在生态系统中的重要性，同时要确立人对自然的责任和义务。人是认识和实践活动的主体，这种主体性表现在人总是按照自己的需要来认识自然，认识的范围以人类为中心向四周不断延伸，根据自己的理想和价值观，不断设计、选择和构建新的生活方式。因此，人类认识和实践的目的是为自身的生存和发展的，是为了自身的长远利益和整体利益的。但是，人既有主体性，又有客体性，既是能动者也是受动者，人对自然的认识和改造也要受自然客观规律的制约。对自然资源的利用要符合生态学规律，保证生态系统的平衡，毁坏自然生态系统就是毁坏人类自己的生存和发展的条件。因此，我们必须承担起保护生态系统的责任和维护生态平衡的义务。

另一方面，在人与社会的关系上，要以人类的整体利益为中心，强调整体的和长远的人类利益高于人们的暂时的和局部的利益。在这里人类主体表现为不同的群体、民族或国家、地区或区域、阶级或阶层、团体或集体和不同的个人。因此，又要从两方面来认识人类中心主义。首先要在国际范围内来看，就是要确立起在人和自然关系领域中的国际公正原则，按照"共同但是有区别"的原则确立国家之间的生态责任和生态义务。人类中心主义的"人类"是一个类本体的概念，在现实世界中，人们往往被自己或群体的局部利益所蒙蔽，为了自己或群体的利益而忽视甚至漠视世界上绝大多数人的整体利益。特别是西方发达国家的现代化是建立在对世界资源的掠夺和对世界环境的污染的基础之上的，它的资源消耗量占了世界上绝大部分，同时，也生产了世界上的绝大部分的垃圾，却不愿意为此承担更多的责任，大肆地把垃圾转移到发展中国家，加剧了发展中国家的环境污染、生态恶化。但是生态环境具有系统性和整体性的特点，发展中国家生态环境的不断恶化最终会影响到发达国家。因此，发达国家有必要对发展中国家提供不附加条件的帮助。按照责任和义务与资源享有和分配对等的原则确立起国家之间的生态责任和生态义务，发达国家在拯救生态危机中理应承担更多的责任和义务。其次，在一个国家范围内也要确立相应的责任和义务关系，要考虑绝大多数人的利益，以及特殊群体和弱势群体的利益。贫困人口往往是生态环境问题的最大受害者，城市里贫穷的街区可能成为有毒废弃物倾倒地，遭受过多的空气污染，过分地暴露在工业危险物中，或者缺少卫生或可饮用的水，乡村里的穷人可能由于贫穷以不可持续的方式开采森林、利用土地和其他资源。因此，帮助他们过上生活富足的日子，将他们的需要和利益作为我们价值关注的中心。只有这样，我们才能真正实现起人与自然的和谐发展。

二、自然中心主义

在对人与自然关系重新审视的过程中，形成了和人类中心主义针锋相对的观点，即自然中心主义的观点，认为把道德关怀的对象仅限在人的范围是不合理的，有必要把道德关怀的对象的范围扩展到人以外的其他存在物身上，这种扩展形成了当前在西方比较流行的三大派别，即辛格的动物解放论和雷根的动物权利论构成的动物解放权利论，由施韦泽的敬畏生命理念和泰勒的尊重大自然理念表述的生物平等主义，由大地伦理学（莱奥波尔德）、深层生态学（内斯）、自然价值论（罗尔斯顿）阐发的生态整体主义。

以辛格为代表的动物解放论者从功利主义伦理学出发，认为我们应当把"平等地关心所有当事人的利益"这一伦理原则扩展应用到动物身上去。在功利主义看来，凡能带来快乐的行为就是善的行为，凡是带来痛苦的行为就是恶的行为，动物也能感受苦乐，因此我们必须要把动物的苦乐也纳入我们的"道德计算"中来。痛苦就是痛苦，不管它是发生在人身上还是发生在动物身上，带来痛苦的行为永远是不道德的行为，不管痛苦的承受者是人还是动物。所有的动物和人一样，都有感受痛苦和享受愉快的能力，每一种有感觉的能力的存在物都有能力过一种较为幸福或较不痛苦的生活，因此，动物既有不被蓄意地造成痛苦的权利和不被造成不必要痛苦的权利也有追求自我完善和快乐的权利。动物和人类具有同等的权利和利益，要像重视人的利益那样，平等地考虑动物的利益，如果为了人类的利益可以牺牲动物的利益，那么实际上犯了与种族歧视和性别歧视相类似的错误。

雷根认为动物和人一样，拥有"天赋价值"。就像黑人不是为白人而存在，妇女不是为男人而存在一样，动物也不是为我们而存在的。动物也拥有同等的天赋价值。如果我们认为只有人类才拥有这种天赋价值，或认为人工智能比动物拥有更多的天赋价值。那就是一种明目张胆的物种歧视主义，由于不同动物包括人的利益有时会发生冲突，因而动物解放论提出了协调不同动物的利益冲突的"种际正义原则"，其基本要求是一个动物的基本利益优先于另一动物的非基本利益，心理较为复杂的动物的利益优先于心理较为简单的动物的类似利益。以雷根为代表的动物权利论认为我们之所以要保护动物，是由于动物和人一样，拥有不可侵犯的权利，拥有天赋价值。在现实的道德生活中，善善相伤、恶恶相权的情况也时有发生。为此，动物权利论者又提出了两个原则：伤害少数原理和境况较差者优先原理。动物解放权利论认为，我们有义务废除那些给动物带来痛苦或使动物遭受折磨的做法，有义务做一名素食主义者。动物解放权利论无疑是对传统的道德观念和生活习惯的巨大挑战。雷根明确指出，动物权利运动是人权运动的一个部分。辛格亦认为，动物的解放是人类解放事业的继续，"动物解放运动比起任何其他的解放运动，都更需要人类发挥利他的精神。动物自身没有能力要求自己的解放，没有能力用投票、示威或者抵制的手段反抗自己的处境。"辛格和雷根坚持动物解放和权利的理论具有一定合理意义。把道德关怀的对象扩展到动物身上，这种扩展道德关怀对象范围的努力是值得肯定的，体现了人类文明发展的方向。但是，它的理论的立足点不是建立在科学事实上，所主张的素食主义是反自然的，对解决当代的生态问题价值不大。

从关心人的福利到关心动物的福利，这是提升人的道德境界的有效途径，但是，动物解放权利论的道德视野还不够宽阔，对动物之外的生命还缺乏必要的道德关怀，因而必须继续扩展关怀的范围，使之容纳所有的生命。施韦泽的敬畏生命的伦理理念和泰勒的尊重大自然的伦理思想从两个不同的角度阐释了生物平等主义的基本精神。

法国著名思想家施韦泽首先提出"敬畏生命"的原则，即"善是保存和促进生命，恶是阻碍和毁灭生命"。他在《文明的哲学文化与伦理学》一书中进一步阐述了"敬畏生命"的观点："只有保存和促进生命的最普遍和绝对的合目的性，即敬畏生命的合目的性，才是道德的，任何其他的必然性或者合目的性都是不道德的，而只是或多或少地必然的必然性，或者是或多或少地合目的的合目的性。"在自我保存和伤害、毁灭其他生命的冲突中，我从不能把伦理和必然性统一成为一种相对的伦理要求，我必然在伦理要求和必然要求之间做出抉择，如果我听了必然性的命令，我就要承担起由于伤害生命而给自己带来的责任。同样，我也不能认为在个人责任和超个人责任之间的冲突中，能够把伦理要求和合目的性要求和谐起来，或者甚至使合目的性要求排斥伦理要求，我要做的只能在这两者之间或做出抉择，如果我屈从于超个人责任和合目的性的压力，我就必然由于贻误了敬畏生命而负有责任。尊重生命是基本的伦理价值信念，这应该成为人与自然关系的行动指南。不允许无故造成有感觉动物的痛苦，这是基本的伦理态度。保持生命、促进生命，使生命达到其最高度的发展，是善的本质。毁灭生命，损害、阻碍生命的发展，是恶的本质。人类情感施予的对象应扩大到一切生命，不仅仅热爱自己的宠物和为自己劳作的牲畜。伦理学应扩展到对生命的尊重，不考虑对生命的伦理，这样的伦理学是不完整的。尊重生命的伦理学基础和最终根据是：我是要求生存的生命，我在要求生存的生命之中，我的生命意志的神秘，在于我感受到有必要满怀同情地对待于我之外的所有生命意志。

敬畏生命的基本要求是像敬畏自己的生命意志那样敬畏所有的生命意志，满怀同情地对待生存于自己之外的所有生命意志。"善的本质是保持生命、促进生命，使可发展的生命实现其最高的价值。恶的本质是毁灭生命、伤害生命，阻碍生命的发展。"一个人，只有当他把所有的生命都视为神圣的，把植物和动物视为他的同胞，并尽其所能去帮助所有需要帮助的生命的时候，他才是有道德的。当然，人的生命也值得敬畏。为了维持人的生命，我们有时确实得杀死其他生命。但是，我们只有在不可避免的情况下，才可伤害或牺牲某些生命，而且要带着责任感和良好意识做出这种选择。敬畏生命的伦理可以帮助我们意识到这种选择所包含着的伦理意蕴和道德责任，它可以使我们避免随意地、粗心大意地、麻木不仁地伤害和毁灭其他生命。通过这种方式，敬畏生命的伦理能够引导我们过一种真正伦理的生活。

泰勒在前人思想的基础上，进一步进行了发挥，人只是地球生物共同体的一个成员，他与其他生物是密不可分的，人类和其他物种一样，都是一个相互依赖的系统的有机构成要素。每一个有机体都是生命的目的中心，所有的物种都是平等的，都拥有同等的天赋价值，而一个有机体一旦被视为拥有天赋价值，那么，人们对它所采取的唯一合适的态度就只能是尊重。所谓尊重大自然，就是把所有的生命都视为拥有同等的天赋价值和相同的道德地位的实体，它们都有权获得同等的关心和照顾。为了使"尊重大自然"这一终极性的伦理关怀具有可操作性，泰勒还提出了四条环境伦理规范以及与这四条规范相应的环境伦理美德：不作恶的原则——关照的美德，不干涉的原则——敬重和公正的美德，忠诚原则——诚信的美德，补偿正义原则——公平和平等的美德。我们有尊重其他生命的义务，也有尊重人的义务，人的福利与其他生命的福利常常发生冲突。为此，泰勒提出了五条化解这种义务冲突的伦理原则：自卫原则、对称原则、最小错误原则、分配正义原则、补偿正义原则。作为扩展人们的道德关怀范围的一种尝试，生物平等主义对人们的道德理性、道德胸怀和道德能力都提出了更高的要求。随着越来越多的义务对象进入了道德关怀的范围，人们所要承担的道德责任也越来越多了。这首先需要的是改变我们内心的道德信念和责任意识。许多人正在用实际的行动改变他们的内在道德信念，用对生命的敬畏和爱护展现他们尊重大自然的态度。因此，对作为道德代理人的人来说，接受生物平等主义并不是不可能的。尽管这还需要作出巨大的努力，但是，我们没有任何道德理由去阻拦人们对人与其他生命和谐关系的追求。

生物平等主义虽然关心个体，但却否认生物共同体的实在性，否认人对物种本身和生态系统负有直接的道德义务，这与现代生态学对生物之间的相互联系、相互依存，以及由生物和无生物组成的生态系统的重视和强调是不协调的。受现代生态学的启发，生态整体主义认为，必须从道德上关心无生命的生态系统、自然过程以及其他自然存在物。

不仅要承认存在于自然客体之间的关系，而且要把物种和生态系统这类生态"整体"视为拥有直接的道德地位的道德顾客。据此，生态整体主义从三个角度即大地伦理学、深层生态学和自然价值论阐发了保护生态系统的伦理理由。

大地伦理学的宗旨是要"扩展道德共同体的界线，使之包括土壤、水、植物和动物，或由它们组成的整体大地"，并把"人的角色从大地共同体的征服者改变成大地共同体的普通成员与普通公民。这意味着，人不仅要尊重共同体中的其他伙伴，而且要尊重共同体本身"。这是由于人不仅生活在社会共同体中，也生活在大地共同体中，而人只要生活在一个共同体中，他就有义务尊重共同体中的其他成员和共同体本身。这种义务的基础就是共同体成员之间因长期生活在一起而形成的情感和休戚与共的"命运意识"。因此，道德情感是大地伦理学的一个重要基础。莱奥波尔德明确指出我不能想象，在没有对大地的热爱、尊重和敬佩，以及高度评价它的价值的情况下，能够有一种对大地的伦理关系。当然，大地伦理学又不仅仅是一个情感问题。"大地伦理的进化不仅是一个感情发展过程，也是个精神发展过程……当伦理的边界从个人推广到共同体时，它的精神内容也增加了。"大地伦理学的这个新的精神内容就是"一件事情，当它有助于保护生命共同体的完整、稳定和美丽时，它就是正确的。反之，它就是错误的"。因此，大地伦理学把生物共同体的完整、稳定和美丽视为最高的善，把共同体本身的"好"视为确定其构成部分的相对价值的标准，视为裁定各个部分的相互冲突的要求的尺度。

由内斯开创的深层生态学包括两个基本的伦理规范。第一，每一种生命形式都拥有生存和发展的权利，若无充足理由，我们没有任何权利毁灭其他生命。第二，随着人们的成熟，他们将能够与其他生命同甘共苦。前一规范即生物圈平等主义，后一规范即自我实现论。平等主义与生物平等主义的基本精神是大致相通的，它的独特贡献是自我实现论。深层生态学所理解的"自我"是与大自然融为一体的"大我"，以大写字母开头，而不是狭隘的"自我"，以小写字母开头或本我。自我实现的过程，也就是逐渐扩展自我认同的对象范围的过程。通过这个过程，我们将体会并认识到，我们只是更大的整体的一部分，而不是与大自然分离的、原子式的个体，我们作为人和人的本性，是由我们与他人以及自然界中其他存在物的关系所决定的。因此，自我实现的过程，也就是把自我理解并扩展为大我的过程，缩小自我与其他存在物的疏离感的过程，把其他存在物的利益看作自我的利益的过程。

以罗尔斯顿为代表的自然价值论把人们对大自然所负有的道德义务建立在大自然所具有的客观价值的基础之上。在自然价值论看来，价值就是自然物身上所具有的那些创造性属性，这些属性使得自然物不仅极力通过对环境的主动适应来求得自己的生存和发展，而且它们彼此之间相互依赖、相互竞争的协同进化也使得大自然本身的复杂性和创造性得到增加，使得生命朝着多样化和精致化的方向进化。价值是进化的生态系统内在具有的属性，大自然不仅创造出了各种各样的价值，而且创造出了具有评价能力的人。

生态系统是价值存在的一个单元一个具有包容力的重要的生存单元，没有它，有机体就不可能生存。共同体比个体更重要，因为它们相对来说存在的时间较为持久。共同体的美丽、完整和稳定包括了对个性的持续不断的选择。因此，生态系统所拥有的不仅仅是工具价值和内在价值，它更拥有系统价值，这种价值并不完全浓缩在个体身上，也不是部分价值的总和，它弥漫在整个生态系统中。由于生态系统本身也具有价值——一种超越了工具价值和内在价值的系统价值，因而，我们既对那些被创出来作为生态系统中的内在价值之放置点的动物个体和植物个体负有义务，也对这个设计与保护、再造与改变着生物共同体中的所有成员的生态系统负有义务。

罗尔斯顿强调指出，环境伦理是一个人的道德境界的新的试金石。一个人如果只捍卫其同类的利益，那么，他的境界并未超出其他存在物，他与其他存在物处于同一档次，仅仅依据自然选择的原理在行动。在与其他人打交道时，他是一个道德代理人，但在与大自然打交道时，他却没有成为道德代理人，他并不知道人的真正的完美性——对他者的无条件的关心。人应当是完美的道德监督者，他不应只把道德用来维护所有完美的生命形式。人的价值和优越性并不仅仅表现为人拥有表达自己、发挥自己潜力的能力，它还包括我们观察其他存在物，理解这个世界的能力和自我超越的能力。在地球上，只有人才具有客观地（至少在某种程度上）评价非人类存在物的能力。人的这种能力饱含仁爱，毫无傲慢之气，应该得到实现。那既是一种殊荣，也是一种责任。罗尔斯顿认为自然不仅具有工具价值还有内在价值，目的是为了确立人对自然界的责任。

三、人类中心主义和自然中心主义的分歧

人类中心主义强调以人类的利益优先，自然中心主义强调自然的优先地位。人类中心主义与自然中心主义的争论实质是围绕"价值"展开。主要涉及几个问题：是否只有人才能具有"价值"，有无"价值"是否成为接受道德关怀的唯一标准，具有内在价值是否意味着道德地位一律平等。人类中心主义者和自然中心主义者都承认工具价值，但是对于自然是否具有内在价值有不同的观点。自然中心主义者认为，自然不仅具有工具价值，而且具有内在价值。在生物学层面上，自然具有"内在价值"，它的这种内在价值表现在自然以它自身为尺度，表示生命和自然界的生存具有固有价值。在人类产生之前，自然界就已经存在了，所以自然事物具有不依赖人类评价和存在的价值。自然界具有评价价值，即除了人类之外，自然界的每一种事物本身自我评价的价值，它并不仅仅从自然事物的用途、功能方面来评价生态系统的价值。生态系统整体的效果与生态系统各组成部分相加的效果是不相同的，生态系统整体的性质是不能被它的其他组成部分的性质所取代的，比如自然选择的价值、刺激并支持生存的价值等。自然除了具有以上几种"内在价值"以外，在文化层面上，它还具有"外在价值"，比如有工具价值，自然界的每一种事物都具有他特有的功能，如果失去了这种功能，这种事物就会被取代。而自然界的

这种工具价值是以人为尺度的。既然我们承认自然具有"价值"，那么"存在的就是合理的"。根据"利益平等"原则，根据为了人类利益原则，将道德关怀扩展到非人类的动物和所有有感觉的生命，甚至对整个自然界都应给予道德承认和保护。

价值问题是个哲学问题，马克思主义哲学认为价值是在人的生存发展活动中形成的一种特定关系。说某物有价值，即指该物对人自己来说是可取的，可重视的，是"好的"。价值的实质，是客体的存在、属性及其变化同主体的尺度和需要相一致、相符合或接近。马克思认为"使用价值表示物和人之间的自然关系，实际上是表示物为人而存在"。列宁也曾指出价值乃是"事物同人所需要它的那一点的联系"，表明价值的形成同人的主体性活动是分不开的。在这里价值主体，只能是人，自然中心主义者认为自然界所具有的内在价值是离开人这个价值主体的自然界自身的价值，就失去了价值主体。实际上，价值问题往往和好坏、善恶相联系，只要是价值，总要有好与坏之分、善与恶之分，效用的大小之分。离开了价值主体怎样衡量事物的好恶、优劣？现代人类中心主义者承认自然界具有工具价值，也承认自然有内在价值，目的是为了消解自然中心主义者所倡导的自然内在价值。现代人类中心论者认为，人类中心主义可以分为传统和现代两个类型，传统类型的人类中心主义持有的是狭隘的自我观念和需要观念，而现代人类中心主义则把人类的根本利益和长远利益作为自己的出发点。但是承认自然界具有价值，对自然的评价"未必就只要求承认只有人是所有价值的源泉，也不拒绝相信自然之物有其内在价值"。

应该抛弃传统人类中心论，因为这是生态问题的根源。人类具有特殊的文化、知识积累和创造能力、能认识并履行自己对自然的间接责任，有能力维护生态平衡。开明的人类中心主义者也认为我们人类对环境问题和生态问题负有道德责任，人们保护生态自然的出发点和归宿在于为了人类的长远利益和整体利益，当代生态问题并不源于人类中心主义观点本身，威信扫地的不是人类中心主义，而是那种认为自然界仅仅是为了人而存在，并没有内在价值的自然界的专制主义。主张人的价值高于自然界的价值，但是同时也承认和尊重自然界的内在价值。弱式人类中心主义论者也认为一个奉行弱式人类中心主义价值观的人，必然是一个具有充分理性观念的人，他在处理人与自然的关系时候，不仅承认自然具有人类所需要的价值，而且还承认自然具有转换价值，即满足人类各种需要的多层次的价值，这些不同层次的价值之间可以根据人类的不同需要相互转换，人类在利用这些价值的时候，要考虑它满足人们的哪方面的需要与意愿，考虑它是否创造了一种转换价值，是否产生了某种积极的或消极的后果，从而做出全面的选择，体现出人类整体需要、价值和长远利益三者的统一。两者观点都有合理性也有其片面性。自然中心主义者看到人类中心主义的弊病，人类作为自然界的征服者，认为人类是自然界里唯一具有价值的主体，自然界的一切都是为人服务的，所以人不能善待自然，具有积极可取的意义。但是自然中心主义看不到人在自然界中的主观能动性，人不仅是自然界的普通物种，还具有维护生态平衡的权利和义务，强调要以人类的整体利益和长远利益出发来处理人与自然的关系，强调人有保护自然维护生态平衡的义务，与现实情况相符。

第三节　绿色技术的哲学追问

绿色技术（Green Technology）[①]概念源于 20 世纪六七十年代西方工业化国家的社会生态运动，是指对减少环境污染，减少原材料、自然资源和能源使用的技术、工艺或产品的总称。这一概念的产生源自于对现代技术破坏生态环境，威胁人类生存的状况的反思，可以认为是生态哲学、生态文化乃至生态文明产生的标志之一。从对绿色技术研究的现状来看，不论是国内还是国外，在进入 21 世纪之后，绿色技术似乎已经被人们广泛接受，更多的研究关注的都是具体的绿色技术创新、绿色技术开发、绿色技术扩散等领域，而对绿色技术的哲学式的反思和追问却很少。比如：技术如何能绿？绿色来自外部还是内部？到底怎么个绿法？绿到什么程度算绿？技术能无限的绿下去吗？如何判断技术到底有多绿……要回答这一系列问题必须从技术系统自身的属性出发，通过反思技术与生态的互动关系，描绘技术的生态界面，进而透析技术的生态效果及其评价方法。

一、生态辩证：技术能不能绿？

对技术的生态考察基于技术的生态辩证：技术及其带来的生态问题是生态发展的必然结果，而解决技术的生态问题又必须依赖于生态理性基础上的技术发展。

到目前为止，对技术的定义有很多，大致可以概括为四种情况：第一种是把技术理解为是人的一种能力，是"人类用以改变环境的各种不同技能的整体"。第二种是把技术理解为一种知识，是"为按照某种有价值的实践目的用来控制、改造和创造自然的事物和过程，并受科学方法制约的知识总和"。第三种是把技术理解为一种实现目的的物质手段的体系或手段的总和。第四种是把技术理解为知识、能力、手段的总和。不管是哪一种理解方式，"我们自始至终将会看到，每一种技术都是思想的物质体现，因此一切技术都是人的理念的外化"。或者说，技术是人类理性力量的外在表现。

如果我们仔细追究的话，不难看出，表现于技术中的理性力量其实包含了两个部分：理论层面或科学层面的理性、操作层面或技艺和工艺层面的理性。其中前者主要涉及对自然、人类与社会的认识，后者主要涉及对具体实践的方法与步骤、工具的理解和相关能力。二者的结合过程也就是近代科学与技术的结合过程，可以称之为科学的技术

---

① 又被称作环境友好技术（Environmental Sound Technology 简称 EST）或生态技术（Ecological Technology）。

化或者技术的科学化。当然，对于具体的技术而言，二者的关系可能比较复杂，正如约翰·齐曼所说："有时技术先于科学，有时一项新技术来源于一系列由于人类的好奇心而获得的发现。有些技术和科学关系密切，一起并行发展；但在有些情况下，实践和理论又可脱节许多许多年，几乎是相互独立发展着，最后才结合起来，产生出丰硕的成果。"因此可以认为，现代技术实质上是科学与传统技术的结合体。

结合卡尔·马克思和马克斯·韦伯对于人类社会发展的"传统—现代"二分法：在传统社会中，由于人类对外在于自己的客观世界的认识和把握能力还比较低，传统技术与科学的结合程度和结合的层次也都比较低，因此，对于客观世界的改造能力也很低。而在近代科学革命之后，人类认识世界的能力得到了巨大的提升，并且更重要的是，开始了与技术的结合，于是我们看到"资产阶级争得自己的阶级统治地位还不到一百年，它所造成的生产力却比过去世世代代总共造成的生产力还要大，还要多"。这种能力的发展造成了生态环境的恶化，使得人们开始有了生态危机的意识。

所谓生态危机是"用来表明人类活动与自然关系的概念，主要是指由于人类不合理的活动，导致生态系统结构与功能的破坏和生命系统的瓦解，从而危害人类存在的现象"。这种观点认为，技术对象是包括人在内的自然物，技术活动都是把目标锁定在与自然的对立面，即把自然、自然规律作为客体来看待，技术制造了一个非自然的世界，技术一旦被置入自然中，技术就毁灭、破坏和压制自然世界。这就是现代性主客体思维模式的由来，也是现代社会一切与自然、生态、环境等有关联的负面因素的根源。

事实上，对于技术而言，不管人类把它看作有生命的有机体，还是无生命的建构之物，都无法改变其内在的运动轨迹及其内在逻辑：理性的外化。根据达尔文的演化论，人类的理性本身就是自然演化的成果。到目前为止，在人类的认识范围之内，作为自然生态的一员，人类的演化过程是生命演化的最高形式。人类创造性的利用理性的力量寻求生存方式的变化，以知识的形式和技术的方法把理性认识固化下来，加以继承和发展，奠定了人类在自然生态中特殊的地位。从人类发展的历史现实来看，技术的发展改善了人类的生存条件，缩短了人类为了生存而必须付出的身体劳作的时间，为人类理性的进一步发展、宇宙生命的进一步演化拓展出了更多的时间和空间。同样的道理，理性的进一步发展才是解决理性带来的问题的关键步骤：人类之所以察觉和发现生态问题就是因为理性的洞察力。绿色技术产生之前的现代工业技术原理及模式是建立在物理学、化学基础之上的，而缺乏生态学的基础，生态科学的发展使人们认识到生态环境的脆弱性，知道了维护和恢复自然生态的基本方法和原理，扩展了人类对"技术—自然"系统的把握能力，使生态学介入和干预技术发展成为可能。

由此不难看出，绿色技术的可能性能且只能是建立在生态科学基础上的生态理性的产生和发展。人类的生态价值、生态意识和生态理念，都是建基于此：不论是客观的生态描述，还是主观的生态导向，都说明绿色技术的内在逻辑应该是在人们的认识和能力范围之内，在不破坏现有的社会生产力和人类的生活水平的前提下，尽量地减少技术和生产对生态产生的可能危及人类生存的破坏性后果。

二、生态界面：技术怎样算绿？

技术活动的实质就是作为主体的人类在一定的空间内与生态发生交互关系的交往活动，这一活动的空间就是技术场，而人、技术与生态交往的界面构成了技术的生态界面。技术变绿的可能范围局限在技术场对生态发挥作用的区域，这个区域被一系列生态界面所包围。因此，尽管我们无法为技术划出一个清晰的边界，但是可以通过对这些界面的理解大致知道技术致绿的可能途径和基本原理，为寻找技术的绿色标准提供可能的思路。

首先是技术的生态现实界面：生态承载力。在生态科学中，一定条件下生态系统为人类活动和生物生存所能持续提供的最大生态服务能力，特别是资源与环境的最大供容能力，被称为生态承载力。生态系统与生存于其中的物质，特别是生命物质之间有着相对稳定的互动关系，这种互动必须保持在一定的范围之内，如果生态系统中的某种物质过多，或者其活动过于频繁而超出了生态平衡的范围，就会破坏生态的相对稳定性，使其产生一些新的性质的变化。这个活动范围，对于生存于其中的物质，特别是生命而言，就是其能够生存的生态承载力。技术源自于生态，其作用的对象也是直接或者间接来自于生态，作为技术主体的人类也是来自于生态，生态是技术的母体，"我们作为能动的行为者作用于世界，靠的是利用自然规律，而不是摆脱自然规律的制约"。而对于人类及其技术而言，最现实也是最大的一条规律，就是必须在一定的范围内维持生态系统的稳定。

自然生态系统的运行对于人类而言，并不总是有利的，它有无数种方法可以置人于死地。因此，人类必须借助技术来保护自己，最大限度地跳出生态陷阱，免于生态迫害。这也就意味着对于生态而言，技术是人类与其对抗的方式。其结果必然是在某种程度上违背生态的自然运行秩序。而这种对抗的程度越强，对生态的破坏也就越厉害，甚至会超出生态的承受能力，无法在一定的范围内维持相对稳定状态，从而彻底失去平衡，"如果我们明智的话，我们对自然过程造成的扰乱只能在能为自然吸收、在适于生态系统之回复的限度内进行。"这就意味着，我们必须把自己的活动限制在一定的范围之内，而绿色技术必须是围绕着这个范围而活动，尽量扩大这个范围，起码是把生态控制在这个范围之内。

其次是技术的生态反身界面：人类生存能力。生态系统是一个不断变化的复杂的自组织巨系统，其运动变化具有自身的内在规律，生存于其中的物质都必须与之相契合或相匹配，否则就会引起生态的一系列不利于其存在的变化，特别是对于生命的存在而言，只能承受一定的相对较小的生态变化幅度。人类的生存也不例外。

人类是技术的主体，而技术是人类生存能力的体现和生存水平的代表，这一点可以从技术与人类文明的协同演化中了解，甚至在追溯人类的起源时，比如现在被广为接受的非洲南猿，就是因为具备一定的使用工具的技术而被当作人类的起点。技术的本意是要为人类创造更好的生存条件，而现代技术的发展却违背了技术的初衷，出现了相反的发展趋势。对于技术自身而言，毁坏了生态、消灭了人类也就消灭了自己。在生态学中，人类的生存能力的具体表现就是人类的生态适应能力。生态问题的产生以及越来越为人类所重视，绝不仅仅是生态科学的发展，而是恰恰相反：正是由于生态的变化威胁到了人类的生存——也就是即将达到甚至超过人类的生态适应能力，才使得生态科学得到更好的发展条件，得到越来越多的重视，甚至被应用到越来越多的领域。绿色技术的最低限度就是将生态波动控制在人类能够承受的范围之内，"通常，如果一个物种与其周围的环境过于不适应，那么，该物种就会灭绝"，连人类自身都无法生存，绿色技术自然也就烟消云散了。因此，我们可以通过提高绿色技术对人类生存能力的影响，以人工干预的方法改善生存条件和生存环境，进而提升人类的生态适应能力。

第三个是技术的生态认识界面：技术能力和生态认识的局限性（不完全性）。乐观的技术主义者认为，技术可以解决技术带来的生态问题。但是这里面暗含着两个无法解决的时间问题：一是技术的发展是需要时间的，而现实中我们无法预测技术发展的具体的时间表，因此无法保证在生态危机毁灭人类之前就能够发展出解决问题的技术；二是技术的生态后果是需要一段时间才能够完全表现出来的，而到了那个时候，很可能已经无法对这种后果进行矫正或治理。更为重要的是，我们还必须对人类自身的技术能力以及对生态的认识能力有一个清醒的认识。

首先，我们要知道，技术并不是可以无限度地发展的，科学对自然的探索过程首先表明的是人类对自然认识不断深化的过程，从另外一方面讲，这个过程是给人类的技术行动不断划界限的过程，即不断地告诉人们"不可能性"，技术不是无所不能的。其次，人类对生态的认识也是存在局限性的。一方面，我们的生态科学才刚刚起步，从已经发展的生态学可以看出，这是一个综合性的科学，包含物理、化学、生物等多门学科的知识体系，生态系统的复杂性决定了生态科学的复杂性。另一方面，生态系统是一个不断运动、变化的生命系统，其自身也处在不断的发展之中，这就需要我们的认识也要不断地追踪甚至要预测生态系统的变化。再广泛一点来讲，甚至人类自身的认识能力也不是无边界的，起码从人类的生物性上来说，作为有限的生命体，不可能具有无限的认识能力，而人类认识的边界也间接地限制了技术的生态干预能力。

因此，绿色技术的界定只能是基于我们目前的技术能力和生态认识能力所建构的生态认识界面。在这个意义上，我们只能在一个相对的动态综合领域中把握绿色技术。广度上，技术改进往往会引发多种效应，如环境效应、经济效应与社会效应等，产生的综合影响是复杂的、非线性的；深度上，技术改进与环境效应之间的联系不能只看表面，技术对环境的影响具有覆盖、重叠和累积作用。

三、生态评价：技术有多绿？

在对技术进行绿色判断并肯定某项技术具有绿色因素之后，还存在一个如何判断技术的绿色程度的问题，也就是如何对绿色技术的生态效果进行评价问题。目前对绿色技术的评价体系包括四个子模块：技术效益评价、生态效益评价、经济效益评价和社会效益评价。其中生态效益的评价是绿色技术特有的，也是绿色技术真正产生和形成的标志。

目前生态评价的方法有很多种，比较常用的是定性评价和定量评价。其中定性的评价方式就是根据绿色技术的生态功能来进行简单的分类。早在 1994 年美国环保局科技计划中就将绿色技术分为深绿色技术与浅绿色技术两大类。深绿色技术是指污染治理技术，例如用高分子气体离子膜浓缩、回收燃烧废气中的 CO_2，能把 CO_2 浓度浓缩 10 倍，从而能把 CO_2 作为化工原料之用。浅绿色技术是指清洁生产以及节约能源和资源等综合利用技术，例如电动汽车技术等。生态定量评价比较多的采用生命周期法和生态足迹方法，这两种方法以技术系统、产品消费、生产过程乃至产业活动区域经济体系为评价对象，比较适用于宏观的工业活动和长期的经济后果。对某项具体技术的生态评价方法包括生态边际成本分析方法、能值分析方法等。

目前采用的这些生态评价方法都是基于当下的生态科学知识的科学评价，具有较高的客观性和较强的描述性特征。但是其缺陷也是很明显的：缺乏绿色理念的支撑以及没有为生态变迁的可能性留下可操作的空间。

首先，不管是在绝对的或相对的意义上遵循自然、在人为的意义上遵循自然、在自动平衡的意义上遵循自然，还是在接受自然指导的意义上遵循自然，我们都必须调整目前人与自然的关系。生态科学以及生态思维最重要的特征就是从原子论的还原论无机思维模式向过程论的关系取向的有机思维模式转化。这就意味着绿色技术在设计和研发阶段就必须有对生态因素的考量。任何与生态过程相协调，尽量使其对自然环境的破坏影响达到最小的设计形式都可以称为是生态设计（Eco-design），这种协调意味着设计要尊重物种多样性，减少对资源的掠夺，保持营养和水循环，维持自然环境的质量，以改善人居环境及自然生态系统的健康。主要设计原则包括整体性原则、协调与平衡原则以及循环再生原则等。

其次是要注重技术生命过程的生态价值取向。传统的技术价值观是以工具理性为基础的经济主义价值观，认为技术的根本目的是为了人类生存的便利和舒适。这种价值观把自然当作是人类的工具，取之不尽、用之不竭，具有强烈的人类中心主义价值取向。技术价值观的绿色转向意味着必须从生态经济的基本原理出发，合理开发和科学利用自然资源，尊重自然的内在价值，实现人与自然的和谐发展、协同演化。因此，必须在技术的生态评价中嵌入生态价值成分。

最后，我们的生态评价中还必须要为未来的变化留下可能性空间。这种可能性空间包括两个方面的内涵：一方面，我们要预见到目前的技术知识和技术能力以及对与之相关的生态后果的认识都还存在一定的局限性，因此，基于目前的综合能力所做出的相关判断都是不完全的，需要为未来可能产生的而现在不能做出准确判断的生态后果留出一定的可能性空间；另一方面，人类自身也是处在生态系统之中，作为生态系统的组成部分，也会对生态系统的变化做出相应的变化或者是变化的积累，这种变化或者变化的积累在短时期内或者说在人类的认识能力范围内也许看不出来或者无法做出准确的界定，但是，可以预见或者推测其可能性，因此，也必须为这种变化或者变化的积累留出一定的可能性空间。当然，甚至还有可能会有超出以上所有判断的可能性存在，那就需要有更多的空间来为意外的甚至人类认识之外的可能性服务，只有这样，才能够做出足够安全的生态评价。

第四节　生态创新政策的系统分析

配套慕课视频

从单纯的经济增长到可持续发展，从工业文明到生态文明，支撑概念转换的是对人与自然的关系以及人类生存方式的一系列反思。技术创新也不再仅仅是企业的经济行为，而是要纳入整体的生态文明建构体系之中，于是，生态创新或绿色创新就成为新一代创新理论中的关键词。相对于传统的技术创新而言，生态创新不是简单的添加一个绿色元素就可以完成的，而是要形成真正意义上全新的创新体系。这一新的创新体系要改变的不仅仅是企业的研发或组织行为，而是要通过将生态环境纳入创新系统并成为新的创新要素甚至是核心动力，逐步地消除生态因素与经济增长的外在性甚至对立性的影响。目前各个国家、地区都已经开始着手建立针对具体生态问题的环境政策，并且已经取得了一定的成效。但是要建构生态创新体系以适应人类及其社会生存与发展的需求就必须在现有的相关政策基础之上建立一整套系统化的政策体系，而建构这一体系的前提是要对生态创新政策进行详尽的系统分析。

一、生态创新政策场域及其型构

生态创新可以有很多种不同的理解方式。在制度建构的层面上理解生态创新，可以转换为政策变迁与创新活动的互动过程。这一过程既包括动态的时间轴，也包括静态的结构图谱，而决定互动成效的关键在于对政策场域的理解程度以及政策场域的现实关联度。生态创新的独特之处就在于创新活动的生态关系发生了变化。如果说，技术创新活动本身有自己的进化路线的话，生态创新也有相应的生态进化。① 也就是说，生态创新自身也有一个适应性选择的过程，而决定这一选择的关键性因素就是相关政策必须面对的各种场域。

首先，生态创新政策的价值基础在于刺激、鼓励或引导现实的技术创新与研发活动，也就意味着，生态创新政策首先要面对的就是技术交往场域。技术交往实践结构的特点决定了技术交往场域的权力来源及其运行。技术主体以知识产权为核心，以追求效率最大化为目的，以满足需求为基本动力，形成一整套自主运行的半封闭系统。在不同的经济阶段，技术创新模式也各不相同。而技术场域运行的权力形态主要表现为知识资本的权力转换。因此，生态创新政策的介入必须充分考虑到核心权力的行为边界及其转化。从政治资本到知识资本，必须有相应的话语转换机制。从政治权力到知识权力，价值取向的趋同是必然的内在逻辑。因此，生态创新活动的政策嵌入必须符合最基本的技术交往规律和知识生产与扩散规律。

其次，生态创新政策还必须规制企业的生产经营行为，优化经济交往场域。企业是管控生态创新活动的主体。作为组织行为模式的企业生态创新行为必须符合基本的利益相关者模型，这也是经济交往场域的基本要求。在这里，利益是一切行为的主导价值：从设计到产品、从用户界面到产品服务，可持续的商业模式经历了从产品中心到用户中心的转变。不变的是以货币资本为基础的理性化追求："合理（性）的态度大体上首先是由于经济必要性而强加于人类心灵的。正是日常经济事务，才使我们作为一个族类获得了合理思想和合理行为的初步训练。"② 现代社会本身就是这种经济合理性追求泛化的结果。生态创新政策则是要在这一主流的价值观上加以改变：从单一的技术理性或工具理性向技术理性与价值理性的辩证统一转变。要使具有外部性的政策系统具备内化属性的基本条件是重新定义经济交往的基本概念，进而改变商业运行模式。这是一项系统工程，其实质是把生态学知识指导下的生态效益和生态价值转化为经济价值。生态创新政策就是要给予商业模式一个转化的标准。这个标准包括经济系统的准入机制、生产标准系列、产品或服务的评价体系等许多不同的方面，如环境影响评价、排放标准、商品或服务的环境附加值等。

最后，生态创新政策的价值实现需要在社会实践场域内进行。社会实践场域是由人们的社会行为所产生的，其实质是由现实演化的惯性作用所导致的行动逻辑。社会集体行为多数是无意识的，运行于其中的权力范式也是潜在的。这种"前反思"的行为模式中蕴含着无形的文化观念，其核心是对人的德性评价。德性作为一种"获得性人类品质"③，内在地存在于每一个行为主体之中，通过对主体行为的自我约束而发挥其作用，是人们

① 衡孝庆，章进.技术创新的生态驱动力及其生态位构建 [J].科学技术哲学研究，2013（3）：95-98.
② 熊彼特.资本主义、社会主义和民主主义 [M].吴良健，译.北京：商务印书馆，1979：153.
③ 麦金太尔.德性之后 [M].龚群，戴扬毅，等译.北京：中国社会科学出版社，1995：241.

行动的内在驱动力。要把生态创新活动从外在的约束性行为变为内在的主动行为，需要在全社会范围内铸造生态德性。以生态教育、宣传为基础，通过相关政策的社会建构，使其内化为人们社会行为的基本逻辑。

生态创新政策场域的型构就是整合以上三种场域中不同的作用力，使它们都能够在生态认知领域达成基本共识。而目前现实社会中关于解决生态问题的可能性的理解之所以会有巨大的差异，其实质就在于生态认知没有达成一致。尽管各方都基本认可生态学知识所提供的认知逻辑和自然理解范式，但是一旦涉及知识结论及其所导致的具体的行动，就会产生分歧。单纯的知识学范式并不能够为行动提供现成的答案。潜藏在现代社会之中的个人主义逻辑会把所有的理解上的区别和差异看作是天然合理的。而后现代所谓的"差异政治"更是会导致理论逻辑与行动逻辑的背离。所以，在生态认知领域达成一致，只是生态创新政策生命过程的第一步，当然，也是非常关键的环节。

二、生态创新政策技术路线

政策的生命源自于可操作性，其最终落脚点在于政策目标的达成度即政策运行的效率。在操作层面上，生态创新政策的运行只能依赖于根据其自身特点制定的技术路线。作为一个有效或者高效的政策技术路线必须满足最基本的三个条件：科学化、程序化和标准化。科学化意味着生态创新政策必须具备基本的知识考量；程序化就是符合相应的政策运行过程；标准化是指要以可以量化的指标体系把整个技术路线连接成为一个具有内在联系的有机的整体。从时间序列的角度可以将生态创新政策的技术路线划分为以下三个阶段：

第一个是生态创新政策的准备阶段。首先，制定生态创新政策必须具备相应的知识储备。这里面既包括对生态创新基本的内涵和外延的认识，也包括对生态创新活动所涉及的相关专业知识的了解。生态创新概念本身就包含有对自然生态及其与人的生存相关的知识蕴涵，因此，生态创新的前提就是对生态知识的系统把握。另外，对创新活动的基本规律的认识、对环境管理的基本规律的认识等，都是必须要具备的必要条件。其次，在制定生态创新政策之前还必须做好战略准备。生态创新活动的理据、机理和路径是构成战略准备的现实基础。生态创新政策的制定虽然是政府部门的职责，但是也要涉及技术研发机构和企业等不同的主体。如果不能够与这些相关主体的发展战略在宏观上取得一致，就不可能制定出符合现实状况的政策。生态创新政策同时也是国家创新系统的一个有机组成部分，必须要符合国家创新战略的大局。

第二个是生态创新政策的制定和实施阶段。目前制定生态创新政策所使用的政策工具有很多，主要包括刚性工具（税收、相关立法）和软性工具（环境责任、生态审计、生态标签等）两大类。针对这些政策工具的研究结果表明，刚性工具比较适合于生态创新的扩散，特别是跨区域的流动，软性工具则更适合于刺激研发机构和企业自发自觉地进行生态创新活动。[①]生态创新政策的制定需要根据生态创新活动的实际状况并针对现实的生态问题来进行。具体的生态问题的解决是生态创新政策的目的，这是一个动态的过程。所以，在政策目标的设定上，需要结合生态变化的自然规律，既要考虑到目前迫切需要解决的问题，同时也要从比较长的时间段或不同的区域范围进行考察，设定中期或长期的政策目标。另外，在针对某个特定问题进行政策设定时，不但要选择有效的政策工具或政策工具的组合（工具包），还要充分考虑整体的社会发展水平和政策环境，因为这也是涉及政策能否具体落实和最终实施效果的重要因素。

最后是生态创新政策的反馈和绩效评价阶段。生态创新政策需要持续的改进，因此必须对生态创新政策实施的效果进行信息反馈，根据反馈的信息对生态创新政策进行绩效评价。由于生态创新活动具有不同的类型，比如渐进式创新、持续性创新、跨越式创新等等，相应的政策影响也不一样。因此，必须要采用不同的信息反馈和绩效评价方法。通过这种跟踪式的调查、分析和研究，对各种组合进行"成本－效益"分析，以达到不断优化、持续改进的目的。

三、生态创新政策系统的社会支持

单从技术的角度来看，似乎生态创新仅仅是在创新活动中添加绿色元素。事实绝非如此简单。生态创新是基于对整个人类社会的发展模式的反思而产生的新的发展理念的实现手段之一。从单纯的经济增长到可持续发展、绿色发展再到生态文明，概念转换的实质是对整个社会建设提出了新的要求。而要实现生态创新，要使生态创新政策能够真正发挥预期的功能与作用，还存在着许多的障碍，要破除这些障碍就需要从不同的层面得到社会的支持。

首先是合法性的赋予即授权。生态创新政策不是面对自然直接解决生态问题，而是通过对创新活动的影响间接地解决生态问题。生态问题既是一个自然科学的问题，同时又是一个社会问题。因为在现实的社会系统中，虽然生态问题的解决是一个技术问题，但是政策介入技术问题会导致利益冲突从而引起利益相关者的不满和抵触，这就需要一个合法性的授权。通常来说，生态创新政策的合法性依据来自于生态问题的公共性特征：危及全体社会成员的生存和发展。这一合法性依据的局限性也是很明显：如何确定这一公共权力干预现实生活的界限？转换成政策科学的语言就是生态创新政策的边界在哪里？即便是根据"谁损害，谁负责"和"损失补偿"的原则，也还是存在对生态损害或修复的程度的问题。这不是单纯的自然科学或生态学的问题，还涉及社会的公平正义。另外，生态政策的合法性还涉及不同区域和层次的权力范围的问题：生态问题是不分国界和区域的，而生态创新政策是有区域和层次的区别的。

---

① Rehfeld M M, Rennings K, Ziegler A. Integrated product policy and environmental product innovations: An empirical analysis[J]. Ecological Economics, 2007(61): 91－100.

其次是行动逻辑的转换和社会氛围的营造。科技革命创造的现代社会给人们带来了日益丰富的物质生活，同时也相对固化了人类的行动逻辑。在工业社会的行动逻辑中，技术成为了支撑人类生活方式的基础或"座架"（海德格尔语），自然界就是人类索取的对象。而生态文明对工业文明的超越，就体现在行动逻辑的转换之上：从机械的自然观转向有机的整体的生态自然观，从传统技术转向生态技术。这里面既包括对技术结构的调整、对技术的功能与作用的新理解，也包括技术方法的变革，而最终的落脚点在于整体的技术模式的转换。这就意味着从传统技术到生态技术是要完成一场新的技术革命，这个革命的实质就是改变原有的效益体系、把生态效益嵌入社会运行机制之中。这就不是单纯在技术系统或经济系统内可以完成的任务，而是需要在全社会营造相应的氛围。这就需要以生态思维为基础，改变原有的技术意向和技术图景，甚至包括对技术的价值设定。

最后是价值网络的形成即生活世界的具象化。不管是生态技术生产的产品还是提供的服务，都必须能够在现实生活中得到广泛的应用。生态创新政策不能仅仅局限于生态技术的研发和生产应用，还要考虑到社会的认可和接受。这就涉及生活方式以及价值观的转变。伴随着生态伦理的探讨、各种生态运动的兴起，观念的世界逐渐开始了变化。但是观念中的生态价值和现实中的经济价值还存在着很大的矛盾和冲突，以生态思维为基础的价值网络还在建构之中。文明就是教化的结果，生态文明的形成是在克服工业文明缺陷的基础上的新的文明样态，就是生态文化普及和教化的过程。生活世界的意义基础必须能够在现实的生活方式中具象化，通过具体的生态产品和服务渗透到人的行为习惯之中。

第十三章

工程伦理与社会案例（一）

第一节　化学工程案例

一、响水化工厂爆炸事故

（一）案例概述

2019 年 3 月 21 日 14 时 48 分许，位于江苏省盐城市响水县生态化工园区的天嘉宜化工有限公司发生特别重大爆炸事故，造成 78 人死亡、76 人重伤、640 人住院治疗，直接经济损失 19.86 亿元。

（二）事件梳理

1. 事故经过

3 月 22 日，国务院江苏响水"3·21"特别重大爆炸事故调查组成立，由应急管理部牵头，工业和信息化部、公安部、生态环境部、全国总工会和江苏省政府参加，聘请爆炸、刑侦、化工、环保等方面专家参与调查。通过反复现场勘验、检测鉴定、调阅资料、人员问询、模拟实验、专家论证等，查明了事故直接原因和性质，查明了事故企业、中介机构违法违规问题，查明了有关地方党委政府及相关部门在监管方面存在的问题。

事故调查组同时认定，江苏省各级应急管理部门履行安全生产综合监管职责不到位，生态环境部门未认真履行危险废物监管职责，工信、市场监管、规划、住建和消防等部门也不同程度存在违规行为。响水县和生态化工园区招商引资安全环保把关不严，对天嘉宜公司长期存在的重大风险隐患视而不见，复产把关流于形式。江苏省、盐城市未认真落实地方党政领导干部安全生产责任制，重大安全风险排查管控不全面、不深入、不扎实。

事故调查组在调查中发现的违法违纪违规问题线索已移交有关方面查处，发现的安全生产突出问题已移交有关部门和地方处理。

2. 技术原理

事故调查组查明，事故的直接原因是天嘉宜公司旧固废库内长期违法贮存的硝化废料持续积热升温导致自燃，燃烧引发爆炸。事故调查组认定，天嘉宜公司无视国家环境保护和安全生产法律法规，刻意瞒报、违法贮存、违法处置硝化废料，安全环保管理混乱，日常检查弄虚作假，固废仓库等工程未批先建。相关环评、安评等中介服务机构严重违法违规，出具虚假失实评价报告。

3. 事故总结

事故调查组总结了八方面的事故教训，提出了六方面的防范措施建议，指出地方各级党委和政府及相关部门特别是江苏省、盐城市、响水县，要坚决贯彻落实习近平总书记关于安全生产一系列重要指示精神，深刻汲取事故教训，举一反三，切实把防范化解危险化学品系统性的重大安全风险摆在更加突出的位置，坚持底线思维和红线意识，牢固树立新发展理念，把加强危险化学品安全工作作为大事来抓，强化危险废物监管，严格落实企业主体责任，推动化工行业转型升级，加快制修订相关法律法规和标准，提升危险化学品安全监管能力，有效防范遏制重特大事故发生，切实维护人民群众生命财产安全。

（三）思考与分析

海恩法则指出："每一起严重事故的背后，必然有 29 次轻微事故和 300 起未遂先兆以及 1000 起事故隐患。"不安全事故是可以预防的。问题在于企业是否能、如何能抓紧安全责任线，在对市场利润的追逐中规避潜在风险。

第二节　基因与生物工程案例

配套慕课视频

一、基因编辑婴儿事件

（一）案例概述

2018 年 11 月 26 日，南方科技大学教师贺建奎宣布一对名为露露和娜娜的基因编辑婴儿在中国健康诞生。这次基因手术修改的是 CCR5 基因——HIV 病毒入侵机体细胞的主要辅助受体之一，使用的基因编辑技术为"CRISPR/Cas9"技术。通过基因编辑技术修改人体胚胎、精子或卵细胞细胞核中的 DNA 脱氧核糖核酸后生下的婴儿。随即，广东省对"基因编辑婴儿事件"展开调查。

（二）事件梳理

1. 事件经过

2018 年 11 月 26 日，贺建奎团队对外宣布，一对基因编辑婴儿诞生。随即，广东省对"基因编辑婴儿事件"展开调查。深圳市卫生计生委医学伦理专家委员会表示，该项试验进行前并未向该部门报备此事。11 月 27 日，122 位国内科学家在微博发布"科学家联合声明"，表示坚决反对和强烈谴责。国家卫健委回应"基因编辑婴儿"：认真调查核实，依法依规处理。11 月 28 日中午，贺建奎在位于香港的第二届人类基因组编辑国际峰会会场上发表演讲，向公众致歉，并对自己的研究过程进行披露。2019 年 1 月，广东省"基因编辑婴儿事件"调查组发布消息称，该事件系南方科技大学副教授贺建奎为追逐个人名利，自筹资金，蓄意逃避监管，私自组织有关人员，实施国家明令禁止的以生殖为目的的人类胚胎基因编辑活动。12 月 30 日，"基因编辑婴儿"案在深圳市南山区人民法院一审公开宣判。贺建奎、张仁礼、覃金洲等 3 名被告人因共同非法实施以生殖为目的的人类胚胎基因编辑和生殖医疗活动，构成非法行医罪，分别被依法追究刑事责任。

2. 技术原理

基因编辑婴儿是指通过基因编辑技术修改人体胚胎、精子或卵细胞细胞核中的 DNA 脱氧核糖核酸后生下的婴儿。据贺建奎介绍，基因编辑手术比起常规试管婴儿多一个步骤，即在受精卵时期，把 Cas9 蛋白和特定的引导序列，用 5 微米、约头发二十分之一细的针注射到还处于单细胞的受精卵里。他的团队采用"CRISPR/Cas9"基因编辑技术，这种技术能够精确定位并修改基因，也被称为"基因手术刀"。

基因手术修改的是 CCR5 基因，而 CCR5 基因是 HIV 病毒入侵机体细胞的主要辅助受体之一。在北欧人群里面有约 10% 的人天然存在 CCR5 基因缺失。拥有这种突变的人，能够关闭致病力最强的 HIV 病毒感染大门，使病毒无法入侵人体细胞，即能天然免疫 HIV 病毒。对于少数家庭来说，基因手术是治愈遗传性疾病和预防严重疾病的新希望。

3. 事件争议

北京大学医学部遗传学系黄昱指出，在这件事情上，伦理原则会考虑的问题大致包括三方面：其一，HIV 的垂直传播阻断是否有其他已验证的安全方案，如果有就不可以用高风险的选择；其二，CCR5 基因纯合缺失是否有其他疾病风险？如果不明确，也不能做；其三，基因编辑本身也有不可预测的风险。

清华大学全球健康及传染病研究中心与艾滋病综合研究中心主任张林琦认为，对健康胚胎进行 CCR5 编辑是不理智、不伦理的，"我们还没有发现任何中国人的 CCR5 是可以完全缺失的，CCR5 对人体免疫细胞的功能是重要的"。另外，张林琦强调，由于艾滋病毒的高变性，还有其他的受体可以使用，CCR5 基因缺失也无法完全阻断艾滋病毒感染；而 CCR5 编辑在不能保证 100% 不出错之前，不可以用于人类。而且现在母婴阻断技术非常有效，高达 98% 以上，可以阻止新生儿不被艾滋感染。HIV 感染的父亲和健康的母亲，完全可以生个健康和可爱的孩子，根本无须进行 CCR5 编辑。

艾滋病母婴阻断已经取得十分显著的效果，这是许多公众都知晓的事实。基因编辑婴儿的行为没有把受试者的生命和健康利益放在首位，违背了不伤害和有益的原则，其要达到的预防艾滋病的目的有更为安全的替代手段。即便父母均为 HIV 感染者或病人，只要进行全程母婴阻断干预，婴儿被感染的几率微乎其微。况且，露露和娜娜的母亲并没有感染 HIV，其父亲虽然是 HIV 感染者，但在体外受精环节，已经经过洗精避免了 HIV 进入受精卵。也就是说露露和娜娜原本就是出生时不会感染 HIV 的健康婴儿。修改其 CCR5 基因不过是为了在其出生以后阻断一个亚型的 HIV 感染通道。如此看来，对露露和娜娜进行可遗传的基因编辑之必要性大受怀疑。

（三）分析与思考

医疗新技术临床研究该如何依法进行？研究者在临床研究中应具备哪些伦理责任？

第三节　食品工程案例

配套慕课视频

一、"孔雀石绿"

（一）案例概述

"孔雀石绿"是一种具有高毒素的副作用的化学添加物，2005 年由英国食品标准局在英国一家知名的超市连锁店出售的鲑鱼体内发现"孔雀石绿"，由此引起各国对本国在售的水产食品进行检测，严禁出现"孔雀石绿"。

（二）事件梳理

1. 事件经过

2005 年 7 月 7 日，国家农业部办公厅向全国各省、自治区、直辖市下发了《关于组织查处"孔雀石绿"等禁用兽药的紧急通知》，在全国范围内严查违法经营、使用"孔雀石绿"的行为。

2005 年 6 月，《河南商报》记者对湖北、河南等地的养鱼场和水产品批发市场进行了调查，辽宁《华商晨报》记者对辽宁的养殖场和鱼药商店的调查结果都表明：在水产品的养殖过程中，很多渔民仍然用"孔雀石绿"来预防鱼的水霉病、鳃霉病、小瓜虫病等；在运输过程中，为了使鳞受损的鱼延长生命，鱼贩也常使用"孔雀石绿"。至于卖"孔雀石绿"的鱼药商店，由于"孔雀石绿"市场的存在，仍然在买卖"孔雀石绿"。

2005 年 11 月，继三款"珠江桥牌豆豉鲮鱼罐头"被查出含致癌物"孔雀石绿"后，香港食物环境卫生署公布的食物最新测试结果显示，"鹰金钱"牌金奖豆豉鲮鱼和甘竹牌豆豉鲮鱼等 3 个食物样本被查出含有致癌物"孔雀石绿"。

2006 年 11 月 17 日，上海媒体率先报道了山东产多宝鱼药残超标情况。2007 年 4 月，山东省日照市一养殖企业正式起诉台湾统一企业股份有限公司及其在山东青岛的独资企业青岛统一饲料农牧有限公司生产的饲料产品"孔雀石绿"超标。

2. 技术原理

"孔雀石绿"具有高毒素的副作用。它能溶解很多的锌，引起水生动物急性锌中毒；能引起鱼类的鳃和皮肤上皮细胞轻度炎症，使肾管腔有轻度扩张，肾小管壁细胞的细胞核也扩大；还影响鱼类肠道中的酶，使酶的分泌量减少，从而影响鱼的摄食及生长。美国国家毒理学研究中心研究发现，给予小鼠无色"孔雀石绿"104周，其肝脏肿瘤明显增加。试验还发现，"孔雀石绿"能引起动物肝、肾、心脏、脾、肺、眼睛、皮肤等脏器和组织中毒。

（三）思考与分析

"孔雀石绿"之所以屡禁不止，与海鲜上游的养殖和运输模式有何关系？"孔雀石绿"事件与相关食品安全监管部门有何关系？

二、苏丹红鸭蛋

（一）案例概述

据央视《每周质量报告》2006年11月12日报道，在北京市场上，一些打着白洋淀"红心"旗号的鸭蛋宣称是在白洋淀水边散养的鸭子吃了小鱼小虾后生成的。但当地养鸭户却表示，这种红心鸭蛋并不是出自白洋淀，正宗白洋淀产的鸭蛋心根本不红，而是呈橘黄色。据央视随后调查，石家庄平山县、井陉县的一些养鸭户和养鸭基地，在鸭子吃的饲料里添加了一种"红药"，这样生出来的鸭蛋呈现鲜艳的红心，而且加得越多，蛋心就越红。经过中国检验检疫科学院食品安全研究所检测，结果发现这些鸭蛋样品里含有偶氮染料苏丹红Ⅳ号，含量最高达到了0.137mg/kg，相当于每公斤鸭蛋里面含有0.137毫克。15日，卫生部下发通知，要求各地紧急查处红心鸭蛋。北京、广州、河北等地相继停售"红心鸭蛋"。

（二）事件梳理

1. 事件经过

2006年11月12日，央视播报了北京市个别市场和经销企业售卖来自河北石家庄等地用添加苏丹红的饲料喂鸭所生产的"红心鸭蛋"，并在该批鸭蛋中检测出苏丹红。

2006年11月14日，北京市政府食品安全办公室于当天下午公布了北京市场"红心鸭蛋"检测结果，其中6个"红心鸭蛋"样本被检出苏丹红，含量从0.041ppm（毫克/千克，百万分之一）到7.18ppm。有关方面已对检测确认含有苏丹红的咸鸭蛋生产企业立案调查，并监督销售单位采取召回措施，对不合格产品实施销毁。北京共暂扣红心鸭蛋1158.7公斤。河北省集中对平山、井陉两个重点养鸭县进行检查。

2006年11月15日，继大连市于11月15日发现标称江苏泰州市第二食品加工厂生产的"梅香"牌咸鸭蛋含有苏丹红Ⅳ号后，相关负责部门依据相关线索，对该品牌的蛋类制品进行了跟踪清理检查。累计查扣"梅香"系列蛋制品28506个。

2006年11月16日，广州当日起全城禁售"红心鸭蛋"。相关负责部门15日发出禁令，从16日开始，全市禁止向消费者出售红心鸭蛋。不管是在批发零售市场还是餐饮市场，一律禁止销售。

2. 技术原理

苏丹红学名苏丹，偶氮系列化工合成染色剂，主要应用于油彩、汽油等产品的染色。共分为Ⅰ、Ⅱ、Ⅲ、Ⅳ号，都是工业染料。比起苏丹红Ⅰ号，苏丹红Ⅳ号不但颜色更加红艳，毒性也更大。国际癌症研究机构将苏丹红Ⅳ号列为三类致癌物，其初级代谢产物"磷氨基偶氮甲苯"和"磷甲基苯胺"均列为二类致癌物，食用后可能致癌。苏丹红具有致突变性和致癌性，我国禁止使用于食品。

世界卫生组织的国际癌症研究机构（IARC）1995年确定，苏丹红属第三类致癌物质（即没有直接证据表明对人有致癌作用的物质），它能够使老鼠和兔子患癌症，但还没有直接证据表明对人有致癌作用。

3. 事件处理

在"红心鸭蛋"事件的查处中，政府部门查实石家庄市有7个鸭场（养鸭户）在饲料中添加苏丹红。排查保定安新县、涿州市禽蛋加工企业145家，采样送检54个批次。结果显示，7家企业8个批次的产品涉嫌含有苏丹红，按照法定程序查处了加工点，查获并没收了问题鸭蛋。目前，石家庄市政府已经责令负有领导责任的井陉、平山两县政府写出检查，责令安新县质监局做出检查，取消2006年的评优资格，并在质监系统内通报批评。要求河北启动白洋淀绿色红心鸭蛋地域品牌保护工程，杜绝类似事件再次发生。

（三）思考与分析

近年来，国家为解决"三农"问题而采取减免农业税费、提高农产品收购价格等有力措施。但由于各种原因，农民的文化素质不高，缺少科学的种植养殖知识，难以鉴别所谓的"科学药方"，导致食品安全问题频发。增加农民收入与提高农产品质量的矛盾在哪？应如何做好对农民的科普教育？

三、三鹿"三聚氰胺奶粉"事件

（一）案例回顾

2008年6月28日，兰州市的解放军第一医院收治了首宗患"肾结石"病症的婴幼儿。家长反映，孩子从出生起，就一直食用河北石家庄三鹿集团所产的三鹿婴幼儿奶粉。9月13日，卫生部证实，三鹿牌奶粉中含有的三聚氰胺，是不法分子为增加原料奶或奶粉的蛋白含量，而人为加入的。三鹿毒奶案由2008年12月27日开始在河北开庭研审，2009年1月22日下判。共有6个婴孩因喝了毒奶死亡，逾30万儿童患病。三鹿停产后已宣告破产。

三聚氰胺事件2008年爆出，曾以18.26%的市场份额领跑国内奶粉市场的乳业巨头三鹿随之陨落，全行业亦陷入质量泥沼。受此牵连，包括伊利、圣元、雅士利在内的国产奶粉企业遭遇业绩危机。2008年，蒙牛亏损9.49亿元，光明亏损2.86亿元，伊利亏损更高达16.87亿元，成为三聚氰胺事件中亏损最严重的中国乳品上市企业。

（二）技术原理

三聚氰胺是一种以尿素为原料生产的氮杂环有机化合物，常温下为白色单斜晶体，没有显著异味。目前主要用于木材加工、塑料、涂料、造纸、黏合剂、纺织、皮革、电器、医药、阻燃剂等生产过程中。

动物的毒理学实验表明，以三聚氰胺给小鼠灌胃的方式进行急性毒性实验，灌胃死亡的小鼠输尿管中均有大量晶体蓄积，部分小鼠肾脏被膜有晶体覆盖。以连续加有三聚氰胺饲料喂养动物，进行亚慢性毒性试验，试验动物肾脏中可见淋巴细胞浸润，肾小管管腔中出现晶体；而生化指标观察到血清尿素氮（BUN）和肌酐（CRE）逐渐升高。依据以往的动物毒理学实验和当前摄入三聚氰胺污染奶粉婴幼儿的临床表现，三聚氰胺造成患儿多发泌尿系统结石的可能性存在。目前还没有三聚氰胺造成其他组织系统损害的直接证据。

（三）思考与分析

透过三鹿奶粉事件，说明产品中加入有毒元素的主客观原因分别有哪些？本案涉及的利益相关企业，违背了哪些企业伦理原则？

四、"皮革奶"事件

（一）案例回顾

2009 年 3 月，浙江省金华市"晨园乳业"被查出制造"皮革奶"，当场起出 3 包 20 公斤装的白色皮革水解蛋白粉末，以及 1300 箱受污染的牛奶产品，少数流入市面被回收，山东、山西、河北也发现同类产品。

2010 年 8 月，质检总局再次与农业部等 5 部委联合印发《关于开展非法制售皮革蛋白粉等皮革碎料制品清理整顿工作的通知》，明确要求严禁使用皮革蛋白粉等皮革碎料制品作为食品原料，加大打击力度。

2011 年 2 月 17 日下午，一条被广大网友热议的名为《内地"皮革奶粉"死灰复燃 长期食用可致癌》的新闻报道。此报道一经发布，便被纷纷转载，从而迅速地登上了各大商业门户网站的首页。报道中声称，不法商家把皮革废料或动物毛发等物质加以水解提炼成"皮革水解蛋白"，再将其掺入奶粉中，企图以此来提高奶粉里的蛋白质含量，蒙混过关。

2011 年 2 月 27 日，中央电视台《国产奶粉的"危"与"机"》节目调查显示，有七成受访者表示不选择国产奶粉。由于消费者对国产奶粉的信心不足，导致大部分超市和专卖店中，进口奶粉的销量都明显好于国产奶粉。显然，这也是国内奶粉业的危机时代。由于皮革奶事件造成人们对奶粉业的二度恐慌，国产奶粉和整个乳制品行业正在经受的煎熬实际是重建公共信任的高成本付出。

（二）技术原理

皮革奶的主要添加物是皮革水解蛋白质。皮革水解蛋白粉是利用皮革下脚料甚至动物毛发等物质（类似于又黏又稠半透明状液体），经水解而生成的一种粉状物。因其氨基酸、明胶或者说蛋白含量较高，故人们称之为"皮革水解蛋白粉"。

严格来说，"皮革水解蛋白粉"对人体健康并无伤害，其前提条件是所用皮革必须是未经糅制、染色等人工加工处理过的。然而，这样的"皮革水解蛋白粉"是不存在的，因为经过糅制、染色等人工加工处理过的皮革比直接制作成"蛋白粉"利润要高得多，因而"皮革水解蛋白粉"多用皮革厂制作服装、皮鞋后的下脚料来生产，自然这种"蛋白粉"中混进了大量皮革糅制、染色过程中添加进来的重铬酸钾（可用来检验酒精浓度）和重铬酸钠等有毒物质。如果长期食用含有"皮革水解蛋白粉"的食物，"铬"重金属离子便会被人体吸收，积累于骨骼之中，长期积累便会中毒，使人体关节疏松肿大，甚至造成儿童死亡。

（三）思考与分析

食品安全事件频发的原因是多方面的。完善食品安全立法和加强质量安全监管是维护食品安全的重要手段，但要从源头上预防食品安全问题发生。如何从企业伦理的角度切实保障乳制品的质量安全？企业应如何应对国产奶粉的"危"与"机"？

五、"地沟油"事件

（一）案例回顾

2011年10月，金华市苏梦乡村民经常闻到附近很臭很臭的味道。传出恶臭的院子位于金华市婺城区一个城乡接合部。警方调查发现院子门口堆放了大量空油桶，地上油迹斑斑，而这难闻的味道也很像是熬制泔水加工地沟油的味道。警方调查发现现场没有泔水，只有成堆的油脂块，这些油脂的来源主要由屠宰场的废弃物压榨而成，主要包括猪、牛、羊屠宰以后内脏的一些膈膜，以及猪皮、牛皮、羊皮上刮下的碎末，还有一些就是时间存放长不能吃的变质动物内脏。

新型地沟油很大一部分被销售到了安徽、上海、江苏、重庆等地的一些油脂公司，并最终进入到了食品领域。这些地沟油主要是销往食品油加工企业，制成食品和火锅底料等。

（二）技术原理

地沟油中有很多种毒性很重的物质，砷就是其中之一，如果食用一定量，一般会出现头痛头晕乏力等，更严重的则会引发消化道疾病，导致消化系统紊乱。地沟油中含有各种各样的洗涤剂和化学清洗物质，所以地沟油中铅含量极高。铅进入体内后会引起腹部绞痛及贫血，严重的则会铅中毒并损伤肝脏功能。从来源分析，地沟油一般都是来源于酒店餐馆的排污道，排污管道中含有黄曲霉素和苯并芘，黄曲霉素的毒性比砒霜高

100 倍以上，极易导致脏器的癌变，如肠癌胃癌肾癌肝癌乳癌卵巢癌等。

（三）思考与分析

我国对"地沟油"的监管涉及多个部门，包括卫生、质量监督、工商管理、环保、市政、城管、公安等。地沟油事件的发生暴露出食品安全问题监管存在哪些缺陷？如何杜绝此类危害公共安全的事件发生？

六、"瘦肉精"事件

（一）案例回顾

2011 年 3 月 15 日，央视 3·15 特别节目曝光，双汇宣称"十八道检验、十八个放心"，但猪肉不检测"瘦肉精"。河南孟州等地添加"瘦肉精"养殖的有毒生猪，顺利卖到双汇集团旗下公司。而该公司采购部业务主管承认，他们厂的确在收购添加"瘦肉精"养殖的所谓"加精"猪。遭曝光后，因流入含有"瘦肉精"生猪的济源双汇食品有限公司已经被停产整顿，紧急召回涉案的肉制品和冷鲜肉，估计全部直接和间接损失将会超过100 亿元，甚至可能接近 200 亿元。相关涉案人员也受到了法律的制裁。该公司采购部业务主管承认，他们厂的确在收购添加"瘦肉精"养殖的所谓"加精"猪。"瘦肉精"属于肾上腺类神经兴奋剂。把"瘦肉精"添加到饲料中，可以增加动物的瘦肉量。

（二）技术原理

国内外的相关科学研究表明，食用含有"瘦肉精"的肉会对人体产生危害，瘦肉精的主要添加成分盐酸克伦特罗属于非蛋白质激素，耐热，使用后会在猪体组织中形成残留，尤其是在猪的肝脏等内脏器官残留较高，食用后直接危害人体健康。其主要危害是：出现肌肉震颤、心慌、战栗、头疼、恶心、呕吐等症状，特别是对高血压、心脏病、甲亢和前列腺肥大等疾病患者危害更大，严重的可导致死亡。人类食用含"瘦肉精"的猪肝 0.25kg 以上者，常见有恶心、头晕、四肢无力、手颤等中毒症状。含"瘦肉精"的食品对心脏病、高血压患者、老年人的危害更大。

（三）思考与分析

瘦肉精事件屡屡发生，为什么知名肉类加工企业也会牵扯其中？瘦肉精事件对企业信誉和政府公信力造成哪些伦理影响？

七、塑化剂超标的食品

（一）案例回顾

2011 年 6 月 3 日，国家药监局的一则通知，让公众进一步意识到了"塑化剂"的威胁。药监局的通知要求，各地暂停生产销售含"邻苯二甲酸酯"的两种保健食品，分别为协和牌灵芝孢子粉片和美中清素牌的多种氨基酸片，对市场上正在销售的这两种产品，要求立即下架。上述两种保健品分别含有的"邻苯二甲酸二丁酯（DBP）"和"邻苯二甲酸二乙酯"（DEP），均为卫生部 2010 年第 16 号公告中点名的违法食品添加剂。尽管其与中国台湾地区检出的塑化剂（DEHP）略有不同，但同属"塑化剂类"。这也是大陆地区首次在本土产品中查出塑化剂成分。

国家药监局要求，"凡配方中含邻苯二甲酸酯的保健食品，相关保健食品生产企业应立即暂停生产，对市场上正在销售的产品立即召回，并即时报告所在地食品药品监督管理部门"。

（二）技术原理

塑化剂 DEP，是药典 2010 版中允许的药用辅料之一。此次被停产、下架的两款保健品，均在其成分中注明了含塑化剂成分。事实上，邻苯二甲酸二乙酯（DEP）还是药典 2010 版中规定的药用辅料之一，主要用于药片包衣的增塑剂。因此，上述两款产品才会在成分中明确列示"塑化剂成分"。一家被处罚企业还声称，"大部分药品和保健品的包衣，都广泛使用了这种材料"。据业内人士介绍："在药品生产过程中，邻苯二甲酸二乙酯（DEP）和邻苯二甲酸二丁酯（DBP），均是片剂薄膜衣和肠溶空心胶囊的常用配方成分，只要是学药剂的专业人员都知道这个知识，大学的药剂学教材上，也能查到相关内容。"塑化剂，主要用于控制药物在肠道中的释放时间，起缓释作用。以 60kg 体重的成人来讲，世卫组织（WHO）、美国和欧盟分别认为，终身每人每天摄入 1.5mg、2.4mg和 3.0mg 及以下的 DEHP 是安全的。DINP 的毒性更低，即使每天摄入 9.0mg，也是安全的。偶尔食用少量的受 DEHP 或 DINP 污染的问题食品不会对健康造成危害。

香港浸会大学生物系用白老鼠作进一步研究，发现曾经服食"塑化剂"的老鼠，诞下的后代以雌性为主，并会影响其正常的排卵；即使诞下雄性，其生殖器官较正常的小三分之二，而精子数量亦大减，反映"塑化剂"毒性属抗雄激素活性，造成内分泌失调，影响其正常生育能力。专家表示，研究可以应用到人类身上，显示长期摄吸"塑化剂"对男性的影响较女性大。台师大研究团队更发现，塑化剂会造成基因毒性，会伤害人类基因，长期食用对心血管疾病危害风险最大，对肝脏和泌尿系统也有很大伤害，而且被毒害之后，还会透过基因遗传给下一代。

（三）思考与分析

塑化剂的问题根本不在于增塑剂本身的毒性，而是塑化剂的使用规范以及监管问题与道德问题。如何规范各行各业的增塑剂用度使其达到国家标准？

八、老酸奶"工业明胶"事件

（一）案例回顾

2012 年 4 月 9 日，央视主持人赵普在微博上爆料称，老酸奶很可能是破皮鞋制成。他称，这才是 2012 年"3·15"晚会重头，可惜没播。经调查发现，不仅老酸奶，多种果粒酸奶、谷物酸奶，甚至普通酸牛奶中，几乎都含有明胶、琼脂、卡拉胶、果胶等食品增稠剂。明胶的品质主要取决于原料。通常来说，合格的明胶是从动物鲜皮、骨料内提胶，经6道提胶工序后，对提取的明胶进行蒸发、干燥，最后根据多项控制指标进行混合形成成品。但为了降低成本，获得更多利润，国内很多厂家用皮革厂经过鞣铬加工后的蓝矾皮的皮革屑、边角料、烂皮革等作为生产原料。某品牌乳业企业相关负责人曾称，市场上的酸奶分为凝固型和搅拌型，老酸奶属于凝固型，二者在奶源、菌种和发酵时间和生产工艺方面都有不同。不过所遵循的国家标准都一样。老酸奶里面适当添加明胶等食品添加剂，是为了保持其口感和外观，是国家允许使用的。

（二）技术原理

工业明胶是一种从动物的结缔或表皮组织中的胶原部分水解出来的蛋白质。工业明胶中含有的重金属铬会破坏人体骨骼以及造血干细胞，长期服用会导致骨质疏松，严重的会患上癌症。铬对人体健康的这种危害是一个缓慢的过程，一般在两年以上才会显现出来。人体内都存有少量的铬离子，主要是从食物中摄取的三价铬，而工业明胶中所含的六价铬则是强氧化剂，若它进入体内，取代了正常的铬离子，将影响这些正常物质的代谢，而且损伤黏膜，形成溃疡。

专家指出，化工原料中含大量的六价铬和砷等对人体有害的物质，在皮革加工的过程中会渗入皮毛之内，即便用大量的石灰和工业酸冲洗还原也无法完全清除其中的残留。过量的重金属可导致神经系统中毒，出现头晕、失眠、腹泻、皮炎等症状，且易在肝、肾积累。

（三）思考与分析

有关专家表示，工业明胶只要达到了食用级，便被允许用于酸奶、果冻等食品生产中，对人体并无伤害。为何央视主持人一条"爆料"微博仍能引起轩然大波？消费者与企业之间的信任感如何重建？

九、鸭舌制品含甜蜜素波及奶茶行业

（一）案例回顾

2013年1月11日，杭州市质监局的稽查队员在加工点内看到，一些加工了一半的鸭舌放在大缸里，散发着诱人的香味。在加工场外的地上，堆着一捆捆包装纸箱，上面打着"康民"牌腊鸭舌字样，旁边还写着一行"不添加色素及防腐剂"的小字。但就在包装箱的旁边，却放着几袋甜蜜素和亚硝酸钠。

珍珠奶茶店可谓"遍地开花"。因为这一行业缺少相应的质量标准，一些不正规的店铺出售的劣质珍珠奶茶不仅不含奶，而且危害人体健康。一位经营珍珠奶茶多年的业内人士透露，多数所谓的"珍珠奶茶"用奶精、果糖替代奶粉和蔗糖，"奶精不是奶，只是增添饮料的乳香风味。"有些"黑心"老板干脆使用糖精或者甜蜜素，甚至用自来水代替纯净水并添加上色素，制作出粉红的草莓口味奶茶、奶黄的芒果口味奶茶等。

（二）技术原理

甜蜜素的化学名为环己基氨基磺酸钠，是一种人工合成的白色结晶粉末状甜味剂。口服在体内无蓄积现象，40% 由尿排出，60% 由粪便排出。在甜味剂中，甜蜜素的甜味是最低的，仅为蔗糖的 30 ～ 80 倍，后苦不明显，热稳定性高，是不被人体吸收的低热能甜味剂。消费者如果经常食用甜蜜素含量超标的饮料或其他食品，就会因摄入过量对人体的肝脏和神经系统造成危害，特别是对代谢排毒的能力较弱的老人、孕妇、小孩危害更明显。

（三）事件争议

目前世界上对甜蜜素的安全性仍存在争议。像美国、日本等 40 多个国家是禁止使用甜蜜素作为食品甜味剂，但在中国、欧盟、澳大利亚等 80 多个国家是允许使用的。在我国，食品添加剂品种的审批、使用范围的限定都有严格的规定。与发达国家相比，中国糖精钠使用量超出正常使用量的 14 倍。甜蜜素有致癌、致畸作用，多个国家相继全面禁用；我国也对甜蜜素在食品中加入的量做了严格限定，饮料中甜蜜素的最大使用量为0.25 克 / 千克。

（三）思考与分析

部分企业在生产经营过程中唯利是图，提供不合格的服务产品欺骗消费者。增强企业的社会责任应从哪些方面入手？

十、山东潍坊"毒生姜"事件

（一）案例概述

2013 年 5 月 9 日，山东潍坊农户使用剧毒农药"神农丹"种植生姜，被央视焦点访谈曝光，引发全国舆论哗然。而这次曝光则是记者在山东潍坊地区采访时，一次意外的反面查获报道。本来是准备对收集生姜种植大户的素材，对潍坊菜篮子工程作正面的典型报道。没有想到从当地田间，突然发现了剧毒农药包装袋，记者看到这个蓝色包装袋，上面显示神农丹农药。每包重量 1 公斤，正面印有"严禁用于蔬菜、瓜果"的大字，背面有骷髅标志和红色"剧毒"字样。这一发现让记者大吃一惊，这里竟然还有人明目张胆滥用剧毒农药种植生姜。记者不动声色，在 3 天的时间里，默默走访了峡山区王家庄街道管辖的 10 多个村庄，发现这里违规使用神农丹的情况比较普遍。田间地头随处都能看到丢弃的神农丹包装袋，姜农们不是违法偷偷地用，而是成箱成箱地公开使用这种剧毒农药。

（二）技术原理

神农丹主要成分是一种叫涕灭威的剧毒农药，50 毫克就可致一个 50 公斤重的人死亡。中国农业大学理学院院长周志强教授表示，滥用神农丹会造成生姜中农药残留超标，还会对地下水造成污染。2010 年，媒体报道，使用过神农丹的黄瓜，曾致安徽 13 人中毒。用硫磺熏制后的生姜具有较强的毒性，如果经常食用，轻者会引起肠胃功能紊乱，出现腹痛、头晕等症状，重者将导致人体相关器官组织慢性衰竭。

根据医学专家介绍，硫磺是一种金属硫化物，如果渗入到食物中被人食用后，轻度的会出现头昏、眼花、精神分散，全身乏力等症状。若长期食用，严重的会影响人的肝肾功能。更令人担忧的是，这些商贩熏生姜用的硫磺来路不明，其中可能含有杂质和重金属，从而对人体健康构成更为严重的威胁。如果这种中毒是慢性的，只有身体内的这种毒素积累到一定程度以后才会表现出症状。其次，硫磺熏制食品会发生一系列化学反应，容易对人的肠胃造成一定的刺激，如果经常食用这类食品，无疑是在食用慢性毒药。

（三）思考与分析

农民在创新种植技术、增加收入的过程中应具备哪些基本的职业伦理责任？

第四节　网络、信息与计算机工程案例

配套慕课视频

一、斯诺登与棱镜门计划

（一）案例概述

2013 年 6 月，美国中情局前职员爱德华斯诺登爆料："棱镜"窃听计划是美国情报机构在一些互联网公司中进行数据挖掘工作，从音视频、图片、邮件、文档以及连接信息中分析个人的联系方式与行动，监控美国公民的电子邮件、聊天记录、视频及照片等秘密资料。

美国舆论随之哗然。斯诺登无法允许美国政府侵犯全球民众隐私以及互联网自由而选择爆料，并随之开始了自己的逃亡之路。

（二）事件影响

1. 美国压力

2013 年 6 月，美国国家安全局进行的电话和网络秘密监控项目在美各界及国际社会掀起轩然大波，其中以代号为"棱镜"的网络监控项目牵涉面最广，内容最新，也最具争议。"棱镜"项目不仅给奥巴马政府摆上一连串棘手难题，也给国际社会带来巨大冲击。

2. 事件争议

美国总统奥巴马及国家情报总监詹姆斯·克拉珀等高官纷纷出面为此事"灭火"。他们提出的三大辩解理由是：第一，"棱镜"项目不针对美国公民；第二，该项目已得到立法、司法、行政三大机构的授权及监督；第三，也是最重要的，"棱镜"对反恐有功。反恐是动用一切情报监控手段的"硬道理"？显然不是人人对此认同，美国国会一些议员直言，尚无证据能证明"棱镜"项目在挫败恐怖图谋上起到作用。

告密者系 29 岁的美国防务承包商雇员爱德华·斯诺登。斯诺登究竟是叛徒，还是英雄？美国国内涌现出两种声音。一些官员指责斯诺登泄密行为损害国家利益，甚至将其定义为叛国行为。另一方面，有关此类项目严重侵犯个人隐私的看法也得到不少民众认同。至 10 日下午 2 时，白宫请愿网页上要求赦免斯诺登的签名已达到约两万个。

3. 连锁反应

美国政府的辩解重点以及美国国内的关注焦点在于，美公民是否沦为电话和网络监控对象。言下之意，针对美国以外目标的监控属于"另一码事"。这种内外有别的立场无法回避一个事实："棱镜"风波已波及包括美国欧洲盟友在内的国际社会。首先，斯诺登本身是一个"烫手山芋"。米勒 13 日在听证会上说，"将采取各种必要手段将这名泄密者绳之以法"。第二，美国情报体系可能进行内部检讨。"9·11"事件后，美国在安全领域投入大增，不断招兵买马，但安全漏洞随之增多。据美国媒体报道，斯诺登的泄密行为已在美国情报系统引起震动，可能导致国家安全局、中央情报局等情报机构对内部进行全面审查。第三，奥巴马政府施政步调被打乱。从美税收部门区别对待保守派组织、司法部秘密获取美联社记者电话记录，再到影响更广的"棱镜门"，奥巴马政府接连陷入丑闻，形象受损，也使其在推动移民改革、控枪等重要议题上的步调被打乱。

（三）思考与分析

"棱镜门"事件暴露出全球互联网和通信领域正在遭遇信任危机，一连串的窃听事件很可能在全球范围掀起网络安全的"军备竞赛"。我国信息化产业领域的发展应注意哪些问题？我国信息化产业领域一直呼吁的"国产化"时机是否已经来临？

第十四章

工程伦理与社会案例（二）

本章学习资源

配套慕课视频

第一节　建筑（土木）与水利工程案例

一、重庆綦江彩虹桥垮塌事件

（一）案例概述

1999年1月4日，重庆綦江虹桥突然垮塌，40名无辜者被夺去了生命，引起了国人关注。专家组认定这是一起人为责任事故，其中违法设计、无证施工、管理混乱、未经验收等问题，是导致事故发生的重要原因。綦江县委原书记张开科、副书记林世元等一批渎职官员被追究刑事责任。

（二）事件梳理

1.事件经过

1999年1月4日18时50分，重庆市綦江县城古南镇，号称綦江县第一号形象工程的"虹桥"整体垮塌，坠入綦河，40名无辜者被夺去了生命，14人受伤躺进医院，造成直接经济损失631万元。

1999年1月5日凌晨1时15分，重庆市检察院先遣组赶到綦江，了解基本情况。1999年1月7日，"綦江1·4事故"专家组初步认定虹桥整体垮塌是一起人为责任事故。其中违法设计、无证施工、管理混乱、未经验收等问题，是导致事故发生的重要原因。

1999年1月8日，重庆市纪检监察部对綦江县委原副书记林世元、县建委原副主任孙立立案审查；重庆市公安局对施工设计方有关责任人费上利、李孟泽、段浩等人立案并刑事拘留；同时，重庆市检察院亦迅速抽调人员，开始对林世元等人涉嫌职务犯罪的问题全面展开初查。

2.技术原理

吊杆锁锚问题：主拱钢绞线锁锚方法错误，不能保证钢绞线有效锁定及均匀受力，锚头部位的钢绞线出现部分或全部滑出，使吊杆钢绞线锚固失效。

主拱钢管焊接问题：主拱钢管在工厂加工中，对接焊缝普遍存在裂纹、未焊透、未熔合、气孔、夹渣等严重缺陷，质量达不到施工及验收规范规定的二级焊缝验收标准。

钢管混凝土问题：主钢管内混凝土强度未达设计要求，局部有漏灌现象，在主拱肋板处甚至出现1米多长的空洞。吊杆的灌浆防护也存在严重质量问题。

设计问题：设计粗糙，随意更改。施工中对主拱钢结构的材质、焊接质量、接头位置及锁锚质量均无明确要求。在成桥增设花台等荷载后，主拱承载力不能满足相应规范要求。

该桥建成后的使用过程中，使用不当，管理不善，吊杆钢绞线锚固加速失效后，西桥头下端支座处的拱架钢管就产生了陈旧性破坏裂纹，主拱受力急剧恶化，已成一座危桥。

3. 事故处理

綦江县委原书记张开科判处无期徒刑，剥夺政治权利终身，并处没收财产10万元，追缴全部赃款、赃物及违法所得。綦江县委原副书记林世元判处死刑，缓期二年执行，剥夺政治权利终身，并处没收财产5万元，追缴犯罪所得赃款111675.09元。县建委原主任张基碧、原副主任孙立、綦江县原副县长贺际慎等12名被告人，分别判处有期徒刑或并处罚金，追缴赃款或非法所得。工程设计总负责人赵国勋，开除党籍处分，并由主管部门取消其享受的退休人员的一切待遇，同时由主管部门取消其工程技术职称资格。工程总承包人段浩，判处有期徒刑10年，并处罚金人民币20万元。施工承包总负责人费上利，判处有期徒刑10年，并处罚金人民币50万元。至此，綦江虹桥垮塌案留下了永远的警示。

（二）思考与分析

提高基建质量，惩治"豆腐渣"工程，必须坚决停止无设计、无监管、无质量保证的项目施工。在工程实践中，工程师除了面临伦理准则的问题外，还面临哪些伦理冲突？

二、黄河三门峡工程

（一）案例概述

新中国成立之初，政府着手治理黄河，邀请苏联专家设计三门峡大坝。工程于1957年4月13日开工，1961年4月建成，被誉为"万里黄河第一坝"。不到一年，渭河流域淤积了大量泥沙，河床抬高，大片良田浸没，土地迅速盐碱化，危险直逼古都西安。迫于无奈，只好降低水位，拆除15万千瓦发电机组，改装5万千瓦小机组，同时耗费惊人的人力物力财力打通排水阀，以泄泥沙。世代生活在渭河平原的许多农民不得不背井离乡，向宁夏缺水地区迁徙。水库的诸多后遗症，至今也未能消除。

（二）事件后续

1. 经验教训

一是水库库尾泥沙淤积，造成渭河入黄河部分抬高（甚至泥沙倒灌），渭河下游洪患严重、土地盐渍化，不得不降低蓄水位运行，并按蓄清排浑运用。二是水库由于控制淹没损失——再缩小设计蓄水位，又在泥沙严重淤积后严重损失库容，不能满足黄河洪水控制的规划要求（续建小浪底的原因），水利枢纽由于降低蓄水位运用和反复改建浪费大量投资，发电效益因水头降低和泥沙磨蚀大减。三是移民和移民回迁问题。三门峡移民因水库降低水位运用而大量回迁，但由于土地归属等问题长期无法良好安置，渭南因洪水、渭河尾闾迁移和土地盐渍化也产生了大量新移民。移民安置问题至21世纪初才基本解决。

2. 经济损失

高坝工程低坝运用，这意味着，仅工程本身，就浪费了大量人力、物力、财力；两次改建，包括至今还在修补那些磨损的洞和水轮机的费用；淹没的耕地和毁坏的耕地；当时多迁移的30多万人和后来返迁的15万人；水库运用以来，由于河流自然状况的改变，库区包括渭河下游的河道整治、两岸的防洪设施、盐碱地治理，因塌岸、滑坡而必须修建的防护工程；抬高水位引起的良田盐碱化而导致的减产；在"蓄水拦沙"时期，因下放清水而冲刷了的下游生产堤内的良田；这些按最保守的估计，不下百亿。

3. 环境破坏

由于水库周围地下水位提高造成耕地盐碱化50多万亩；由于水库蓄水导致塌岸而损失的耕地；毁掉文化发祥地的珍贵文化古迹。还不必说时间上的失误：如果将这些人力、物力、财力投到黄河下游的堤防加固和其他有效的水利设施；投入到交通和通信系统；投入到教育与文化设施；哪怕仅仅投入到黄河上中下游的水土保持、植树造林、防护与灌溉，全流域的情况也不至于像今天这样。

（三）思考与分析

水利工程建设引起的生态和环境问题是多种多样的，在工程实践前进行系统的风险评估十分必要。影响水利工程风险客观公正评估的因素包括哪些？

第二节　环境工程案例

配套慕课视频

一、从"雾霾"到"蓝天保卫战"

（一）案例概述

1. 何为"雾霾"

雾霾，是雾和霾的组合词。雾霾常见于城市。中国不少地区将雾并入霾一起作为灾害性天气现象进行预警预报，统称为"雾霾天气"。雾霾是特定气候条件与人类活动相互作用的结果。高密度人口的经济及社会活动必然会排放大量细颗粒物（PM 2.5），一旦排放超过大气循环能力和承载度，细颗粒物浓度将持续积聚，此时如果受静稳天气等影响，极易出现大范围的雾霾。

2013 年，"雾霾"成为年度关键词。这一年的 1 月，4 次雾霾过程笼罩 30 个省（区、市），在北京，仅有 5 天不是雾霾天。有报告显示，中国最大的 500 个城市中，只有不到 1% 的城市达到世界卫生组织推荐的空气质量标准，与此同时，世界上污染最严重的 10 个城市有 7 个在中国。

2. 何为"蓝天保卫战"

蓝天保卫战是李克强总理 2017 年 3 月 5 日，在中华人民共和国第十二届全国人民代表大会第五次会议上所做的政府工作报告中提出的，是 2017 年政府工作报告 12 个新词之一。保卫蓝天的攻坚战怎么打？政府工作报告给出明确的"作战方案"——科学施策、标本兼治、铁腕治理。从加快解决燃煤污染到全面推进污染源治理，从加强机动车排放管理到应对重污染天气，报告里每一项任务部署都是冲着"啃硬骨头"去的。各地应进一步树立"全国一盘棋"的思想，把一项项硬任务落到实处，让大气污染治理更加科学、更加精准、更加有效。

（二）事件影响

1. 近年来中国空气质量情势

2019 年 7 月，生态环境部发布的上半年全国空气质量报告显示，全国 338 个地级及以上城市优良天数比例达到 80.9%，155 个城市环境空气质量达标。空气质量的好转让越来越多的人喜欢在朋友圈晒蓝天，更有人将其称为"幸福蓝"。然而六年前的 2013 年，刷爆朋友圈的却是雾霾、口罩、PM2.5 这样的热词。六年间，空气质量已有了巨大的改变。

2. 蓝天保卫战与我国工业建设

为了打赢蓝天保卫战，我国建成了世界上最大的清洁煤发电基地，淘汰了 1.3 万台工业炉窑，全国 8.1 亿千瓦的燃煤机组基本达到了天然气的排放水平，我国煤炭占一次能源消费的比例首次跌破 60%，而且关掉了 2.3 万台的燃煤小锅炉。虽然我们付出了如此巨大的努力，然而，对标国际，目前我国的空气质量与世界卫生组织 10 微克 / 立方米的指导值还存在较大差距，部分地区的重污染天气还不时出现。

（三）思考与分析

治理雾霾应是一个长期的过程，从方法论上讲"集中在转变能源结构上，最重要的就是减少工业燃煤使用量，多使用清洁能源、环保能源"。而从价值逻辑上，所体现的必须是尊重民意、对民众公共生活有所伦理关怀的过程。如何实现方法论与价值逻辑的统一，解决大气治理中的伦理挑战？

第三节　航天工程案例

配套慕课视频

一、波音飞机事件

（一）案例概述

波音飞机事件是两架型号 737MAX 飞机因设计缺陷坠毁造成乘客伤亡和恶劣国际影响，给美国波音公司（The Boeing Company）带来巨大打击的危机事件。2018 年 10 月 29 日，印尼狮航一架载有 189 人的 JT610 航班在起飞 13 分钟后坠毁在雅加达海域。2019 年 3 月 10 日上午埃塞俄比亚当地时间，埃塞俄比亚航空公司 ET302 航班的一架波音 737MAX8 飞机坠毁，机组和乘客共 157 人全部罹难。在半年内这两架机龄三四个月的新机以相似的方式坠毁，是世界航空史上前所未有的。在一片声讨声中，波音这家已经有 103 年历史、全球航空航天业的领袖公司遇到了史上最大危机。

2019 年 10 月 23 日，印尼调查人员在雅加达举行新闻发布会，机械和飞机设计问题是导致 2018 年 10 月 JT610 航班坠毁的原因之一。此外，坠毁飞机的传感器在早期维修时曾被错误校准过。据印尼调查人员披露，坠机的原因还包括驾驶舱的各项警报干扰，以及机组人员在沟通和手动控制飞机方面的"缺陷"。

（二）事件梳理

1. 事故影响

一是波音面临沉重的财政压力。对于波音而言，737MAX 停飞停产带来的伤害显而易见。从订单来看，截至 2019 年 11 月底，商用飞机营业收入仅 248 亿美元，亏损 38 亿美元。二是对相关航空公司产生长期影响。由于波音 737MAX 飞机的重新认证和复飞一推再推，从 2019 年 6 月推到 8 月，又推到 11 月，直至复飞无望，在此惨境下被迫宣布停产。如果 737MAX 长时间不能复飞，单通道客机领域仅靠空客一家，其生产量无法完全满足市场需求。届时，中小航空公司将面临运营压力，或将另谋出路。三是对供应商的影响。波音 737MAX 的停产，不仅会对供应商和供应链产生直接的即期影响，还会产生更长期的深远影响，如供应商的选择、供应链的构建与管控、主承包商和供应商之间的关系与利益分配准则等，从理念到实践，可能需要进行调整，从而会影响航空制造业的全球化和国际合作进程。

2. 事件诱因

一是竞争意识钝化与创新力不足。波音在 20 世纪 60 年代推出的 737 老平台上，一味进行挖潜改进，在勉力使其成为主打产品的同时，因基本型先天不足、过于老旧，而埋下重大隐患。内部技术管理的重大失误，最终酿成两次惨烈的空难。二是忽视质量安全酿成苦果。随着波音的高度商业化运行，利润最大化成为其主要追求。波音执着老款

737 的巨大收益，未能适时推出新机型，且在被动升级时，一味追求最短周期和最小投入，尽可能不改或小改，技术矛盾无法得到有效解决。三是董事会构成的悄然变化造成技术决策被漠视。来自高端制造业的董事会成员比例在迅速下降，而来自金融界的董事会成员比例直线上升。董事会构成的悄然变化，造成董事会内几乎没有了具有深厚民机技术和工程背景的人才，如此结构使得公司更加关注市场和股价，而技术创新与研发决策却得不到足够的重视。

（三）思考与分析

波音公司的转型进展曾得到业界一致认可。但短短半年时间，同是 737 MAX 8 客机却遭遇两次空难，且第一次的失事原因已明确为软件设计缺陷。思考从飞机到飞行员，自动化和人工操控如何平衡？

第四节　核工程案例

配套慕课视频

一、苏联切尔诺贝利核电站爆炸

（一）案例概述

切尔诺贝利核电站事故发生在乌克兰苏维埃共和国境内的普里皮亚季市，也就位于乌克兰基辅市北郊 130 公里的地方。1986 年 4 月 26 日凌晨 1 时，核电站的 4 号机组正处于一个发电周期停堆检修完成之时，工作人员拟再进行一次测试紧急推芯冷却装置的汽轮机"惰走"试验（曾试验而未成功）。由于工作人员接二连三出现违反规程的失误操作，致使冷却系统停止工作，数秒间诱发无法控制的反应堆功率剧增，堆芯温度迅速增高，水被强辐射立即分解成了氢和氧，随即发生大爆炸。蒸发的核燃料迅速渗入到大气层，逾 8 吨的强辐射物质泄漏，致使周围超过 6 万公顷的土地与生态环境受到直接污染。事故发生后，核电站周围半径 30 公里内的地区被辟为隔离区，严格限制人员进入，苏联将 28 万居民紧急疏散到安全地区。

（二）事件梳理

1. 事故起因

切尔诺贝利核事故的起因与操纵员、设计和管理者以及设计本身有关。1986 年 8 月官方公布的解释把事故的责任推卸给核电站操纵员，认定操纵员有许多违反规程的失误操作。例如技术规范规定：除非安全保护系统发生故障，否则不得闭锁反应堆的安全保护系统，但是操纵员把它闭锁了。1986 年 8 月出版的政府调查委员会报告指出，操纵员从反应堆堆芯抽出了至少 205 支控制棒（这类型的反应堆共需要 211 支），留下了 6 支，而技术规范是禁止 RBMK-1000 操作时在核心区域使用少于 15 支控制棒的。操纵员没有收到关于反应堆问题的报告也是一个重要原因。根据操纵员 Anatoli Dyatlov 所述，设计者知道反应堆在某些情况下会出现危险，但蓄意将其隐瞒。1991 年由 Valeri Legasov 公布的解释认为事故是由于压力管式石墨慢化沸水反应堆（RBMK）的设计缺陷导致，尤其是控制棒的设计。

2. 事故影响

在事故后，隔离区内变成部分野生动物的天堂。在隔离区内的动物比如老鼠已适应了辐射，它们和没受辐射影响地区的老鼠寿命大约相同。2005 年九月份，联合国、国际原子能机构、世界卫生组织、联合国开发计划署、乌克兰和白俄罗斯政府以及其他联合国团体，一起合作完成了一份关于核事故的总体报告。报告指出事件死亡人数共达 4000 人，世界卫生组织更包括了死于核辐射的 47 名救灾人员和 9 名死于甲状腺癌症的儿童。联合国于 2006 年四月份公布世界卫生组织的结果，也许有另外 5000 多名受害者死于辐射尘地区（包括乌克兰、白俄罗斯和俄罗斯等地）。所以，总数达约 9000 名受害者。

美国 2013 年一项最新研究表明，当年切尔诺贝利核事故对当地的树木造成了持续不利的影响。美国南卡罗来纳大学等多家机构的联合研究显示，由于长期暴露在辐射中，切尔诺贝利地区许多树木都出现了十分反常的形态，这是因为树木的基因发生了突变。而不断增加的基因突变明显影响了树木的生长、繁殖和存活率等。此外研究发现，事故发生后幸存下来的树木，尤其是相对年轻一点的树木，越来越难以承受干旱等环境压力。

（三）思考与分析

随着人类社会科学技术、经济、文化的不断演进，核工程将会不断出现新的伦理问题。在未来的核电工程建设和发展中，各个参与主体应如何保证各方的权力平衡和利益分配，进而保证核电工程合理有效发展？

二、日本福岛核电站泄漏

（一）案例概述

福岛核电站（Fukushima Nuclear Power Plant）是世界上最大的核电站，由福岛第一核电站和福岛第二核电站组成。2011 年 3 月 11 日，日本发生里氏 9 级大地震，并引发海啸。在地震和海啸双重灾难的作用下，位于福岛的核电站多个机组厂房严重受损。由于该核电站超期服役、抗震不力、设备老化等巨大安全隐患的存在，不足以抵抗大地震和海啸的破坏，多个机组厂房相继停电、常规供应断开，冷却系统失灵，反应堆温度过高，释放出大量氢气和热量，导致多个机组厂房发生爆炸，造成严重核泄漏事故，事故等级在短时间内就上升到 7 级。大量核燃料、辐射物质进入大气层、地面和海水中，并随着大气、海水的流动，造成大范围的环境污染。日本数个地区都观测到超过正常水平的核辐射量，水质及食品都遭到辐射污染。以核电站为圆心，半径 20 公里范围内近 20 万居民收到"避难指示"。2011 年 4 月 11 日 16 点 16 分福岛再次发生 7.1 级地震，日本再次发布海啸预警和核泄漏警报。

奥地利中央气象地球动力研究所和日本原子能安全委员会均认为，福岛放射量已超过 1986 年的切尔诺贝利核事故，福岛核泄漏事故已成为人类历史上最严重的核泄漏事故。

（二）事件梳理

1. 事故起因

自然方面，首先，在当时强烈地震之后随之而来的海啸是福岛核事故发生的主要原因，接连不断的自然灾害将核电站瞬间摧毁。其次，核电站的选址因素也是爆发核事故的原因之一。日本核电站的选址主要集中分布在地震活跃发生的断裂带，而且靠近海域，这颗"定时炸弹"随时随地都可能发生灾难。再次，人类对大自然的无情破坏使得自然反击的力度无限加大。现代社会中的人们在"人类中心主义"的驱使下不断向自然进军，再加上人类对大自然的了解不充分，步步向自然的极限逼近。这样，大自然无力承受人类的种种非理性活动，最终导致灾难发生，报复人类。

设备方面，核电站超期服役、抗震不力、设备老化等巨大安全隐患的存在，不足以抵抗大地震和海啸的破坏。

社会主体方面，技术伦理失范也是此次核事故发生的重要原因。东京电力公司的高层部门的经营政策也有着无法推脱的责任。他们错过了预先控制的机会，最终失去了控制，由于监管力度不够再加上单纯追求经济利益的侥幸心理导致了核危机的发生。日本原子能监管机构与企业关系十分密切，官商联盟使监督机构形同虚设，正因为拥有政府的后台支撑，才使得企业肆意妄为。东京电力公司建立起了官商联盟的关系，在企业监管部门背后有政府作强大的支撑力量，这使得经营部门无须考虑其他外界因素，更加大胆地"专心"推进核技术。美国《华尔街日报》指责：日本官方对核事故信息披露上的保守作风，是核电安全的大隐患，这是因为立法和监管不力造成的。

2. 事故经过

地震发生后，福岛核电站的防护设施产生了龟裂，内部的放射物质产生了外漏，泄漏的放射性物质污染了地下水，这些受到污染的地下水，没有被采取任何安全措施任由其流入海洋，对海洋产生了污染。地震导致福岛核电站的电力设备瘫痪，冷却系统无法正常运转，无法为反应堆进行有效的循环降温，福岛核电站反应堆堆芯便持续发热，随时会发生核爆的危险，东京电力公司开始并没有认识到问题的严重性。当发现需要为即将熔毁的反应堆进行注水降温时，由于没有内部电力供应，内部无法自发循环用冷水冷却堆芯，于是东京电力公司便不断从外部抽取附近的海水向反应堆内注入，这些海水接触到堆芯后成为放射性污水，由于需要不断反复大量地向反应堆内注水降温，于是便产生了大量的放射性污水，而东京电力公司并没有条件来储存这些大量的污水。于是从 2011 年 4 月 4 日到 10 日，日本政府及日本电力公司在没有事先通知周边国家的情况下，将废弃物处理设施内的 1.15 万吨 "低放射性污水" 排入海中。

3. 事故影响

福岛发生核泄漏之后，日本政府对几十万的福岛居民进行了疏散，这些人们搬离了世代居住的家园。根据中新网的报道，日本文部科学省原子能损害赔偿纷争审查会，一致通过向这些避难人员每个人每个月支付 10 万日元赔偿金，直至限制警戒解除为止的决议。同时日本政府还针对不同受灾区域，每个灾民遭受的不同损失，制定了非常详细的赔偿方案，有些赔偿方案一直持续执行至今。根据日本总务省 2016 年发布的人口普查结果表明，福岛人口五年减少了 5.7%，受大地震影响依然严重。2016 年 2 月 22 日，日本记者俱乐部召开记者会，福岛县知事内堀雅雄在会上介绍了福岛的现状，承认福岛仍有 10 万人漂泊在外，县城内 7% 的地区仍是高度隔离区，"这是福岛县的严峻现实"。

福岛核泄漏对日本渔业产业造成了极大的损失，根据《国际先驱导报》：日本慈城县渔业协会宣布，从附近海域捕捞的海鱼被检测出放射性物质超标。在东京的大型超市里，购买鲜鱼时犹豫不决的顾客越来越多。不仅如此，商家在核电站事故之前采购的鲜鱼和干鱼都已滞销。自 2011 年灾后至今，日本潜水摄影家健井靖章冒着核污染的危险，多次潜入海底拍摄震区的海底世界，用影像记录着水下所发生的恐怖变化。这些照片已在广东省摄影家协会潜水委员会成立时的活动中进行了展示。鉴于核泄漏事故对农食品、农产品质量安全的影响范围不断扩大、影响程度不断加重，世界上众多国家和地区也在不断加强防范措施，中国国家质检总局要求，禁止从日本福岛县、群马县、栃木县、宫城县、山形县、新潟县、长野县、山梨县、琦玉县、东京都、千叶县等 12 个都县进口食品、食用农产品及饲料。

顶级海洋科学研究院机构——德国 GEOMAR Helmholtz Centre 做了一份研究报告，Fukushima-The fate of contaminated waters（福岛污水的灾害）。受福岛核泄漏影响，在日本不同地点和周边海域检测到碘 131、碘 125、锶 90、钚 238、钚 239、钚 240，这些放射性元素随着污水进入海洋，福岛核电站向海中排放的核废液扩大了海洋污染程度。美国最大的独立海洋学研究所的海洋放射化学家布厄尔斯烈尔称，对采集的太平洋海水样本的测试证明，日本福岛核电站事故发生四年后，仍有放射性物质泄漏。2015 年 1 月，东京电力公司宣布从福岛第一核电站靠近大海一侧的观测井中，检测发现锶 90 等放射物的浓度达到每升 310 万贝克勒尔，而 2014 年 9 月开始观测是只有每升 40 万贝克勒尔，升高了近 8 倍。

（三）思考与分析

加强核工程宣传教育，提高核电信息公开，政府应从哪些方面入手以获得民众对核电工程的认同？

第五节　工程活动的环境影响案例

配套慕课视频

一、DDT 与《寂静的春天》

（一）DDT 概述

DDT 又叫滴滴涕、二二三，化学名为双对氯苯基三氯乙烷，化学式（ClC6H4）2CH（CCl3），是有机氯类杀虫剂。DDT 是由欧特马·勒德勒于 1874 年首次合成，但是这种化合物具有杀虫剂效果的特性却是 1939 年才被瑞士化学家米勒（Paul Hermann Müller）发掘出来的。DDT 化合物所有异构体都是白色结晶状固体或淡黄色粉末，无味，几乎无臭，为白色晶体，不溶于水，溶于煤油，可制成乳剂，是有效的杀虫剂，也是不易分解的有机农药。

1. 中毒症状和致病情况

DDT 可通过吸入、食入、经皮吸收侵入人体。轻度中毒可出现头痛、头晕、无力、出汗、失眠、恶心、呕吐，偶有手及手指肌肉抽动震颤等症状。重度中毒常伴发高烧、多汗、呕吐、腹泻；神经系统兴奋，上、下肢和面部肌肉呈强直性抽搐，并有癫痫样抽搐、惊厥发作；出现呼吸障碍、呼吸困难、紫绀、有时有肺水肿，甚至呼吸衰竭；对肝肾脏器损害，使肝肿大，肝功能改变；少尿、无尿、尿中有蛋白、红细胞等；对皮肤刺激可发生红肿、灼烧感、瘙痒，还可有皮炎发生，如溅入眼内，可使眼暂时性失明。DDT 一般毒性与六六六相同，属神经及实质脏器毒物，对人和大多数其他生物体具有中等强度的急性毒性。它能经皮肤吸收，是接触中毒的典型代表，由于其在常压时即使在 12℃以下，也有一定的蒸发，所以吸入 DDT 蒸气亦能引起中毒。人群慢性中毒症状有食欲不振，上腹及右肋部疼痛，并有头痛、头晕、肌肉无力、疲乏，失眠、视力及语言障碍、震颤、贫血、四肢深反射减弱等。有肝肾损害、皮肤病变、心脏有心律不齐、心音弱、窦性心动过缓、束支传导阻滞及心肌损害等。

2. 代谢降解

DDT 在人体内的降解主要有两个方面，一是脱去氯化氢生成 DDE。在人体内 DDT 转化成 DDE 相对较为缓慢，3 年间转化成 DDE 的 DDT 还不到 20%。从 1964 年对美国国民体内脂肪中贮存的 DDT 调查表明，DDT 总量平均为 10mg/kg，其中约 70% 为 DDE，DDE 从体内排放尤为缓慢，生物半减期约需 8 年。DDT 还可以通过一级还原作用生成 DDD，同时被转化成更易溶解于水的 DDA 而使其消除，它的生物半衰期只需约 1 年。

环境中的 DDT 或经受一系列较为复杂的生物学和环境的降解变化，主要反应是脱去氯化氢生成 DDE。DDE 对昆虫和高等动物的毒性较低，几乎不为生物和环境所降解。因而 DDE 是贮存在组织中的主要残留物。在生物系统中 DDT 也可被还原脱氯而生成 DDD，DDD 不如 DDT 或 DDE 稳定，而且是动物和环境中降解途径的第一步。DDD 脱去氯化氢，生成 DDMU，再还原成 DDMS，再脱去氯化氢而生成 DDNU，最终氧化成 DDA。此化合物在水中溶解度比 DDT 大，而且是高等动物和人体摄入及贮存的 DDT 的最终排泄产物。研究结果证明 DDT 在类似高空大气层实验室条件下，可降解成二氧化碳和盐酸。

3. 残留蓄积

DDT 有较高的稳定性和持久性，用药 6 个月后的农田里，仍可检测到 DDT 的蒸发。DDT 污染遍及世界各地。从漂移 1000 公里以远的灰尘以及从南极溶化的雪水中仍可检测到微量的 DDT。DDT 极易在人体和动物体的脂肪中蓄积，反复给药后，DDT 在脂肪组织中的蓄积最初很大，以后逐渐有所减慢，一直达到一种稳定的浓度。比较一致的认识是，人体各器官内 DDT 的残留量与该器官的脂肪含量呈正相关。

4. 迁移转化

DDT 在环境中的转化途径包括光解转化、生物转化、土壤转化等。在生物转化中除哺乳动物体内的代谢转化外，还有鸟类、昆虫类、高等植物和微生物等不同的转化途径，至今已将近有 20 种转化物质（包括哺乳动物的代谢产物在内）作了鉴定，但许多其他化合物的化学结构仍不清楚。除主要产物如 DDE 和 DDD 外，这些转化产物的毒理学特性几乎一无所知。

（二）寂静的春天

1. 创作背景

20 世纪 50 年代正值二战之后东西方对峙的"冷战"时期，美国的企业界为了经济开发而大量砍伐森林，破坏自然，"三废"污染严重。特别是为了增加粮食生产和木材出口，美国农业部放任财大气粗的化学工业界开发 DDT 等剧毒杀虫剂并不顾后果地执行大规模空中喷洒计划。导致鸟类、鱼类和益虫大量死亡，而害虫却因产生抗体而日益猖獗。化学毒性通过食物链进入人体，诱发癌症和胎儿畸形等疾病。当自然、生物甚至人类受到伤害时，责任感和科学家的良知使卡森不能沉默。在身患绝症，靠放疗维持生命，几乎濒临瘫痪和失明的情况下，她只身面对企业界和政府官僚科研机构权威们的强大压力，对只顾商业利益不顾人类安危的工业集团和曾获得过诺贝尔奖的化学药品 DDT 提出了挑战：她专门研究危害不次于辐射性的"死神的特效药"（剧毒农药），开始了她称之为"讨伐"恶势力的行动。经过 4 年顽强艰苦的调查研究，写出了《寂静的春天》，该书于 1962 年出版。

2. 内容简介

卡森的《寂静的春天》一书共有 17 章的篇幅，大致可以分为三个模块的内容。第一章是第一部分，作者选取一个小镇，以科学幻想的视角描述小镇即将出现的现象——一个人类居住的城市，本应该是生机勃勃、生命鲜活的繁盛景象，然而，由于人类非理性的作为，却带来一个万物萧条、死气沉沉的小镇，通过这一部分首先大胆预测了人类破坏大自然造成的恶果。第二部分的内容从第二章到第十六章，描述了农业生产中广泛使用的杀虫剂对自然和人类自身造成的损害，凸显了作者对科技伦理的思考。第三部分是最后一章，作者卡森以满怀善意的心态和充满担忧的思考，警示人类务必要善待每一个生命力量，警醒人类要矫正自己缺乏理性的行为。总之，作者用一种文艺的形式展现了其关爱自然、反思人类行为、关注生态系统可持续发展的拳拳之心。在这本书里，作者用一种特殊的方式和口气，多视角诠释和解读了大自然的生存发展之道。

3. 书中的生态思想

《寂静的春天》中蕴含了丰富的环境伦理思想，尤其是环境保护中的正义思想。一方面，它呼吁人们停止对大自然的破坏，纠正"控制自然"的妄自尊大的想法，论述了环境保护中正义主题的其中一个维度，即人类与非人类自然之间的环境正义主题；另一方面，"面对自然环境的失衡，人与人之间的关系由于生存的竞争而异化"，它要求人们的行为不要危害当代人的利益，也不对后代人的生存造成威胁，论及了环境保护中正义主题的另一个维度，即人与人之间的环境正义，以及这一维度包含的两层关系：当代人之间的关系以及当代人与后代人之间的关系。尼古拉斯·洛（Nieholas Low）和布伦丹·格利森（Brendan Gleeson）对这两个维度进行了区分，将其分别称为"生态正义"和"环境正义"。而"环境正义"中包括两层关系，即代内环境正义和代际环境正义，前者要求人类在开发利用自然的过程中尊重和维护同代人的环境利益，后者要求人类在开发利用自然的过程中尊重和维护后代的环境利益。

4. 作品争议

自出版那天起，《寂静的春天》这本书就颇受争议。批评的人当中有很大一部分来自于化学工业，他们担心这本书会使自己生产的产品销量受到影响，因而对此书大加指责。这些指责很多是缺乏科学依据的，有些人甚至直接对卡森女士进行人身攻击。这种出于维护个人利益的目的的指责除显示出他们恶劣的品性之外再无其他用处。

卡森女士在书中几乎断言 DDT 是一种致癌物，但直到现在，科学研究却没有找到 DDT 致癌的有力证据。现在的科学家们普遍认为 DDT 和某些癌症的发病有一定的相关性，但 DDT 本身却不直接诱发基因突变致癌。实际上，卡森女士当时在书中写下这些内容只是基于当时一小部分的科学研究得出的结论，而这些结论在当时的科学界存在很大争议。

（三）思考与分析

《寂静的春天》所阐述的环境伦理思想在不同时代有何不同影响？经济动机和生态逻辑有何相似之处？

参考文献

中文参考文献

[1] 杰缅丘诺克 B. 当代美国的技术统治论思潮 [M]. 赵国琦，周绍珩，译. 沈阳：辽宁人民出版社，1988.

[2] 威拉曼里 C G. 人权与科学技术发展 [M]. 张新宝，译. 北京：知识出版社，1997.

[3] 舒马赫 E F. 小的是美好的 [M]. 虞鸿钧，等译. 北京：商务印书馆，1984.

[4] 舒尔曼 E. 科技时代与人类未来——在哲学深层的挑战 [M]. 李小兵，张锋，等译. 上海：东方出版社，1995.

[5] 拉普 F. 技术科学的思维结构 [M]. 刘武，译. 长春：吉林人民出版社，1988.

[6] 拉普 F. 技术哲学导论 [M]. 刘武，等译. 北京：辽宁科学技术出版社，1986.

[7] 伯恩 W R. 工程伦理：挑战与机遇 [M]. 丛杭青，等译. 杭州：浙江大学出版社，2020.

[8] 刘易斯 H W. 技术与风险 [M]. 杨健，等译. 北京：中国对外翻译出版公司，1994.

[9] 宾克莱 I J. 理想的冲突 [M]. 马元德，等译. 北京：商务印书馆，1983.

[10] 贝尔纳 J D. 科学的社会功能 [M]. 陈体芳，译. 北京：商务印书馆，1982.

[11] 贝尔纳 J D. 历史上的科学 [M]. 任况，译. 北京：科学出版社，1981.

[12] 洛蒂 J P. 伦理学——理论与实践 [M]. 孟庆时，等译. 北京：北京大学出版社，1985.

[13] 牛顿 L H，迪林汉姆 C K. 分水岭：环境伦理学的 10 个案例第 3 版 [M]. 吴晓东，翁端，译. 北京：清华大学出版社，2005.

[14] 戈德史密斯 M，马凯 A I. 科学的科学——技术时代的社会 [M]. 赵红州，等译. 科学出版社，1985.

[15] 迪尔 M J. 后现代都市状况 [M]. 李小科，译. 上海：上海教育出版社，2004.

[16] 弗罗洛 N T，尤金 H V. 科学伦理学 [M]. 齐戎，译. 沈阳：辽宁大学出版社，1988.

[17] 斯皮内洛 R A. 世纪道德：信息技术的伦理方面 [M]. 刘钢，译. 北京：中央编译出版社，1998.

[18] 诺兰 R T，等. 伦理学与现实生活 [M]. 姚中夏，等译. 北京：华夏出版社，1988.

[19] 默顿 R. 社会研究与社会政策 [M]. 林聚任，等译. 上海：上海三联书店，2001.

[20] 舍普 R. 技术帝国 [M]. 刘莉，译. 北京：生活·读书·新知三联书店，1999.

[21] 马丁 W，罗兰·辛津格. 工程伦理学 [M]. 李世新，译. 北京：首都师范大学出版社，2010.

[22] 丹皮尔 C. 科学史 [M]. 李珩，译. 北京：商务印书馆，1997.

[23] 邹珊刚 . 技术与技术哲学 [M]. 北京：知识出版社，1990.

[24] 莫兰 . 复杂思想：自觉的科学 [M]. 陈一壮，译 . 北京：北京大学出版社，2001.

[25] 格沃斯 . 伦理学要义 [M]. 戴杨毅，等译 . 北京：中国社会科学出版社，1991.

[26] 涂尔干 . 职业伦理与公民道德 [M]. 渠东，等译 . 上海：上海人民出版社，2001.

[27] 斯蒂格勒 . 技术与时间：爱比米修斯的过失 [M]. 裴程，译 . 南京：译林出版社，2000.

[28] 贝尔 . 环境社会学的邀请 [M]. 昌敦虎，译 北京：北京大学出版社，2010.

[29] 科斯洛夫斯基 . 后现代文化 [M]. 毛怡红，译 . 沈阳：中央编译出版社，1999.

[30] 巴伯 . 科学与社会秩序 [M]. 顾昕，等译 . 上海：三联书店，1991.

[31] 雅科米 . 技术史 [M]. 蔓菁，译 . 北京：北京大学出版社，2000.

[32] 陈昌曙，远德玉 . 技术选择论 [M]. 沈阳：辽宁人民出版社，1991.

[33] 陈昌曙 . 技术哲学文集 [M]. 沈阳：东北大学出版社，2002.

[34] 陈昌曙 . 技术哲学引论 [M]. 北京：科学出版社，1999.

[35] 张恒力 . 工程伦理引论 [M]. 北京：中国社会科学出版社，2018.

[36] 陈凡，张明国 . 解析技术——"技术—社会—文化"的互动 [M]. 福州：福建人民出版社，2002.

[37] 陈凡 . 技术社会化引论 [M]. 北京：中国人民大学出版社，1995.

[38] 陈嘉明 . 现代性与后现代性 [M]. 北京：人民出版社，2001.

[39] 陈筠泉，殷登祥 . 科技革命与当代社会 [M]. 北京：人民出版社，2001.

[40] 陈筠泉，殷登祥 . 新科技革命与社会发展 [M]. 北京：科学出版社，2000.

[41] 陈念文，等 . 技术论 [M]. 长沙：湖南教育出版社，1987.

[42] 格里芬 . 超越解构 [M]. 鲍世斌，译 . 北京：中央编译出版社，2002.

[43] 格里芬 . 后现代精神 [M]. 王成兵，译 . 北京：中央编译出版社，1998.

[44] 格里芬 . 后现代科学 [M]. 马季方，译 . 北京：中央编译出版社，1995.

[45] 弗里切 J. 商业伦理学 [M]. 杨斌，等译 . 北京：机械工业出版社，1999.

[46] 贾丁斯 . 环境伦理学 [M]. 林官明，杨爱民，译 . 北京：北京大学出版社，1981.

[47] 科尔曼 A. 生态政治 [M]. 梅俊杰，译 . 上海：上海译文出版社，2002.

[48] 巴布科克 L，莫尔斯 C . 工程技术管理学 [M]. 金永红，奚玉芹，译 . 北京：中国人民大学出版社，2005.

[49] 贝尔 . 后工业社会的来临 [M]. 高铦，等译 . 北京：商务印书馆，1984.

[50] 贝尔 . 资本主义文化矛盾 [M]. 赵一凡，等译 . 上海：三联书店，1989.

[51] 古莱特 . 靠不住的承诺——技术迁移中的价值冲突 [M]. 邴立志，译 . 北京：社会科学文献出版社，2004.

[52] 凯尔纳，等.后现代理论 [M].张志斌，译.北京：中央编译出版社，1999.

[53] 邓树增.技术学导论 [M].上海：上海科学技术文献出版社，1987.

[54] 杜澄，李伯聪.工程研究第 1 卷 [M].北京：北京理工大学出版社，2004.

[55] 杜澄，李伯聪.工程研究第 2 卷 [M].北京：北京理工大学出版社，2006

[56] 兹纳涅基.知识人的社会角色 [M].郏斌祥，译.南京：译林出版社，2000.

[57] 甘绍平.应用伦理学前沿问题研究 [M].南昌：江西人民出版社，2002.

[58] 绍伊博尔德.海德格尔分析新时代的技术 [M].宋祖良，译.北京：中国社会科学出版社，
1993.

[59] 高亮华.人文主义视野中的技术 [M].北京：中国社会科学出版社，1996.

[60] 达夫里杨.技术·文化·人 [M].薛启亮，等译.石家庄：河北人民出版社，1987.

[61] 王前，朱勤.工程伦理的实践有效性研究 [M].北京：科学出版社，2016.

[62] 格于布勒.技术与全球性变化 [M].吴晓东，等译.北京：清华大学出版社，2003.

[63] 葛新权，等.知识经济与可持续发展 [M].北京：社会科学文献出版社，1999.

[64] 郭冲辰.技术异化论 [M].沈阳：东北大学出版社，2004.

[65] 郭颖颐.中国现代思想中的唯科学主义（1900–1950）[M].雷颐，译.南京：江苏人民出版社，
1998.

[66] 波塞尔.科学：什么是科学 [M].李文潮，译.上海：上海三联书店，2002.

[67] 萨克塞.生态哲学 [M].文韬，佩云，译，北京：东方出版社，1991.

[68] 胡文耕.科学前沿与哲学 [M].北京：中共中央党校出版社，1993.

[69] 黄麟雏，陈爱娟.技术伦理学——理论与实践 [M].西安：西安交通大学出版社，1989.

[70] 季塔连科.马克思主义伦理学 [M].愚生，等译.上海：上海译文出版社，1981.

[71] 堺屋太一.知识价值革命 [M].金泰相，译.北京：东方出版社，1986.

[72] 米切姆.技术哲学导论 [M].殷登祥，译.天津：天津科学技术出版社，1999.

[73] 蔡乾和.哲学视野下的工程演化研究 [M].沈阳：东北大学出版社，2013.

[74] 弗里曼.工业创新经济学 [M].华宏勋，译.北京：北京大学出版社，2004.

[75] 莫泽克.科学与生活 [M].朱章才，等译.北京：社会科学文献出版社，1991.

[76] 薛守义.工程哲学——工程性质透视 [M].北京：科学出版社，2016.

[77] 李伯聪.工程哲学引论—我造物故我在 [M].郑州：大象出版社 2002.

[78] 李伯聪.人工论提纲：创造的哲学 [M].西安：陕西科学技术出版社，1988

[79] 李德顺.价值论———一种主体性的研究 [M].北京：中国人民大学出版社，1987.

[80] 李惠国，吴元梁.高科技时代的社会发展 [M].北京：中央党校出版社，1996.

[81] 李佩珊，等 .20 世纪科学技术简史（第二版）[M]. 北京：科学出版社，1997.

[82] 林俊义 . 科技文明的反思 [M]. 北京：帕米尔书店，1984.

[83] 刘大椿 . 在真与善之间——科技时代的伦理问题与道德抉择 [M]. 北京：中国社会科学出版社，2000.

[84] 刘光复，等 . 绿色设计与绿色制造 [M]. 北京：机械工业出版社，1999.

[85] 刘文海 . 技术的政治价值 [M]. 北京：人民出版社，1996.

[86] 刘则渊，王续琨 . 工程·技术·哲学——2002 年卷中国技术哲学研究年鉴 [M]. 大连：大连理工大学出版社，2002.

[87] 刘则渊，王续琨 . 工程·技术·哲学 [M]. 大连：大连理工大学出版社，2008.

[88] 刘则渊，王续琨 . 科学·技术·发展 [M]. 大连：大连理工大学出版社，2004.

[89] 默顿 . 十七世纪英格兰的科学、技术与社会 [M]. 范岱年，等译 . 北京：商务印书馆，2000.

[90] 唐丽 . 美国工程伦理研究 [M]. 沈阳：东北大学出版社，2007.

[91] 罗国杰 . 伦理学 [M]. 北京：人民出版社，1989.

[92] 韦伯 . 学术与政治 [M]. 冯克利，译 . 上海：三联书店，1998.

[93] 罗斯 A. 后现代与后工业 [M]. 张月，译 . 沈阳：辽宁教育出版社，2002.

[94] 莱布尼茨 . 人·科学·技术 [M]. 胡功泽，等译 . 北京：生活·读书·新知三联书店，1992.

[95] 塞尼 M. 把人放在首位——投资项目社会分析 [M]. 王朝纲，张小利，等译 . 北京：中国计划出版社，1998.

[96] 贝里斯 . 职业伦理学 [M]. 郑文川，等译 . 北京：学苑出版社，1989.

[97] 雅赫尔 . 科学社会学——理论和方法论问题 [M]. 顾镜清，译 . 北京：中国社会科学出版社，1981.

[98] 迈尔斯 . 最终的安全—政治稳定的环境基础 [M]. 王正，金辉，译 . 上海：上海译文出版社，2001.

[99] 鲍曼 . 后现代伦理学 [M]. 张成岗，译 . 南京：江苏人民出版社，2003.

[100] 奇曼 . 技术创新进化论 [M]. 孙喜杰，译 . 上海：上海科学技术出版社，2002.

[101] 巴萨里 . 技术发展简史 [M]. 周光发，译 . 上海：复旦大学出版社，2000.

[102] 秦红岭 . 建筑的伦理意蕴——建筑伦理学引论 [M]. 北京：中国建筑工业出版社，2006.

[103] 伊夫 . 技术哲学 [M]. 董茂水，译 . 北京：商务印书馆，2000.

[104] 商阵 . 职业精神 [M]. 北京：电子工业出版社，2005.

[105] 舍梅涅夫 . 哲学和技术科学 [M]. 张斌，译 . 北京：中国人民大学出版社，1989.

[106] 康纳 . 后现代主义文化 [M]. 严忠志，译 . 北京：商务印书馆，2002.

[107] 宋惠昌 . 现代科技与道德 [M]. 北京：中国青年出版社，1987.

[108] 孙小礼. 科学技术与世纪之交的中国 [M]. 北京：人民出版社，1997.

[109] 梯利. 西方哲学史 [M]. 葛力，译. 北京：商务印书馆，1995.

[110] 汪应洛，袁治平. 工业工程导论 [M]. 北京：中国科学技术出版社，2001.

[111] 王德伟. 人工物引论 [M]. 哈尔滨：黑龙江人民出版社，2004.

[112] 王宏波. 社会工程研究 [M]. 西安：西安交通大学出版社，2005

[113] 王沛民. 工程师的形成：挑战与对策 [M]. 杭州：浙江大学出版社，1989.

[114] 王沛民，顾建明，刘伟民. 工程教育基础：工程教育理念和实践的研究 [M]. 杭州：浙江大学出版社，1994.

[115] 王正平，周中之. 现代伦理学 [M]. 北京：中国社会科学出版社，2001.

[116] 维西林，冈恩. 工程、伦理与环境 [M]. 吴晓东，翁端，译. 北京：清华大学出版社，2003.

[117] 李正风，丛杭青，王前，等. 工程伦理 [M]. 北京：清华大学出版社，2016.

[118] 魏英敏. 新伦理学教程 [M]. 北京：北京大学出版社，1993.

[119] 夏保华. 技术创新哲学研究 [M]. 北京：中国社会科学出版社，2004.

[120] 肖峰. 技术的人性面与非人性面 [M]. 北京：科学技术文献出版社，1991.

[121] 肖平. 工程伦理学 [M]. 北京：中国铁道出版社，1999.

[122] 李世新. 工程伦理学概论 [M]. 北京：中国社会科学出版社，2008.

[123] 肖显静. 后现代生态科技观 [M]. 北京：科技出版社，2003.

[124] 科布 B. 后现代公共政策 [M]. 李际，译. 北京：社会科学文献出版社，2003.

[125] 徐长福. 工程哲学的哲学意义 [J]. 自然辩证法研究，2003（5）.

[126] 徐长福. 理论思维与工程思维 [M]. 上海：上海人民出版社，2002.

[127] 杨俊一. 制度变迁与管理创新 [M]. 上海：复旦大学出版社，2000.

[128] 杨通进. 张业清. 科学与道德 [M]. 太原：山西教育出版社，1992.

[129] 姚玲珍. 工程项目管理学 [M]. 上海：上海财经大学出版社，2003.

[130] 野中郁次郎，竹内光隆. 创造知识的公司 [M]. 李萌，高飞，译. 北京：知识产权出版社，2006.

[131] 殷登祥. 当代中国科学技术和社会的发展 [M]. 武汉：湖北人民出版社，1996.

[132] 殷登祥. 时代的呼唤：科学技术与社会导论 [M]. 西安：陕西人民教育出版社，1997.

[133] 刘莉. 工程伦理学 [M]. 北京：高等教育出版社，2015.

[134] 于光远. 自然辩证法百科全书 [M]. 北京：中国大百科全书出版社，1995.

[135] 余谋昌，王耀先. 环境伦理学 [M]. 北京：高等教育出版社，2004.

[136] 余谋昌. 高科技挑战道德 [M]. 天津：天津科学技术出版社，2006.

[137] 余谋昌 . 生态哲学 [M]. 西安：陕西人民教育出版社，2000

[138] 远德玉，丁云龙，马强 . 产业技术论 [M]. 沈阳：东北大学出版社，2005.

[139] 齐曼 . 知识的力量——科学的社会范畴 [M]. 许立达，等译 . 上海：上海科学技术出版社，1985.

[140] 乌尔曼 . 工程师管理指南 [M]. 徐海初，等译 . 北京：科学技术文献出版社，1990.

[141] 沃麦克 P，鲁斯 . 改变世界的机器 [M]. 余锋，张冬，陶建刚，译 . 北京：商务印书馆，1999.

[142] 张碧辉，王平 . 科学社会学 [M]. 北京：人民出版社，1991.

[143] 张华夏 . 现代科学与伦理世界 [M]. 长沙：湖南教育出版社，1992.

[144] 张宪荣 . 工业设计理念与方法 [M]. 北京：北京理工大学出版社，1996.

[145] 张彦 . 科学价值系统论 [M]. 北京：社会科学文献出版社，1994.

[146] 张仲梁 . 中国公众对科学技术的态度 [M]. 北京：中国科学技术出版社，1991.

[147] 赵鑫珊 . 建筑：不可抗拒的艺术 [M]. 天津：百花文艺出版社，2002.

[148] 赵鑫珊 . 建筑是首哲理诗 [M]. 天津：百花文艺出版社，1999.

[149] 中国科学院科技政策与管理科学研究所科学哲学室，等 . 科学与社会 [M]. 北京：科学出版社，1988.

[150] 中国社会科学院哲学所自然辩证法研究室 . 国外自然科学哲学问题 [M]. 北京：中国社会科学出版社，1991.

[151] 中国社会科学院哲学所自然辩证法研究室 . 国外自然科学哲学问题 [M]. 北京：中国社会科学出版社，1994.

[152] 刘洪 . 工程举报研究——从工程伦理的观点看 [D]. 杭州：浙江大学，2007.

[153] 张秀华 . 工程的生存论研究 [D]. 北京：北京师范大学，2006.

[154] 李世新 . 工程伦理学及其若干主要问题的研究 [D]. 北京：中国社会科学院，2003.

[155] 仲伟佳 . 美国工程伦理的历史与启示 [D]. 杭州：浙江大学，2007.

[156] 万舒全 . 整体主义工程伦理研究 [D]. 大连：大连理工大学，2019.

[157] 魏星梅 . 工程责任主体问题探究 [D]. 苏州：苏州大学，2009.

英文参考文献

[1]ABERNATHY W J, UTTERBACK J M. Patterns of Industrial Innovation[J]. Technology Review, 1978, 80: 40–47.

[2]KROES P. Coherence of Structural and Functional Descriptions of Technical Artefacts[J].Studies in History and Philosophy of Science, 2006, 37(1).

[3]KALLENBERG B J. By Design–Ethics, Theology, and the Practice of Engineering[M]. Cambridge:James Clarke & Co, 2013.

[4]BERO B, KUHLMAN A. Teaching Ethics to Engineers: Ethical Decision Making Parallels the Engineering Design Process[J]. Science and Engineering Ethics, 2011, 17(3).

[5]BUNGE, MARIO. Technology: From Engineering to Decision Theory[M]. Boston: D. Reidel, 1985.

[6]MITCHAM C. A historico–ethical perspective on engineering education: from use and convenience to policy engagement[J]. Engineering Studies, 2009, 1(1).

[7]MITCHAM C. Thinking through Technology: The Path between Engineering and Philosophy[M]. Chicago: The University of Chicago Press, 1994.

[8]MITCHAM C. Thinking through Technology[M]. Chicago: The University of Chicago Press, 1994.

[9]MERCHANT C. The Death of Nature: Women, Ecology, and the Scientific Revolution[M]. New York: HarperOne, 1990.

[10]JOSEPH F, COATES. Innovation in the Future of Engineering Design[J]. Technological Forecasting and Social Change, 2000, 64(2).

[11]CROSS N. Engineering Design Methods: Strategies for Product Design[M]. 3rd ed. Manhattan:John Wiley & Sons, 2000.

[12]DE BEER C S.Technology and Utopia[M]. Durban: University of Zululand, 1983.

[13]DURBIN P. Philosophy of Technology: In Search of Discourse Synthesis [J]. Techne: Reseach in Philosophy and Technology, 2006, 10(2).

[14]CONLON E, ZANDVOORT H. Broadening Ethics Teaching In Engineering: Beyond The Individualistic Approach[J]. Science and Engineering Ethics, 2011, 17(2).

[15]LAYTON E T. Through the Looking Glass Or News from Lake Mirror Image[J]. Technology and Culture, 1987, 28(3).

[16]FROMM E. The Revolution of Hope: Towards a Humanised Technology[M]. New York: Harper & Row, 1968.

[17]FLORMAN S C. The Existential Pleasures of Engineering[M]. New York: St.Martin's Press, 1976.

[18]COLLINS F. The Special Responsibility of Engineers[J]. Annals of the New York Academy Sciences, 1973, 196: 448–450.

[19]FRANKENBERGER E, BADKE–SCHAUB P, BIRKHOFER H. Designers: The Key to Successful Product Development[M]. London: Springer, 1998.

[20]STAUTS G G, BAKER E, ESCHENBACH T. Engineering Ethics: A System Dynamics Approach[J]. Engineering Management Journal, 2008, 20(3).

[21]DURBIN, PAUL T. Critical Perspectives on Nonacademic Science and Engineering[M]. Bethlehem: Lehigh University Press, 1991.

[22]JORDAR P W, GREEN W S. Human Factors in Product Design: Current Practice and Future Trends[M]. London: Taylor and Francis, 1999.

[23]HABERMAS. Towards a Rational Society[M]. London: Heinemann Educational Publishers, 1971.

[24]HARRIS C E. The good engineer: giving virtue its due in engineering ethics[J]. Science and Engineering Ethics, 2008, 14(2).

[25]HASHEMIAN G, LOUI M C. Can instruction in engineering ethics change students' feelings about professional responsibility[J]. Science & Engineering Ethics, 2010, 16(1).

[26]MARCUSE H. One–Dimensional Man[M]. London: Routledge; Taylor & Francis Group, 2002.

[27]HILLS G, TEDFORD D. The Education of Engineers: The Uneasy Relationship between Engineering, Science and Technology[J]. Global Journal of Engineering Education, 2003, 7(1).

[28]BROCKMAN J. The Next Fifty Years[M]. New York: Vintage Books, 2002.

[29]Josep M, BASART, SERRA M. Engineering Ethics Beyond Engineers' Ethics [J]. Science and Engineering Ethics, 2013, 19(1).

[30]JOSEPH C, PITT. What Engineers Know[J]. Techne: Journal of the Society for Philosophy and Technology, 2001, 5(3).

[31]JOYCE T. Doing Engineering[M]. Maryland: Rowman & Littlefield Poblisbers, Inc, 2000.

[32]KROES P. Coherence of Structural and Functional Descriptions of Technical Artefacts[J]. Studies in History and Philosophy of Science. Part A, 2006, 37(1).

[33]LAUDAN R. The Nature of Technological Knowledge[M]. Hingham: D. Reidel Pub. Co, 1984.

[34]LATOUR B. Science in Action: How to Follow Scientists and Engineers through Society[M]. Harvard:Harvard University Press, 1988.

[35]LEWIS M. The Myth of The Machine[M]. Harcourt:Brace Jovanovich, 1967.

[36]LOUIS L, BUCCIARELLI. Engineering philosophy[M]. Delft: DUP Satellite, 2003.

[37]HEIDEGGER M. The Question Concerning Technology and Other Essays[M]. New York: Harper & Row, 1977.

[38]MARTIN M W, SCHINZINGER R. Ethics in Engineering[M]. New York: McGraw—Hill, 2005.

[39]HORKHEIMER M. Eclipse of Reason[M]. New York: Seabury Press, 1974.

[40]MCCORMICK K. Engineers in Japan and Britain[M]. London: Routledge, 2000.

[41]DAVIS M. Engineering Ethics, Individuals,and Organizations[J]. Science and Engineering Ethics, 2006, 12.

[42]MARTIN M W. Personal meaning and ethics in engineering[J]. Science and Engineering Ethics, 2002, 8(4).

[43]WINSTON M. Society, Ethics, and Technology[M]. San Francisco: Wadsworth Pub Co, 2000.

[44]VESILIND P A, GUNN A S. Engineering, Ethics, and the Environment[M]. Cambridge: Cambridge University Press, 1998.

[45]KURTZ P W. Forbidden Fruit: The Ethics of Humanism[M]. New York: Prometheus Books, 1988.

[46]LlOYD P, BUSBY J. "Things that went well—No serious injuries or deaths Ethical reasoning in a normal engineering design process[J]. Science and Engineering Ethics, 2003, 9(4).

[47]PINKUS, ROSA L B. Engineering Ethics:Balancing Cost, Schedule, and Risk—Lessons Learned from the Space Shuttle[M]. New York: Cambridge University Press, 1997.

[48]POEL I V D, VERBEEK P P. Ethics and Engineering Design[J]. Science, Technology & Human Values, 2006, 31(3).

[49]ROBERT P. Beyond Engineering[M]. Oxford: Oxford University Press, 1997.

[50]POSER H. On Structural Difference Between Science and Engineering[J]. Techné: Research in Philosophy and Technology, 1998, 4(2).

[51]PAUL T D. Critical Perspectives on Nonacademic Science and Engineering[M]. Pennsylvania: Lehigh University Press, 1991.

[52]HEAP S H. The Theory of Choice[M]. Oxford: Blackwell Publishers, 1992.

[53]ROESER S. Emotional Engineers:Toward Morally Responsible Design[J]. Science and Engineering Ethics, 2012, 18(1).

[54]APPELBAUM S H, VIGNEAULT L, WALKER E, SHAPIRO B T. (Good) corporate governance and the strategic integration of meso ethics[J]. Social Responsibility Journal, 2009, 5(4).

[55]UNGER S H. Controlling Technology: Ethics and the Responsible Engineer[M]. New York: Holt, 1982.

[56]DIANE V. The Challenger Launch Decision[M].Chicago:University of Chicago Press, 1996.

[57]THORSTEIN B V. The Engineers and the Price System[M]. New York: Library Reprints, Inc, 1921.

[58]VINCENTI W G. The Experimental Assessment of Engineering Theory as a Tool for Design[J].Techné: Research in Philosophy and Technology, 2001, 5(3).

[59]VINCENTI W J. What Engineers Know and How They Know It: Analytical Studies from Aeronautical History[M]. Baltimore and London: The Johns Hopkins University Press, 1990.

[60]WACQUANT L D. Towards a Reflexive Sociology: A Workshop with Pierre Bourdieu[J]. Sociological Theory, 1989, 7(1).

[61]SON W C. Philosophy of Technology and Macro−ethics in Engineering[J]. Science and Engineering Ethics, 2008, 14(3).

[62]WULF W A. Engineering ethics and society[J]. Technology in Society, 2004, 26 (2).

后 记

本教材编著者工程专业本科毕业，在企业从事了八年的工程实践工作，其后转而攻读法学硕士、哲学博士，并在管理科学博士后工作站做了三年多的工程管理研究。博士毕业后进入高校，长期从事自然辩证法课程的教学，并主要研究工程技术哲学，在《自然辩证法研究》《自然辩证法通讯》《科学技术哲学研究》等专业期刊发表论文数十篇，近几年开始从事工程伦理课程教学。

国内的工程伦理教育起步较晚，理论研究、课程建设、教材编写等相关工作都还在快速发展之中。国内高校类型、层次较多，难以形成较为统一的研究和教学模式。另外，由于工程伦理本身的交叉学科性质，对于相关的教学、研究也提出了较为苛刻的要求。这些都成为目前工程教育的短板。相对于国内外已经出版的其他同类型教材而言，本教材结合国内外相关领域的最新研究成果，尝试从更加宽广的视角解读工程活动与自然、社会、人类自身的关系。教材编写过程中查阅参考了诸多国内外相关文献资料，如有遗漏或涉及知识产权问题，敬请联系本人。教材中也使用了本人研究成果的部分内容，感谢为这些成果作出贡献的审稿人、编辑。教材编写过程中，浙江大学出版社的编辑柯华杰老师给予了大力支持，提出了许多宝贵意见，本人指导的硕士研究生邢介磊、郑惠珊、陈渝匀做了大量资料收集、整理和文字校对的工作，一并表示感谢。

2021 年 2 月

240